普通高等教育电子信息类专业系列教材

高频电子电路

陈 刚 杨 青 刘 军　编

孙 波 梅铁民 金 芳

西安电子科技大学出版社

内 容 简 介

本书是应"高频电子电路"或"高频电子线路"课程教学的需要而编写的。书中内容以适应技术发展、突出基础理论、加强工程性为目标，以理解概念、定性分析、实现功能为主，弱化数学公式的推导，更多关注理论的实用性，同时给出了与测控技术、电子信息等领域相关的案例，使理论紧密联系实际。

全书共分三部分。第一部分即第 1 章，是全书的理论基础。第二部分包括第 2~6 章，分别讨论了高频小信号调谐放大电路、高频功率放大电路、正弦波振荡电路、振幅调制与解调电路、角度调制与解调电路。第三部分即第 7、8 章，简要讨论了基本功能电路的设计流程及调试思路，简单介绍了基本功能电路在通信、电子测量电路中的应用。

书中每章都配置了适量的电路分析与设计的例题，并给出一定量的思考题与习题，便于读者理解和巩固基本概念，掌握高频电子电路的基础知识和基本理论，提高分析和设计高频电子电路的能力。

本书可作为高等学校测控技术与仪器、电子信息对抗等电类相关专业的本科生教材，也可供相关专业的工程技术人员参考。

图书在版编目(CIP)数据

高频电子电路 / 陈刚等编. —西安：西安电子科技大学出版社，2021.1
ISBN 978 - 7 - 5606 - 5927 - 5

Ⅰ. ①高…　Ⅱ. ①陈…　Ⅲ. ①高频—电子电路　Ⅳ. ① TN710

中国版本图书馆 CIP 数据核字(2020)第 252326 号

策划编辑　高樱
责任编辑　杨薇
出版发行　西安电子科技大学出版社(西安市太白南路 2 号)
电　　话　(029)88242885　88201467　　邮　编　710071
网　　址　www.xduph.com　　　　　　电子邮箱　xdupfxb001@163.com
经　　销　新华书店
印刷单位　陕西天意印务有限责任公司
版　　次　2021 年 1 月第 1 版　2021 年 1 月第 1 次印刷
开　　本　787 毫米×1092 毫米　1/16　印张 16.5
字　　数　389 千字
印　　数　1~3000 册
定　　价　45.00 元
ISBN 978 - 7 - 5606 - 5927 - 5/TN
XDUP 6229001 - 1

前　言

高频电子电路是在高频段范围内实现特定功能的电子电路，广泛应用于通信、广播电视、无线电遥控遥测、雷达、仪器仪表、工业检测、控制系统等各个领域。高频电子电路课程是本科电类专业重要的专业基础课，具有很强的理论性、工程性和实践性。虽然微电子技术在飞速发展，新理论、新电路、新器件、新工艺层出不穷，高频电子电路的内容与形式也都有很大的变化，但基本理论和基本电路并未过时，仍是本科阶段高频电子电路课程的主要内容。

本书主要用作测控技术与仪器、电子信息对抗等电类相关本科专业基础课程"高频电子电路"或"高频电子线路"的教材或自学用书，其内容以适应技术发展、突出基础理论、加强工程性为目标，以功能电路为基本单元；各基本单元以经典的分立元件电路为基础，以高频环境下的晶体管模型为核心，分析晶体管的工作状态，估算单元电路的技术指标、参数等。全书以理解概念、定性分析、实现功能为主，弱化数学公式的推导，更多关注理论的实用性；给出了与测控技术、电子信息等领域相关的案例，使理论紧密联系实际；借助计算机辅助分析工具将高频信号的处理过程以图形化的方式进行展现及释疑。

全书共分三部分。第一部分即第 1 章，是全书的理论基础，介绍了高频电子电路的主要研究内容、课程特点，讨论了元、器件在高频条件工作时的特性并建立了相应的模型，研究了高频电路中必不可少的选频回路的特性及其技术指标的估算以及部分接入回路的阻抗变换功能。第二部分即第 2~6 章，分别讨论了高频小信号调谐放大电路、高频功率放大电路、正弦波振荡电路、幅度调制与解调电路、角度调制与解调电路，每一章均以晶体管典型电路为主，依据电路的工作条件，建立非线性器件的模型，采用相适应的工程近似分析方法进行电路性能分析及技术指标的估算，并探讨了主要技术指标的改进方法，简单介绍了基本功能电路的其他电路形式和性能特点。第三部分即第 7、8 章，简要讨论了基本功能电路的设计流程及调试思路，简单介绍了基本功能电路在通信、电子测量电路中的应用，旨在使读者了解高频电子电路一般的设计流程及元器件选用的原则，为将所学理论知识应用于工程实践中打下基础。

书中每章都配置了适量的电路分析与设计的例题，并给出了思考题与习题，便于读者理解和巩固基本概念，掌握高频电子电路的基础知识和基本理论，提高分析和设计高频电子电路的能力。为方便教与学，本书提供配套的电子课件，可从出版社官网获得。

全书由陈刚主编并负责统稿。其中，杨青编写了第 1 章，梅铁民编写了第 2 章，刘军编写了第 3、8 章，孙波编写了第 4 章，陈刚编写了第 5、6 章，金芳编写了第 7 章。在本书编写过程中，编者从所列参考文献中吸取了宝贵的成果和资料，谨向这些文献的著作者表示感谢。

由于高频电子电路的应用范围广，且新知识新技术也在不断涌现，我们对这一领域的学习和研究水平有限，书中难免存在不妥之处，敬请广大读者批评指正。

编　者

2020.6 于沈阳

目　　录

第 1 章 绪 论

利用高频无线电波来传递信息的技术已广泛应用于无线电通信、广播、电视、雷达、导航等设备和系统中，其发射、接收、检测高频信号的基本功能电路大都相同。"高频电子电路"课程主要讨论的就是这类处理高频信号的电子电路。本章主要介绍高频电子电路的基础理论。

1.1 无线电波频段的划分与应用

电子电路是用来加工处理电信号（即电磁波）的。一个电信号（电压或电流）随时间变化快慢的特性通常用关于时间 t 的时域波形或数学表达式来描述，称为信号的时域特性。由傅里叶变换理论可知，任何信号都可以用许多频率分量的正弦波合成。对于较复杂的信号（如话音信号、图像信号等），用频谱（即组成信号的各正弦分量按频率分布的情况）表示较为方便。

波长与频率是电磁波的两个重要参数。在自由空间中，电磁波以光速传输，其波长 λ 与频率 f 存在以下关系：

$$\lambda = \frac{c}{f} \tag{1.1}$$

式中，c 为光速（真空中的值为 $3 \times 10^8\,\text{m/s}$）。电磁波的频谱很宽，从低频（几赫兹）到宇宙射线（10^{25} 赫兹）。按频率大小来分，依次为宇宙射线、X 射线、紫外线、可见光、红外线、无线电波，如图 1.1 所示。无线电波只是一种频率相对较低、频率范围有限的电磁波，是一种具有有限性、非耗竭性、排他性、易受污染性等特性的宝贵时空资源。

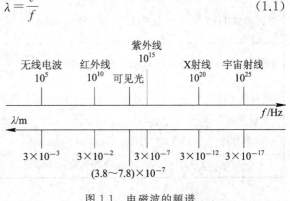

图 1.1 电磁波的频谱

无线电技术的发展是从利用电磁波在自由空间中传递信息的无线通信扩展到计算机科学、宇航技术、自动控制以及其他各学科领域的。为便于分析和应用，人们对无线电波按频率或波长进行分段，分别称为频段或波段。不同频段的电信号，其传播特性不同。电波在自由空间的传播方式主要有：沿地球弯曲表面传播的地波传播方式、利用地球大气层中电离层的反射和折射来实现传播的天波传播方式、在天线之间沿空间直线传播的空间波传播方式、利用电离层对电波的散射作用来实现传播的电离层散射通信方式、利用人造卫星传送信号的传播方式。长波信号以地波绕射为主；中波和短波信号可以以地波和天波两种方式传播，前者以地波传播为主，后者以天波传播（反射与折射）为主；30 MHz 以上的电磁波大多以空间波传播，且电离层散射通信是超短波（以至微波）实现远距离通信的有力手段。不同频段电波的传播方式和能力不同，因而它们的应用范围也不同。电磁波的传播情况很复杂，它不属于"高频电子电路"课程的范围，只是作为储备知识。

　　表 1.1 列出了无线电波频段的划分、所适用的传输媒介和常见用途。表中"高频"的狭义理解为短波波段，其频率范围为 3～30 MHz；而广义的"高频"是指适于无线电波发射和传播的电磁波频率，其频率范围非常宽，通常又称"射频"。只要电路尺寸比工作波长小得多，就可用集总参数来分析和实现，都可认为属于高频范围。就目前的集成电路尺寸而言，高频的上限频率可达微波频段(如 5 GHz)。

表 1.1　无线电波的频段、传输媒介和用途

名称	频率范围	波长范围	传输媒介	典型应用
甚低频(VLF)	3～30 kHz	10^2～10 km	双线、地波	高功率、长距离、点与点间的通信，远距离导航、声呐、电报、电话
低频(LF)	30～300 kHz	10～1 km	双线、地波	长距离、点与点间的通信，导航系统、航标信号、电报通信
中频(MF)	0.3～3 MHz	10^3～10^2 m	同轴电缆、地波或天波	调幅广播、船舰无线通信、测向、遇险和呼救、警察用无线电
高频(HF)	3～30 MHz	10^2～10 m	同轴电缆、天波或地波	中距离及远距离通信，调幅广播、短波通信、飞机与船通信、岸与船通信
甚高频(VHF)	30～300 MHz	10～1 m	同轴电缆、天波、空间波	短距离通信，电视广播、调频广播、航空通信、导航设备
超高频(UHF)	0.3～3 GHz	10^2～10 cm	视频中继传输、对流层散射	短距离通信，电视广播、雷达、遥控、遥测、导航、卫星通信、移动通信
特高频(SHF)	3～30 GHz	10～1 cm	视频中继传输、电离层散射	短距离通信，卫星通信、空间通信、微波接力、机载雷达、气象雷达
极高频 EHF	30～300 GHz	10～1 mm	视频传输	雷达着陆系统、射电天文
红外线至紫外线	5×10^{11}～5×10^{16} Hz	6×10^{-2}～6×10^{-7} cm	光纤	光通信

常用单位前缀：T=10^{12}，G=10^9，M=10^6，k=10^3，m=10^{-3}，μ=10^{-6}，n=10^{-9}，p=10^{-12}

　　表 1.1 中频段的划分是相对而言的，相邻频段间无绝对分界线。各种频率的无线电波都是不可再生的重要资源，它们的使用受国家控制，个人、公司和行业只有获得政府的许可才能使用分配的频段。

1.2　高频电子电路的研究内容

　　待传输的声音、图像、文字等非电物理信息所变换成的电信号一般称为基带信号，其电磁波频带几乎完全重叠地拥挤在约 0～8 MHz 的频带内，属于低频范围，波长很长(例如，频率为 15 kHz 的电磁波波长为 20 km)，将此类低频信号通过电磁波辐射方式直接发射出去，所需发射天线的尺寸一般应大于发射信号波长的四分之一，致使天线尺寸过大而

难以实现，且辐射效率太低；为了节省无线信道资源，将若干个信号在同一信道上同时传输时，它们在自由空间中就会互相重叠而相互干扰，在接收端也无法将这些信息区分开来。因此，为了有效传输远距离信号并提高信道的利用率，通常采用调制技术将基带信号以某种方式加载到高频振荡信号上后再进行传输。采用调制技术后，载有基带信号的已调波就是一个高频信号，其波长大幅度减小，进而辐射天线的尺寸也大大缩小；也可以让不同的发射电台将基带信号分别调制到不同频率的高频载波上，在信道中传输时互不重叠，便于接收机区分和选择电台，实现信道依据频率的多路复用，即频分复用，提高信道利用率；还可以扩展信号带宽，提高系统抗干扰、抗衰落能力，提高信号传输的信噪比；并且，已调波的相对带宽小，可以在很窄的频率范围内传输信息，使得信道的传输特性更稳定，提高了系统性能。信号调制技术已广泛应用于民用与军事领域。

当然，在信号的接收端，应从接收到的信号中还原出原始基带信号，这一还原过程称为解调。在调制与解调的过程中，就必须用到对高频信号进行处理的各种高频电子电路。

本书所涉及的正是高频信号传输和处理方面的基本电路（但不涉及用于处理一千兆赫兹以上信号的微波电路）。例如，对高频信号进行不失真放大处理的放大器（小信号放大器和功率放大器）、能产生高频振荡信号的高频振荡器、能将基带信号加载到高频振荡信号上的调制器和从已调高频信号中还原出原始信号的解调器等基本功能电路都属于高频电子电路。"功能"是指基本电路能够完成的信号传输和信号处理变换的具体工作任务，通常用电路的输入信号与输出信号的数学表示式、波形或频谱关系来描述。从频域分析来说，电路的输入频谱和输出频谱的变换关系就是电路应完成的功能。例如，一个电路的输出信号频谱只是输入信号频谱中的一部分，则这个电路具有选频（或滤波）功能。

通常，在电路的工作频率由频谱的低端向高端延伸时，电路的工作状态便由线性主导的状态变为非线性主导的状态，并且电路中分布参数等影响也越发突出。各个高频功能电路都是由各种有源器件、无源元件构成的。其中，无源元件主要是指电阻器、电容器和电感线圈，这些实际器件存在着杂散寄生的不良电容、电感和电阻，使得它们在高频工作时表现出与标称不同的性质，工作频率越高这个差别也越大；有源器件主要是指半导体二极管、三极管和集成电路，它们本质上都是非线性元件，在高频电路中完成信号的放大、非线性变换等功能，只是有源器件在不同的使用条件下表现出的非线性程度不同，不良电容、电感和电阻的高频效应不同。因此，在工程中，根据欲实现的功能组成电路，并据工作频率、工作条件等实际情况对电路元、器件的数学模型进行合理的近似，以便用相对简单的分析方法获得具有实用意义的结果，即采用工程近似分析方法对电路进行性能分析与指标估算。也就是说，高频电子电路的理论分析是在忽略一些实际问题下进行的归纳和抽象，高频电子电路的实际应用也必须通过多次调试后才能实现。并且，高频电子电路的调试技术比低频电子电路要复杂得多，需要在实践中总结提高。

总之，高频电子电路具有如下特点：

① 工作频率在 300 kHz～300 MHz 的高频段；

② 电路由无源元件、有源器件组成，且元、器件的高频效应不可忽略；

③ 大多属于非线性电路；

④ 输入信号的大小及器件的工作状态决定了各个功能电路的工程近似分析方法；

⑤ 用不同的器件和不同的电路形式构成的高频电子电路，其功能和输入、输出频谱的

关系不会因不同器件或不同的电路形式而改变，也就是说，实现同一功能的电路的基本原理是不变的。

　　本书的主要内容是在工作频率为 300 kHz～300 MHz 的高频范围内（表 1.1 中的中频、高频和甚高频的频段），建立符合电路工作条件的电路元、器件的数学模型；探讨高频小信号放大器、高频功率放大器、高频正弦波振荡器、振幅调制器与解调器、频率调制器与解调器等高频电子电路的基本组成、工作原理、工程近似分析方法、主要技术指标的估算以及电路参数的估算等，为高频电子电路的调试、实用提供理论依据。书中还以单调谐高频小信号放大器、西勒型正弦波振荡器、调幅器和二极管大信号包络检波器为例，简要讨论基本功能电路的设计流程及调试思路；以小功率调幅发射机、调幅接收机、频率合成器、调制技术在抑制 PWM 型开关电源电磁干扰以及在复杂网络阻抗测量中的应用、电容式和电感式传感器的调制型测量电路等为例，简单介绍高频电子电路的应用，旨在使读者了解高频电子电路在实际系统中的应用方法，为将所学理论知识应用于工程实践中打下基础。

1.3　高频电子电路分析基础

　　高频电子电路的分析以集总电路分析理论（即基尔霍夫定律和器件的伏安关系）为基础，结合电路欲实现的功能及电路的工作环境对电路中元、器件的非线性特性做相应的工程近似处理，实现对电路技术指标的估算。处理高频信号的各种功能电路中使用的元器件与在低频电路中使用的元器件基本相同，只是由于工作在高频条件下，实际元器件存在着杂散寄生的电容、电感和电阻而呈现出与器件标称不同的特性。因而在电路分析时，对每一个元器件都要结合工作条件（信号的频率和幅度）采用适当的模型。

1.3.1　无源元件的高频模型

　　无源元件主要指电阻器、电容器和电感器，它们都属于线性元件，通常在高频电子电路中起滤波、阻抗匹配、旁路、去耦、耦合、移相等作用。实际器件存在杂散寄生的不良电容、电感和电阻，使得它们在高频下工作时会表现出与其标称不同的特性，工作频率越高差别越大。

1. 电阻器的高频模型

　　电阻器是电子电路中应用十分广泛的元件，是表征材料或器件对电流呈现阻力或损耗能量的元件，其主要的电磁特性是消耗电能，在电路中起降压、分压、限流、给有源器件提供必要的工作条件（电压或电流）等作用，常分为碳电阻、线绕电阻、金属膜电阻、薄膜片状电阻等类型。

　　任何一个实际的电阻器，在低频使用时主要表现为电阻特性，但在高频使用时不仅表现出电阻特性的一面，而且还表现出电抗特性的一面。因此，实际电阻器的等效电路如图 1.2（a）所示，其中 C_R 为分布电容（即模拟电阻器中电荷分离效应产生的电容和引线间的寄生电容），L_R 为引线电感（即模拟电阻器两端引线的寄生电感），R 为电阻的标称值。

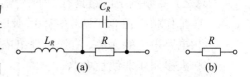

图 1.2　实际电阻器的等效模型

通常，频率越低时 C_R 与 L_R 效应越弱，故低频工作的电阻器的阻抗可以认为是标称值 R；当工作频率升高并超过某一频率值时，寄生电容 C_R 的影响成为主要因素而使得电阻器的阻抗下降；当工作频率继续升高时，由于引线电感的影响，电阻器的阻抗上升。

目前，在高频电子电路中广泛使用的片状器件的尺寸已做得非常小，可以有效减少分布电容和引线电感的影响，使用频率高达 15 GHz。因此，在本书讨论的频率范围内，可以忽略 C_R 与 L_R 效应，将实际的电阻器用图 1.2(b)所示的理想电阻元件等效，其参数为实际电阻器的标称值 R。

2. 电感器的高频模型

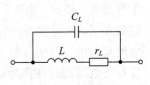

图 1.3 实际电感器的等效电路

在高频电路中经常使用的电感器是线圈结构的，对直流电流呈现短路而对突变的电流呈现高阻，其主要电磁特性是产生磁场、储存磁场能量，主要用作谐振元件、滤波元件、匹配元件、阻隔元件（又称为高频扼流圈）等。实际电感线圈的等效电路如图1.3所示，其中 r_L 描述电感线圈的电能损耗（称为等效损耗串联电阻），C_L 描述相邻线圈之间的分布电容效应，L 为电感的自感系数标称值。

在本书讨论的长、中、短波频段范围内，实际电感器的电容分布效应是可以忽略的，但损耗电阻的影响必须考虑。因为，随着工作频率的增高，电感线圈的集肤效应增强了（即工作频率增高，导致流过导线的交流电流向导线表面集中，导体导电的有效面积由导线的横截面积减小为导线的圆环面积，工作频率越高，圆环的面积越小，导体呈现的电阻值增大）；此外，由线圈磁场附近金属物内感应所产生的涡流损失，磁路线圈在磁介质内的磁滞损失，电磁辐射引发的能量损失等，都使得高频电感线圈的损耗随工作频率的增高而增大。总之，在本书讨论的频率范围内，电感线圈用等效损耗电阻 r_L 与电感 L 的串联来等效。由于串联等效损耗电阻 r_L 的值随工作频率的增高而增加，故用空载品质因数 Q_0 来描述电感线圈的损耗性能。电感线圈的空载品质因数定义为无功功率与有功功率之比：

$$Q_0 = \frac{\text{无功功率}}{\text{有功功率}} \tag{1.2}$$

显然，不耗能的理想电感线圈的空载品质因数 Q_0 为无穷大，Q_0 值越高，电感线圈的损耗越小。通常，高频条件下使用的实际电感线圈的空载品质因数在几十到一二百左右，视作远大于 1，即 $Q_0 \gg 1$。实际电感线圈的特征参数是自感系数 L 和空载品质因数 Q_0（如图 1.4(a)所示），电路符号及其高频等效模型如图 1.4(b)所示。

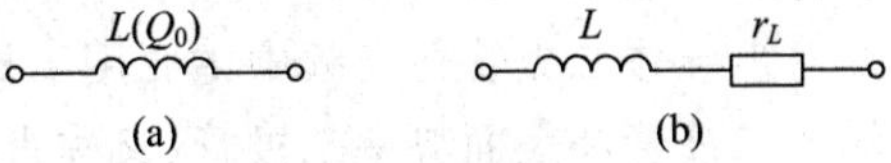

图 1.4 电感线圈及其高频串联等效模型

若流过电感线圈的电流为 I，在工作角频率为 ω 时，线圈的无功功率为 $I^2\omega L$，损耗功率为 $I^2 r_L$，由式(1.2)得到电感线圈的品质因数与 L 和 r_L 的关系为

$$Q_0 = \frac{I^2\omega L}{I^2 r_L} = \frac{\omega L}{r_L} \tag{1.3}$$

因而，电感线圈的串联等效损耗电阻的值为

$$r_L = \frac{\omega L}{Q_0} \tag{1.4}$$

一般 r_L 为几欧姆。

由图 1.3 可以看出，实际的电感器也存在着自谐振频率，且当频率大于自谐振频率时将表现出与标称不同的电容性。一般情况下，要选取比工作频率大足够多的自谐振频率，以保证电感器的标称性质不变。但在选用电源的滤波电感（高频扼流圈）时，应使滤波电感的自谐振频率等于或接近于电路系统的工作频率，这样滤波电感在工作频率上近似开路。

3. 电容器的高频模型

由介质隔开的两片导体即构成简单的电容器，其主要电磁特性是储存电荷，在电子电路中起滤波、旁路、耦合、去耦、移相等作用。理想状态下，电容器两片导体间的介质中是没有电流流动的。但在高频工作时，实际介质中有

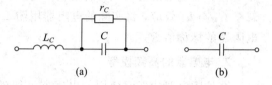

图 1.5　实际电容器的等效模型

传导电流因而存在损耗，其等效电路如图 1.5(a)所示，其中电阻 r_C 描述引线导体的损耗和电容介质的损耗效应，电感 L_c 描述引线的寄生电感效应，C 为电容器的标称值。

由于片状电容的应用，使得 L_c 效应可以忽略；电容器损耗电阻的大小主要由介质材料决定，其品质因数 Q 值可达几千到几万的数量级，与电感器相比，电容器的损耗常常忽略不计。故在本书讨论的频率范围内，将实际的电容器用图 1.5(b)所示的理想电容元件等效，其参数为实际电容器的标称值 C。

由图 1.5(a)可以看出，实际的电容器存在着自谐振频率，且当频率大于自谐振频率时表现出与标称不同的电感性。一般情况下，要选取比工作频率大足够多的自谐振频率，以保证电容器的标称性质不变。但在选用电源的滤波电容时，应使滤波电容的自谐振频率等于或接近电路系统的工作频率，这样滤波电容在工作频率上近似短路。

1.3.2　有源器件的高频模型

通常将具有电流控制能力的器件称为有源器件。用于高频电子电路的有源器件仍然是半导体二极管、三极管、场效应管和半导体集成电路等，只是由于工作在高频范围，对器件的某些性能要求更高。随着半导体和集成电路技术的高速发展，能满足高频应用要求的器件越来越多，也出现了一些专门用途的高频半导体器件。

半导体二极管在高频中主要用于检波、调制、解调及混频等非线性变换电路中。点接触式二极管和表面势垒二极管（又称肖特基二极管）都是利用多数载流子导电机理，它们的极间电容小，工作频率高；变容二极管的记忆电容 C_j 与外加反偏电压 U 之间成非线性关系，将它用于振荡回路中，可以做成电调谐器，也可以构成自动调谐电路等；还有一种是由 P 型、N 型和本征(I)型三种半导体构成的 PIN 二极管，它具有较强的正向电荷储存能力。它的高频等效电阻受正向直流电流的控制，是一种可调电阻。它在高频及微波电路中可以用作电可控开关、限幅器、电调衰减器或电调移相器。

在高频中应用的半导体三极管仍然是双极晶体管和多种场效应管，这些管子比用于低频环境的管子性能更好，在外形结构方面也有所不同。高频晶体管有两大类型：一类是用作小信号放大的高频小功率管，对它们的主要要求是高增益和低噪声；另一类为高频功率放大管，除了增益外，要求其在高频工作时有较大的输出功率。

用于高频的集成电路的类型和品种要比用于低频的集成电路少得多，主要分为通用型和专用型两种。目前通用型的宽带集成放大器，其工作频率可达一二百兆赫兹，增益可达五六

十分贝，甚至更高。用于高频的晶体管模拟乘法器，其工作频率也可达一百兆赫兹以上。

上述有源器件均是非线性元件，在电路分析时，需结合工作频率、输入交流信号的幅度等工作条件建立相对应的有源器件等效模型。例如，三极管的基极、发射极之间的电压与发射极电流的关系是指数特性的，在小信号情况下，这个特性用级数展开，并可以忽略平方项及以上阶次项，即近似认为发射极电流与控制电压之间是线性关系，也就是说三极管的特性可以用线性电路来等效，使得有较弱非线性特性的小信号放大器可看成是线性的；而在大信号情况下，由于输入信号较大，必然涉及器件的非线性部分，就不能用线性等效电路来表示三极管的特性。总之，不同的功能电路中，有源器件的工作环境不同，因而有源器件的等效模型不同。有源器件的等效模型将在后续各个功能电路的分析中具体讨论。

1.3.3 串、并联阻抗的等效互换

在电路分析中，为了计算方便，有时需要将如图 1.6(a)所示的串联阻抗等效变换为如图 1.6(b)所示的并联结构。图 1.6(a)一端口电路与图 1.6(b)一端口电路是等效的，则它们的阻抗相同。

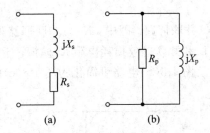

图 1.6 串、并联阻抗的等效互换

由电路分析理论可知，若电路图 1.6(a)与图 1.6(b)等效，则它们的导纳应满足：

$$\frac{1}{R_p}+\frac{1}{jX_p}=\frac{1}{R_s+jX_s}=\frac{R_s}{R_s^2+X_s^2}-j\frac{X_s}{R_s^2+X_s^2}$$

由于电路的品质因数为 $Q=X_s/R_s$，则上式可以简化为

$$\frac{1}{R_p}+\frac{1}{jX_p}=\frac{R_s^{-1}}{1+Q^2}-j\frac{X_s^{-1}}{Q^{-2}+1} \tag{1.5}$$

解得

$$R_p=(1+Q^2)R_s \quad 和 \quad X_p=(1+Q^{-2})X_s \tag{1.6}$$

在高频、高 $Q(Q\gg1)$条件下，得

$$R_p=Q^2R_s \quad 和 \quad X_p=X_s \tag{1.7}$$

通过上述分析，可得出如下结论：

① 在高频、高 Q 条件下，电阻 R_s 与电抗 jX_s 的串联结构可等效为电阻 R_p 与电抗 jX_p 的并联结构，且满足 $R_p=Q^2R_s>R_s$ 和 $X_p=X_s$；

② 电阻 R_p 与电抗 jX_s 并联结构的品质因数计算公式为 $Q=R_p/X_p$。

基于上述串、并联阻抗等效互换的理论，图 1.4 的电感线圈高频等效模型也可表达成如图 1.7(b)所示的并联形式，其中 R_0 为电感线圈的并联等效损耗电阻，大小为

$$R_0 = Q_0^2 r_L = Q_0 \omega L \tag{1.8}$$

一般地，R_0 为几十到几百千欧。

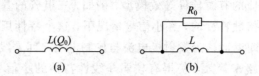

图 1.7　电感线圈及其并联形式的高频等效模型

1.3.4　LC 选频回路

信号在传输过程中不可避免地会受到各种噪声的干扰，利用选频网络能选出所需要的有用频率分量，并且滤除不需要的噪声干扰。最简单、应用最广泛的选频网络就是由电感线圈和电容器组成的 LC 选频回路，它是构成高频谐振放大器、正弦波振荡器等高频电子电路的重要基础部件。根据连接方式的不同，LC 选频回路分为 LC 并联回路、LC 串联回路以及耦合谐振回路等，本节仅讨论前两种情况。

1. LC 并联回路

图 1.8(a) 是最简单的 LC 并联回路。图中，R_L 为并联回路的负载。在高频、高 Q 条件下，将电感线圈用理想电感 L 和并联等效损耗电阻 R_0 模拟，于是图 1.8(a) 可等效成图 1.8(b) 的形式。令 $R_p = R_0 /\!/ R_L$，图 1.8(b) 电路可简化为图 1.8(c) 的形式。

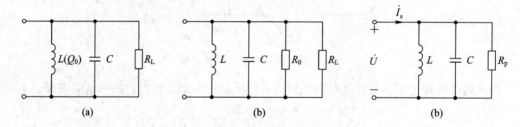

图 1.8　LC 并联谐振回路及其高频等效电路

1) LC 并联回路的导纳

由电路理论可知，图 1.8(c) 电路的导纳为

$$Y(\omega) = \frac{1}{R_L} + \frac{1}{R_0} + \frac{1}{j\omega L} + j\omega C = \frac{1}{R_p} + j\omega_0 C \left(\frac{\omega}{\omega_0} - \frac{\omega_0}{\omega} \right) = \frac{1}{R_p} \left[1 + jQ_L \left(\frac{\omega}{\omega_0} - \frac{\omega_0}{\omega} \right) \right]$$
$$= G(\omega) + jB(\omega) \tag{1.9}$$

其中，固有谐振角频率为

$$\omega_0 = \sqrt{\frac{1}{LC}} \tag{1.10}$$

回路的有载品质因数为

$$Q_L = \frac{回路储存的无功功率}{回路消耗的有功功率} = R_p \omega_0 C = R_p \sqrt{\frac{C}{L}} < Q_0 \tag{1.11}$$

电导为

$$G(\omega) = \frac{1}{R_L} + \frac{1}{R_0} = \frac{1}{R_p} \qquad (1.12)$$

电纳为

$$B(\omega) = \frac{Q_L}{R_p}\left(\frac{\omega}{\omega_0} - \frac{\omega_0}{\omega}\right) \qquad (1.13)$$

阻抗为

$$Z(\omega) = \frac{1}{Y(\omega)} = \frac{R_p}{1 + jQ_L\left(\dfrac{\omega}{\omega_0} - \dfrac{\omega_0}{\omega}\right)} \qquad (1.14)$$

并联谐振回路阻抗的幅频特性为

$$|Z(\omega)| = \left|\frac{R_p}{1 + jQ_L\left(\dfrac{\omega}{\omega_0} - \dfrac{\omega_0}{\omega}\right)}\right| \qquad (1.15)$$

并联谐振回路阻抗的相频特性为

$$\varphi(\omega) = -\arctan\left[Q_L\left(\frac{\omega}{\omega_0} - \frac{\omega_0}{\omega}\right)\right] \qquad (1.16)$$

显然，电导 $G(\omega)$ 值的大小与电路的工作频率 ω 无关，但 LC 并联谐振回路阻抗的幅度 $|Z(\omega)|$ 及相位 $\varphi(\omega)$ 的值均随角频率 ω 的变化而变化。图 1.9 中绘出了 LC 并联回路阻抗的幅频特性 $|Z(\omega)|$-ω 和相频特性 $\varphi(\omega)$-ω 曲线。

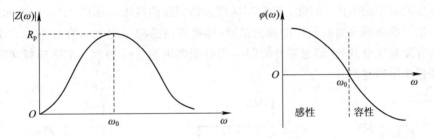

图 1.9 LC 并联回路的阻抗频率特性

由式(1.9)和图 1.9 可知，LC 并联谐振回路阻抗的相频特性是单调减的。当 $\omega = \omega_0$ 时，$B(\omega) = 0$，$\varphi(\omega) = 0$，LC 并联谐振回路呈现阻性，这时，导纳 $Y(\omega)$ 达到最小值，阻抗 $Z(\omega)$ 达到最大值，这个阻抗最大值为 R_p，称 R_p 为 LC 并联谐振回路的谐振电阻。当 $\omega > \omega_0$ 时，$B(\omega) > 0$，$\varphi(\omega) < 0$，此时 LC 并联谐振回路呈现容性，且 $|Z(\omega)| < R_p$；当 $\omega < \omega_0$ 时，$B(\omega) < 0$，$\varphi(\omega) > 0$，LC 并联谐振回路呈现感性，且 $|Z(\omega)| < R_p$。

若 LC 回路的激励为电流源 $\dot{I}_s$，则回路两端的电压 $\dot{U}$ 可以表示为

$$\dot{U} = \frac{\dot{I}_s}{Y} = \frac{\dot{I}_s R_p}{1 + jQ_L\left(\dfrac{\omega}{\omega_0} - \dfrac{\omega_0}{\omega}\right)} \qquad (1.17)$$

2) LC 并联回路的谐振特性

当 $\text{Im}[Y(\omega)] = B(\omega) = 0$ 时，电路呈现并联谐振现象。这时：

(1) 电路的工作频率满足 $\omega = \omega_0$，称 ω_0 为 LC 并联谐振回路的固有谐振角频率；

（2）谐振时，回路阻抗呈现阻性，且达到最大值，即 R_p；

（3）谐振时，回路端电压 $\dot{U}|_{\omega=\omega_0}=\dot{I}_s R_p \triangleq \dot{U}_0$，说明激励源电流全部流过电阻 R_p，负载获得最大电压；

（4）谐振时，电容与电感上出现最大电流，为电流源电流的 Q_L 倍。

3）LC 并联回路的选频特性

通常将并联回路两端电压的归一化幅值（并联回路两端电压与谐振时的电压之比的模）随工作频率变化的关系曲线称为谐振曲线。在电流源 $\dot{I}_s$ 激励下，LC 并联回路的归一化电压为

$$\frac{\dot{U}}{\dot{U}_0}=\frac{1}{1+jQ_L\left(\dfrac{\omega}{\omega_0}-\dfrac{\omega_0}{\omega}\right)} \tag{1.18}$$

从而得归一化电压的模为

$$\frac{U}{U_0}=\frac{1}{\sqrt{1+Q_L^2\left(\dfrac{\omega}{\omega_0}-\dfrac{\omega_0}{\omega}\right)^2}}=\frac{1}{\sqrt{1+Q_L^2\left(\dfrac{f}{f_0}-\dfrac{f_0}{f}\right)^2}}, \ \omega=2\pi f \tag{1.19}$$

按式(1.19)可绘出 LC 并联回路的归一化电压随频率变化的关系曲线，即谐振曲线，如图 1.10(a)所示。由于实际信号是含有多个频率成分的，信号能量的主要部分总是集中在一定宽度的频带范围内。因此，选频网络理想的谐振曲线应是如图 1.10(b)所示的矩形，即对有用信号的频谱分量有同样的放大倍数（即通带内的归一化电压值恒为 1），而无用信号的频谱分量被完全抑制（即通带外的归一化电压值恒为 0）。显然，实际选频网络的谐振曲线越接近于矩形越好。

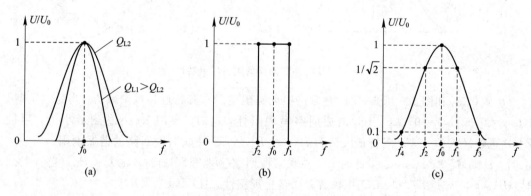

图 1.10　并联谐振回路的归一化电压谐振曲线

当占有一定频带的信号在并联回路中传输时，由于谐振曲线的不均匀性，输出的电压便不可避免地产生频率失真。为了限制谐振回路频率失真的大小而规定了谐振回路的通频带。当电压值下降到谐振电压值的 $1/\sqrt{2}$（即谐振曲线由最大值 1 下降到 $1/\sqrt{2}$）时，两边界频率 f_2 与 f_1 之间的频带宽度称为回路的 3 dB 通频带宽度（用 $2\Delta f_{0.7}$ 或 $BW_{0.7}$ 表示）。通常，在通频带范围内所产生的频率失真被认为是工程上允许的。由图 1.10(c)和式(1.19)解得 LC 并联回路的 3 dB 通频带宽度为

$$2\Delta f_{0.7} = f_1 - f_2 = \frac{f_0}{Q_L} \tag{1.20}$$

由此可见，LC 并联回路的通频带与回路的有载品质因数 Q_L 值有关，一般 Q_L 值越大回路损耗越小，谐振曲线越陡峭，通频带越窄。

当回路的谐振曲线呈现矩形时频率选择性最好。因此，用矩形系数（用 $K_{0.1}$ 表示）来表达实际谐振曲线接近矩形的程度。通常，定义矩形系数 $K_{0.1}$ 为 $\text{BW}_{0.7}$ 与 $\text{BW}_{0.1}$ 之比，即

$$K_{0.1} = \frac{2\Delta f_{0.7}}{2\Delta f_{0.1}} = \frac{f_1 - f_2}{f_3 - f_4} \tag{1.21}$$

理想情况下，$K_{0.1} = 1$。由图 1.10(c) 和式(1.19) 解得 LC 并联回路的矩形系数为

$$K_{0.1} = \sqrt{99} \gg 1$$

显然，单 LC 并联回路的频率选择性并不好。

LC 并联回路的选频特性归纳如下：

(1) Q_L 值越大，谐振曲线越尖锐，对偏离谐振频率 ω_0（即 f_0）的频率成分衰减越大；

(2) 3 dB 通频带宽度 $2\Delta f_{0.7} = f_0/Q_L$；

(3) 矩形系数 $K_{0.1} \approx 10$。

【**例 1.1**】　在图 1.11(a)所示的 LC 并联选频回路中，线圈的电感 $L = 58\ \mu\text{H}$，等效损耗串联电阻 $r = 12\ \Omega$，电容 $C = 200\ \text{pF}$。求回路的品质因数、谐振电阻和通频带。若将此回路接入电路中，组成图 1.11(b)所示的电路，图中的负载电阻为 $R_L = 200\ \text{k}\Omega$，信号源内阻为 $R_s = 200\ \text{k}\Omega$。问：此时电路系统的品质因数多大? 通频带多宽?

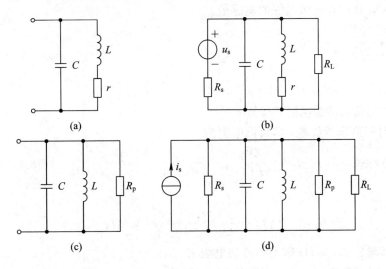

图 1.11　例 1.1 电路

解　(1) 利用高 Q 条件下串、并联阻抗的等效互换关系，将图 1.11(a)等效为图 1.11(c)的形式，于是 LC 并联选频回路的品质因数为

$$Q_0 = \frac{2\pi f_0 L}{r} = \frac{1}{r}\sqrt{\frac{L}{C}} = \frac{1}{12}\sqrt{\frac{586 \times 10^{-6}}{200 \times 10^{-12}}} = 143$$

谐振电阻为

$$R_p = 2\pi f_0 L Q_0 = \frac{(2\pi f_0 L)^2}{r} = \frac{L}{rC} = \frac{586 \times 10^{-6}}{12 \times 200 \times 10^{-12}} = 244 \text{ k}\Omega$$

通频带宽度为

$$2\Delta f_{0.7} = \frac{f_0}{Q_0} = \frac{1}{2\pi\sqrt{LC}} \times r\sqrt{\frac{C}{L}} = \frac{r}{2\pi L} = \frac{12}{2\pi \times 586 \times 10^{-6}} = 3.3 \times 10^3 \text{ Hz}$$

（2）利用高 Q 条件下的串、并联阻抗的等效互换，将图 1.11(b)等效为图 1.11(d)的形式，于是电路的总电导为

$$g_\Sigma = \frac{1}{R_s} + \frac{1}{R_p} + \frac{1}{R_L} = \frac{1}{200 \times 10^3} + \frac{1}{244 \times 10^3} + \frac{1}{200 \times 10^3} = 1.4 \times 10^{-5} \text{ S}$$

电路的品质因数为

$$Q_L = \frac{1}{2\pi f_0 L g_\Sigma} = \frac{1}{2\pi \times 465 \times 10^3 \times 568 \times 10^{-6} \times 1.4 \times 10^{-5}} = 41.56$$

电路的通频带宽度为

$$2\Delta f'_{0.7} = \frac{f_0}{Q_L} = 2\pi f_0^2 L g_\Sigma = \frac{g_\Sigma}{2\pi C} = \frac{1.4 \times 10^{-5}}{2\pi \times 200 \times 10^{-12}} = 11.2 \times 10^3 \text{ Hz}$$

从此例题的计算结果可以看出，在 LC 并联选频回路接入负载电阻和信号源内阻后，品质因数降低，通频带变宽。

【例 1.2】　一 LC 并联谐振回路，谐振频率为 10 MHz，回路电容为 50 pF，试计算所需电感线圈的电感值。若电感线圈的品质因数为 100，试计算回路的谐振电阻和带宽。若要求增加回路的带宽为 0.5 MHz，则应在回路中并联多大的电阻才能满足所需带宽的要求？

解　（1）计算回路电感线圈的电感值。

由于 $f_0 = \frac{1}{2\pi}\sqrt{\frac{1}{LC}}$，则

$$L = \frac{1}{(2\pi f_0)^2 C} = \frac{1}{(2 \times \pi \times 10 \times 10^6)^2 \times 50 \times 10^{-12}} = 5.07 \times 10^{-6} \text{ H}$$

（2）计算回路的谐振电阻和带宽。

由于此时回路未带负载，即谐振电阻为

$$R_p = R_0 = Q_0(2\pi f_0)L = \frac{Q_0}{(2\pi f_0)C} = \frac{100}{2 \times \pi \times 10 \times 10^6 \times 50 \times 10^{-12}} = 3.18 \times 10^4 \ \Omega$$

回路带宽为

$$2\Delta f_{0.7} = \frac{f_0}{Q_0} = \frac{10 \times 10^6}{100} = 10^5 \text{ Hz}$$

（3）计算满足 0.5 MHz 带宽的并联电阻 R。

此时，品质因数满足 $f_0/Q_L = 0.5 \times 10^6$，即 $Q_L = f_0/(0.5 \times 10^6) = 20$。
而回路的总电阻为

$$R_\Sigma = R_p // R = \frac{Q_L}{2\pi f_0 C}, \quad \text{即} \quad \frac{RR_p}{R + R_p} = 6.37 \times 10^3$$

解得应在回路中并联的电阻为

$$R = \frac{6.37 \times 10^3 R_p}{R_p - 6.37 \times 10^3} = 7.97 \times 10^3 \ \Omega$$

2. *LC* 串联回路

图 1.12(a)是最简单的 *LC* 串联回路。图中 R_L 为 *LC* 串联回路的负载。在高频、高 *Q* 条件下，图 1.12(a)可等效成图 1.12(b)的形式。其中 $R_s = R_L + r_0$，r_0 为电感线圈的串联等效损耗电阻。

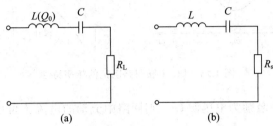

图 1.12 *LC* 串联谐振回路及其高频等效电路

1）*LC* 串联回路的阻抗

图 1.12(b)等效电路的阻抗为

$$Z(\omega) = R_s + \frac{1}{j\omega C} + j\omega L = R_s\left[1 + jQ_L\left(\frac{\omega}{\omega_0} - \frac{\omega_0}{\omega}\right)\right] = R(\omega) + jX(\omega) \tag{1.22}$$

其中，固有谐振角频率为

$$\omega_0 = \sqrt{\frac{1}{LC}} \tag{1.23}$$

有载品质因数为

$$Q_L = \frac{\omega_0 L}{R_s} = \frac{1}{R_s}\sqrt{\frac{L}{C}} < Q_0 \tag{1.24}$$

电阻为

$$R(\omega) = R_s \tag{1.25}$$

电抗为

$$X(\omega) = \omega L - \frac{1}{\omega C} = \sqrt{\frac{L}{C}}\left(\frac{\omega}{\omega_0} - \frac{\omega_0}{\omega}\right), \quad \omega_0 = \sqrt{\frac{1}{LC}} \tag{1.26}$$

阻抗的幅频特性为

$$|Z(\omega)| = R_s\left[1 + Q_L^2\left(\frac{\omega}{\omega_0} - \frac{\omega_0}{\omega}\right)^2\right]^{0.5} \tag{1.27}$$

阻抗的相频特性为

$$\varphi(\omega) = \arctan\left[Q_L\left(\frac{\omega}{\omega_0} - \frac{\omega_0}{\omega}\right)\right] \tag{1.28}$$

显然，$R(\omega)$ 值的大小与电路的工作频率 ω 无关，$X(\omega)$ 及 $Z(\omega)$ 的值均随 ω 而变，图 1.13 中绘出了 *LC* 串联回路阻抗的幅频特性$|Z(\omega)| - \omega$ 和相频特性 $\varphi(\omega) - \omega$ 曲线。

由式(1.26)和图 1.13 可知，当 $\omega = \omega_0$ 时，$X(\omega) = 0$，$\varphi(\omega) = 0$，*LC* 串联回路呈现阻性且阻抗 $Z(\omega)$ 达到最小值，大小为 R_s，称 R_s 为 *LC* 串联回路的谐振电阻。当 $\omega > \omega_0$ 时，$X(\omega) > 0$，$\varphi(\omega) > 0$，此时 *LC* 串联回路呈现感性；当 $\omega < \omega_0$ 时，$X(\omega) < 0$，$\varphi(\omega) < 0$，*LC* 串联回路呈现容性。

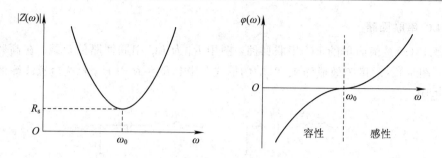

图 1.13　LC 串联回路阻抗的频率特性

若 LC 串联回路的激励为电压源 $\dot{U}_s$，则回路中流动的电流 $\dot{I}$ 可以表达为

$$\dot{I}=\frac{\dot{U}_s}{Z}=\frac{\dot{U}_s/R_s}{1+\mathrm{j}Q_L\left(\dfrac{\omega}{\omega_0}-\dfrac{\omega_0}{\omega}\right)} \tag{1.29}$$

2）LC 串联回路的谐振特性

当 $\mathrm{Im}[Z(\omega)]=X(\omega)=0$ 时，电路呈现串联谐振现象。这时：

（1）电路的工作频率 $\omega=\omega_0$，称 ω_0 为 LC 串联回路的固有谐振频率；

（2）谐振时，回路阻抗呈现阻性，且达到最小值，大小为 R_s；

（3）谐振时，回路中的电流 $\dot{I}\,|_{\omega=\omega_0}=\dot{U}_s/R_s\triangleq\dot{I}_0$ 值达到最大，即电源电压全部落在电阻 R_s 上，负载中流过最大电流；

（4）谐振时，电容与电感上出现最大电压，大小为电压源电压的 Q_L 倍。

3）LC 串联回路的选频特性

通常将 LC 串联回路电流的幅值随工作频率变化的关系曲线称为谐振曲线。同样，用归一化谐振曲线来讨论谐振回路的选频特性。故在电压源 $\dot{U}_s$ 激励下，归一化电流为

$$\frac{\dot{I}}{\dot{I}_0}=\frac{1}{1+\mathrm{j}Q_L\left(\dfrac{\omega}{\omega_0}-\dfrac{\omega_0}{\omega}\right)} \tag{1.30}$$

从而得归一化电流的模为

$$\frac{I}{I_0}=\frac{1}{\sqrt{1+Q_L^2\left(\dfrac{\omega}{\omega_0}-\dfrac{\omega_0}{\omega}\right)^2}}=\frac{1}{\sqrt{1+Q_L^2\left(\dfrac{f}{f_0}-\dfrac{f_0}{f}\right)^2}},\ \omega=2\pi f \tag{1.31}$$

按式(1.31)可绘出串联谐振回路的归一化电流谐振曲线，如图 1.14 所示。

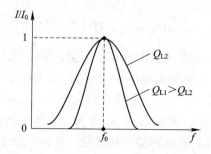

图 1.14　LC 串联谐振回路的归一化电流谐振曲线

LC 串联谐振回路的选频特性归纳如下：

① Q_L 值越大，谐振曲线越尖锐，对偏离谐振频率 ω_0（即 f_0）的频率成分衰减越大；

② 3 dB 通频带宽度为 $2\Delta f_{0.7}=f_0/Q_L$；

③ 矩形系数为 $K_{0.1}=\sqrt{99}\gg1$，单串联谐振回路的频率选择性也不好。

【例 1.3】　现有一电感线圈，其电感 $L=200\ \mu H$，品质因数 $Q_0=100$。将它与一可变电容器 C 串联后，接于幅度为 $U_{sm}=10\ mV$、频率为 $f_0=794\ kHz$ 的交流信号源上。调节可变电容器 C 的值，使回路工作于谐振状态。试求此时：（1）电容器的电容值 C_0 及谐振电阻 r_s；（2）回路电流的幅值 I_0；（3）电容器两端电压的幅值 U_{cm}。

解　根据题意画出电路，如图 1.15 所示。

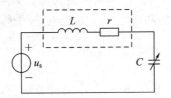

图 1.15　例 1.3 电路

图中，r 为电感线圈的等效损耗串联电阻，其值为

$$r=\frac{2\pi f_0 L}{Q_0}=10\ \Omega$$

此时，电路的谐振电阻为 $r_s=r=10\ \Omega$。

（1）当电容器的电容值为 C_0 时，回路工作于谐振状态，必满足

$$f_0=\frac{1}{2\pi\sqrt{LC_0}}$$

从而可解得

$$C_0=\frac{1}{(2\pi f_0)^2 L}=\frac{1}{(2\pi\times794\times10^3)^2\times200\times10^{-6}}=200\ pF$$

（2）电路谐振时，回路电流的幅值为

$$I_0=\frac{U_{sm}}{r_s}=\frac{10\times10^{-3}}{10}=1\ mA$$

（3）电路谐振时，电容两端电压的幅值为

$$U_{cm}=I_0\ \frac{1}{\omega_0 C_0}=\frac{U_{sm}}{r_s}\times\frac{1}{\omega_0 C_0}=Q_0 U_{sm}=100\times10\times10^{-3}=1\ V$$

总之，*LC* 串联谐振回路是电感、电容、信号源三者的串联，*LC* 并联谐振回路是电感、电容、信号源三者的并联。*LC* 串联与并联谐振回路的共同点是：

① 固有谐振频率均为 $f_0=1/(2\pi\sqrt{LC})$ 或 $\omega_0=1/\sqrt{LC}$；

② 通频带均可表示为 $2\Delta f_{0.7}=f_0/Q$。

LC 串联与并联谐振回路的不同点是：

① 品质因数的表示形式不同，串联时 $Q=\omega_0 L/R_\Sigma$，并联时 $Q=R_\Sigma/\omega_0 L$。

② 谐振时状态不同，串联谐振回路在谐振时阻抗达到最小，电容和电感上的电压达到

最大；并联谐振回路在谐振时阻抗达到最大，电容和电感上的电流也达到最大。

③ 回路失谐时的阻抗特性不同，当工作频率大于固有谐振频率时，串联谐振回路呈感性，而并联谐振回路呈容性。

1.3.5 阻抗变换

通过前面的分析可以看出，实际工作中信号源的内阻、负载直接接入 LC 选频回路时，都会导致回路的品质因数下降、通频带变宽、频率选择性变差。若信号源的内阻或负载是非阻性的，还会改变回路的固有谐振频率而使电路工作于失谐状态。通常，信号源的内阻和负载的数值是固定值，不能选择。因此，多采用部分接入的方式，将信号源的内阻、负载的数值变换成合适的值，以改善对 LC 选频回路的不良影响。即 LC 选频回路除了具有选频功能外，还将承担阻抗变换的功能，它与电子电路的连接方式直接影响着电路系统的性能。

1. 负载的部分接入

设负载为电阻 R_L，采用如图 1.16(a) 所示的部分接入谐振回路的方式将 R_L 引入电子电路。图中，jX_2 与 jX_3 同为电感而 jX_1 为电容，或 jX_2 与 jX_3 同为电容而 jX_1 为电感，即 X_2 与 X_3 具有相同的电抗性质，而 X_1 相反。依据高频、高 Q 条件下的串、并联阻抗等效变换理论，可将图 1.16(a) 电路等效为图 1.16(b) 的形式，R'_L 为等效负载，相当于图 1.16(a) 电路工作于谐振状态时的谐振电阻。

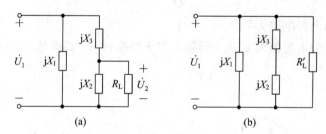

图 1.16　负载电阻 R_L 部分接入谐振回路及其等效电路

等效变换应保持实际负载的功率不变，即

$$\frac{U_2^2}{R_L} = \frac{U_1^2}{R'_L} \tag{1.32}$$

解得等效负载为

$$R'_L = \left(\frac{U_1}{U_2}\right)^2 R_L \tag{1.33}$$

定义接入系数 p 为

$$p = \frac{\text{实际负载的端电压}}{\text{等效负载的端电压}} = \frac{U_2}{U_1} \tag{1.34}$$

则实际负载电阻 R_L 部分接入谐振回路时的等效负载可以表示为

$$R'_L = p^{-2} R_L \tag{1.35}$$

说明调节 p 的大小可以改变等效电阻的数值。p 越小，R_L 与回路的接入部分越少，R'_L 的值就越大，对 LC 回路性能的影响越小。

当实际负载不为纯阻性，还包含电抗部分时，上述等效关系仍然成立。例如，实际负载为电导 g_L、电感 L_L 或电容 C_L 时，部分接入谐振回路时的等效负载可分别表示为

$$g'_L = p^2 g_L \quad L'_L = p^{-2} L_L \quad C'_L = p^2 C_L \tag{1.36}$$

常见的部分接入方式有以下三种。

1) 变压器耦合连接

如图 1.17(a)所示，通过变压器将实际负载电阻 R_L 折合到谐振回路中，折合后的等效电路如图 1.17(b)所示。其中，变压器原边线圈的自感系数为 L_1、线圈匝数为 N_1，副边线圈的相应参数为 L_2 和 N_2。

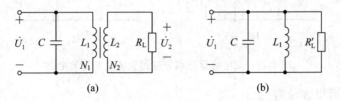

图 1.17　变压器耦合连接负载及其等效电路

负载电阻的接入系数为

$$p = \frac{U_2}{U_1} = \frac{N_2}{N_1} \tag{1.37}$$

于是，图 1.17(a)电路等效为图 1.17(b)，其中 $R'_L = p^{-2} R_L$。

此种部分接入方式的特点是 p 可以大于或小于 1，即可实现将小阻值负载变换为大阻值，也可将实际大阻值负载变换为小阻值。但变压器必须选用高频变压器，故电路成本较高。

2) 自耦变压器耦合连接

如图 1.18(a)所示为自耦变压器耦合连接方式，实际负载电阻 R_L 接在线圈 2、3 端子间，图 1.18(a)的等效电路如图 1.18(b)所示。用 N_{12}、N_{23} 分别表示线圈 1—2、2—3 端子间的匝数，用 L_{13} 表示 1—3 端子间的线圈自感系数。

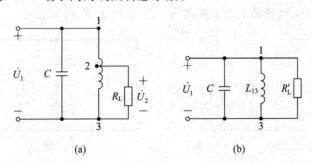

图 1.18　自耦变压器耦合连接负载及其等效电路

这时，负载的接入系数可以表示为

$$p = \frac{U_2}{U_1} = \frac{N_{23}}{N_{12} + N_{23}} \tag{1.38}$$

显然，$p<1$，图 1.18(a)电路等效为图 1.18(b)，其中 $R'_L = p^{-2} R_L$，且 $R'_L > R_L$。此种

部分接入方式可实现将小阻值负载变换为大阻值。

3）双电容分压耦合连接

如图 1.19(a)所示为双电容分压耦合连接方式，负载电阻 R_L 与电容 C_2 并联。图 1.19(a)的等效电路为图 1.19(b)。

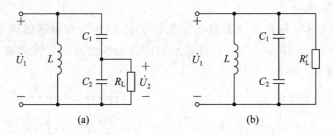

图 1.19　双电容分压耦合连接负载及其等效电路

这时，接入系数可以表示为

$$p=\frac{U_2}{U_1}=\frac{1/C_2}{1/C_1+1/C_2}=\frac{C_1}{C_1+C_2} \tag{1.39}$$

等效负载仍可表示为

$$R_L'=p^{-2}R_L \tag{1.40}$$

显然，$p<1$，$R_L'>R_L$，双电容分压耦合接入方式只能实现将小阻值负载变换为大阻值。

虽然双电容抽头的连接方式多用一个电容元件，但是，它避免了绕制变压器和线圈抽头的麻烦，调整方便，同时还起到隔电流作用。在工作频率较高时，可将分布电容作为此类电路总的电容，这个方法得到了广泛应用。

2. 信号源的部分接入

如图 1.20(a)所示，采用双电容分压耦合接入的方式将信号源（独立电流源 i_s 和信号源内阻 R_s）引入电子电路。依据高频、高 Q 条件下的阻抗等效变换，将图 1.20(a)等效为图 1.20(b)的形式（其中，电流源 i_s' 为 i_s 的等效，电阻 R_s' 为 R_s 的等效）。

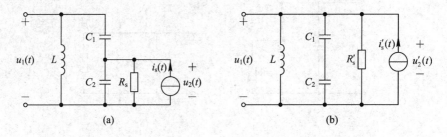

图 1.20　信号源部分接入谐振回路及其等效电路

由电路理论可知，图 1.20(b)电路是图 1.20(a)的等效电路，意味着电流源 i_s' 输出的功率等于电流源 i_s 输出的功率，电阻 R_s' 消耗的功率等于电阻 R_s 消耗的功率，即

$$i_s(t)u_2(t)=i_s'(t)u_2'(t) \quad 和 \quad \frac{u_2^2(t)}{R_s}=\frac{u_2'^2(t)}{R_s'} \tag{1.41}$$

由于接入系数为

$$p = \frac{u_2}{u_1} \qquad (1.42)$$

由图 1.20(b) 可知 $u_1(t) = u_2'(t)$，故电流源的等效变换关系为

$$i_s'(t) = p i_s(t) \qquad (1.43)$$

当然，信号源也可以采用其他形式的部分接入方式，等效变换关系仍如式 (1.43) 所示。

【例 1.4】 图 1.21(a) 电路中，抽头回路（中心抽头）由电流源激励，电感线圈参数为 $L_{13} = 6.25 \ \mu H$ 和 $Q_0 = 100$，且 $C_2 = 2000 \ pF$，$C_1 = 8000 \ pF$，$R_L = 500 \ \Omega$，$R_s = 50 \ \Omega$，$i_s(t) = \cos(10^7 t) \, mA$。

(1) 试求电流源两端的电压 $u_s(t)$、输出电压（负载两端的电压）$u_L(t)$，及电路的等效品质因数 Q_L。

(2) 欲使电路达到匹配状态，抽头回路的抽头应置于何处？这时，电路的输出电压、等效品质因数为多大？

解 (1) 在高频、高 Q 的条件下，将图 1.21(a) 电路等效为图 1.21(b) 的形式，图中 $R_0 = Q_0 \omega_0 L_{13}$ 为电感线圈的等效损耗并联电阻。由于电源端为中心抽头，则电源侧的接入系数为

$$p_s = \frac{N_{23}}{N_{12} + N_{23}} = 0.5$$

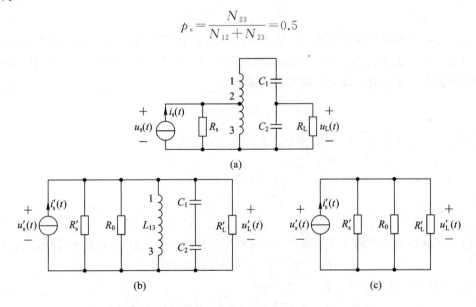

图 1.21 例 1.4 电路

因而图 1.21(b) 中等效信号源为

$$i_s'(t) = p_s i_s(t), \quad u_s'(t) = p_s^{-1} u_s(t), \quad R_s' = p_s^{-2} R_s$$

又，负载侧的接入系数为

$$p_L = \frac{C_1}{C_1 + C_2} = \frac{8000}{2000 + 8000} = 0.8$$

因而图 1.21(b) 中的等效负载及其端电压为

$$R_L'(t) = p_L^{-2} R_L, \quad u_L'(t) = p_L^{-1} u_L(t)$$

在图 1.21(b)的电路中，$u'_L(t) = u'_s(t)$，且回路的总电容为

$$C_\Sigma = \frac{C_1 C_2}{C_1 + C_2} = \frac{2000 \times 8000}{2000 + 8000} = 1600 \text{ pF}$$

故回路的固有谐振角频率为

$$\omega_0 = \frac{1}{\sqrt{L_{13} C_\Sigma}} = \frac{1}{\sqrt{6.25 \times 10^{-6} \times 1600 \times 10^{-12}}} = 10^7 \text{ rad/s}$$

显然，它与电流源 $i_s(t)$ 的频率相等。说明此时电路处于并联谐振工作状态，因而图 1.21(b)电路可以进一步等效成图 1.21(c)的形式。令图 1.21(c)电路的总电阻为

$$R_\Sigma = R'_s \,/\!/\, R_0 \,/\!/\, R'_L = \frac{1}{\dfrac{0.5^2}{50} + \dfrac{1}{100 \times 10^7 \times 6.25 \times 10^{-6}} + \dfrac{0.8^2}{500}} \approx 155.28 \ \Omega$$

由电路理论可知 $u'_L(t) = i'_s(t) R_\Sigma$，则输出电压（负载两端的电压）为

$$u_L(t) = u'_L(t) p_L = p_L p_s i_s(t) R_\Sigma \approx 62.11 \cos(10^7 t) \text{ mV}$$

电流源两端的电压为

$$u_s(t) = u_s(t) p_s = p_s^2 i_s(t) R_\Sigma \approx 38.82 \cos(10^7 t) \text{ mV}$$

电路的等效品质因数为

$$Q_L = \frac{R_\Sigma}{\omega_0 L_{13}} \approx 2.48$$

（2）因电源内阻是纯电阻性的，抽头回路抽头位置的变化并不影响回路的谐振频率，即电路仍工作于谐振状态，图 1.21(a)电路仍可等效成图 1.21(c)的形式，只是其中的等效电源内阻值发生了变化。设电源侧的接入系数为

$$p_s = \frac{N_{23}}{N_{13}} = k$$

当电路达到匹配状态时，$R'_s = R_0 \,/\!/\, R'_L$，$R'_s = k^{-2} R_s$，故

$$k^2 = \frac{R_s}{R_0 \,/\!/\, R'_L} = \frac{R_s(R_0 + R'_L)}{R_0 R'_L} = \frac{50(100 \times 10^7 \times 6.25 \times 10^{-6} + 0.8^{-2} \times 500)}{100 \times 10^7 \times 6.25 \times 10^{-6} \times 0.8^{-2} \times 500} = 7.2 \times 10^{-2}$$

解得

$$k = 0.268$$

说明抽头回路的抽头位置于距下端的 0.268 倍处。这时，图 1.21(c)电路的总电阻为

$$R'_\Sigma = R'_s \,/\!/\, R_0 \,/\!/\, R'_L = 2R'_s \approx 1389 \ \Omega$$

输出电压（负载两端的电压）为

$$u_L(t) = p_L k R'_\Sigma i_s(t) \approx 297.8 \cos(10^7 t) \text{ mA}$$

电路的等效品质因数为

$$Q_L = \frac{R'_\Sigma}{\omega_0 L_{13}} \approx 50$$

本 章 小 结

人们按频率或波长对电磁波进行分段，不同频段电波的传播方式和能力不同，因而它们的应用范围也不同。本书讨论的频率范围是 300 kHz～300 MHz。

高频电子电路包括放大器、高频振荡器、调制器与解调器等。各功能电路由各种有源器件、无源元件构成，元器件的高频效应因工作频率、工作条件而不同。一般应根据欲实现的功能组成电路，根据工作频率、工作条件建立所用元、器件的模型，运用工程近似分析法对电路进行性能分析与指标估算。

在 300 kHz～300 MHz 频率范围内，可将实际电阻器、电容器的高频效应忽略，电感线圈的损耗可以用等效损耗串联电阻或等效损耗并联电阻模拟。用空载品质因数来描述电感线圈的损耗性能，不耗能的理想电感线圈的空载品质因数为无穷大。

在高频、高 Q 条件下，电阻 R_s 与电抗 jX_s 的串联结构可等效为电阻 R_p 与电抗 jX_p 的并联结构，且 $R_p = Q^2 R_s > R_s$，$X_p = X_s$。

对选频网络而言，其选频性能的好坏由通频带和品质因数这两个相互矛盾的指标来衡量，矩形系数则用来衡量实际选频网络的幅频特性接近理想幅频特性的程度。

对 LC 并联回路而言，谐振时回路的端电压达到最大，品质因数的大小与回路的总电阻成比例，回路阻抗的相频特性是具有负斜率特征的单调变化曲线等，这些特性使得它在高频电路中有着非常重要的作用。例如，正弦波振荡电路能稳定工作需要选频网络的相频特性是负斜率特性的，利用相频特性单调变化的特性可将输入信号中相位变化转换为频率的变化输出。

LC 串联回路工作于固有谐振频率时可作为短路元件等特性也在高频电路中得到了应用。

回路采用抽头接入的目的是减小信号源内阻和负载对回路的影响，由低抽头折合到回路的高抽头两端时，等效电阻提高到 $1/p^2$ 倍（即等效导纳减小到 p^2 倍），相比于信号源内阻和负载直接接入回路的情况，这使得回路的品质因数得到提高。

思考题与习题

1.1　如何描述电路的功能？

1.2　本书中，"高频"的频率范围是多少？在高频、高 Q 条件下，实际电阻器、电容器和电感线圈的模型如何？

1.3　已知 LC 串联谐振回路的谐振频率 $f_0 = 1.5$ MHz，$C = 100$ pF，谐振时电阻 $r = 5\ \Omega$，试求回路电感线圈的自感系数 L 和品质因数 Q_0。

1.4　已知 LC 并联谐振回路的电感线圈的自感系数 $L = 1\ \mu\text{H}$，品质因数 $Q_0 = 100$。若回路对频率 $f_0 = 30$ MHz 谐振，求此时回路的电容 C 和并联谐振电阻 R_p。

1.5　LCR 并联谐振回路的固有谐振频率 f_0 为 10 MHz。已知电感线圈的参数为 $L = 3\ \mu\text{H}$ 和 $Q_0 = 100$，并联电阻 $R = 10$ kΩ。试求回路电容 C、谐振电阻 R_p 和回路的有载品质因数 Q_L。

1.6　在题 1.6 图所示的电路中，信号源的频率 $f_0 = 1$ MHz，信号源的电压幅度 $U_{sm} = 0.1$ V，电感线圈的空载品质因数 $Q_0 = 100$，等效串联电阻为 r。先将 1—1 端短路，电容 C 调至 100 pF，此时回路谐振；再将 1—1 端断开并接入一个容性阻抗元件 $Z_x = R_x + 1/(j\omega C_x)$，则回路失谐；最后将电容 C 调至 200 pF 时回路重新谐振，此时回路的有载品质因数为 50。试求电感线圈的自感系数 L 和未知容性阻抗 Z_x 的值。

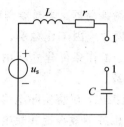

题 1.6 图

1.7　在 $f_0=10$ MHz 时测得某电感线圈的参数为 $L=3$ μH 和 $Q_0=80$。试求：

(1) 电感线圈的串联等效电阻 r_0；

(2) 电感线圈的并联等效电导 g。

1.8　已知某 LC 并联谐振回路谐振频率 $f_0=6.5$ MHz，通频带 $BW_{0.7}=250$ kHz。若测得其回路电容 $C=51$ pF，试求：

(1) 回路电感 L 及回路的品质因数 Q_L；

(2) 回路谐振电阻 R_p；

(3) 若希望回路的通频带宽展宽一倍，应在回路两端并一多大的电阻 R_x。

1.9　带有阻抗变换网络的一组并联谐振回路如题 1.9 图所示。试分别求它们的有负载谐振阻抗、回路总电容和有载 Q 值的表达式。

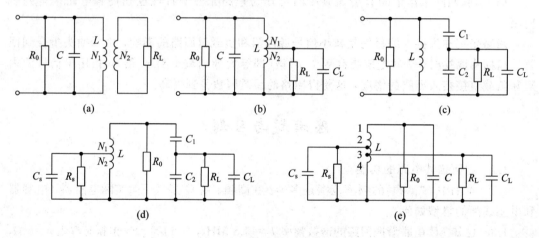

题 1.9 图

1.10　画出题 1.10 图所示的四个无损一端口网络的电抗-频率特性曲线，并标出关键点的频率值。

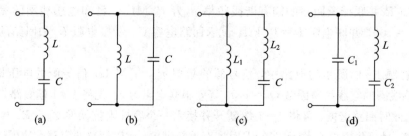

题 1.10 图

1.11　如题 1.11 图所示的并联谐振电路中，空载 $Q_0 = 100$，$C = 100$ pF，谐振频率 $f_0 = 10$ MHz，$R_s = 12.8$ kΩ，$R_L = 1$ kΩ，p_1、p_2 是接入系数，且 $p_1 = 0.8$。若要求该电路匹配，试求接入系数 p_2 及回路的通频带 $BW_{0.7}$。若 $i_s = 5\cos(2\pi f_0 t)$ mA，求负载 R_L 的端电压。

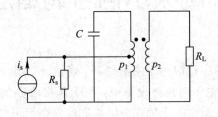

题 1.11 图

1.12　阻抗变换电路如题 1.12 图所示。设电路工作频率 $f_0 = 20$ MHz，信号源内阻 $R_s = 20$ Ω，负载电阻 $R_L = 50$ Ω，若要使该电路匹配，求变换网络中 L、C 的值。

1.13　电路如题 1.13 图，参数如下：$f_0 = 30$ MHz，$C = 20$ pF，L_{13} 的 $Q_0 = 60$，$N_{12} = 6$，$N_{23} = 4$，$N_{45} = 3$，$R_0 = 10$ kΩ，$R_s = 2.5$ kΩ，$R_L = 830$ Ω，$C_s = 9$ pF，$C_L = 12$ pF。求 L_{13}、Q_L 及 $2\Delta f_{0.7}$。

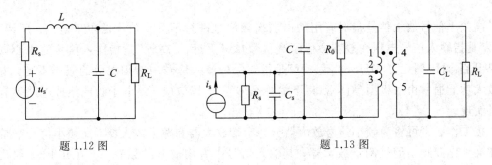

题 1.12 图　　　　　　　　　　　题 1.13 图

1.14　填空题。

(1) 一个信号的表示方法有三种，分别是（　　　）、（　　　）、（　　　）。

(2) 选频网络的通频带是指谐振曲线由 1 下降到（　　　）时两边界频率之间的宽度。理想选频网络的矩形系数 $K_{0.1} = $（　　　）。

(3) 设 f_0 是 LC 串联、并联回路的固有谐振频率，当工作频率 $f < f_0$ 时，LC 串联回路呈（　　　）性，LC 并联回路呈（　　　）性；当工作频率 $f = f_0$ 时，LC 串联回路呈（　　　）性，LC 并联回路呈（　　　）性；当工作频率 $f > f_0$ 时，LC 串联回路呈（　　　）性，LC 并联回路呈（　　　）性。

(4) 设 R 是 LC 串联回路中电感线圈的串联等效损耗电阻，则品质因数为（　　　），谐振频率为（　　　）。谐振时电容两端的电压是信号源电压的（　　　）倍。

(5) 设 R 是 LC 并联回路中电感线圈的串联等效损耗电阻，则此谐振回路谐振电阻为（　　　），品质因数为（　　　），谐振频率为（　　　）。谐振时流过电容的电流是信号源电流值的（　　　）倍。

(6) 所谓谐振，是指 LC 并联谐振回路的（　　　）为 0，或 LC 串联谐振回路的（　　　）为 0。

(7) LC 并联谐振回路的矩形系数 $K_{0.1} = $（　　　），所以频率的选择性较（　　　）。

第 2 章　高频小信号调谐放大电路

高频小信号调谐放大器广泛应用于测量仪器、通信、广播、电视、无线电防范报警、射频识别、无线电精密制导、电子对抗等设备中，用于从接收到的微弱高频信号中选出有用成分并加以放大、同时滤除无用的干扰成分。本章首先介绍了晶体管在高频小信号条件下工作时的电路模型及晶体管高频小信号调谐放大器的典型电路，讨论了晶体管高频小信号调谐放大器的工作原理、工程近似分析方法以及主要技术指标的估算、稳定性分析等，最后简要介绍了双调谐放大器、参差调谐放大器、场效应管调谐放大电路和集成宽带放大器。

2.1　高频小信号放大器概述

高频小信号放大器是指对有用的微弱高频信号进行不失真放大的电子电路。所谓"小信号"是指输入信号电压一般在微伏至毫伏数量级附近，"高频"是指输入信号的中心频率 f_0 在几百 kHz 到几百 MHz，"不失真"是指要保持输入信号中有用成分的频谱不变，电路的放大功能通常由双极型晶体管（以下简称晶体管）、场效应管、电子管或集成电路等有源器件实现。

按工作频带可将高频小信号放大器分为窄带放大器和宽带放大器。高频小信号窄带放大器又称作高频小信号调谐放大器，其输入信号中有用成分的频宽 Δf 在几 kHz 到几十 MHz，即相对带宽 $\Delta f / f_0$ 一般为百分之几或更小，且在同一信道中可能同时存在许多偏离有用信号频率的各种干扰。因此，高频小信号调谐放大器不但需要有一定的增益，而且需要有选频能力（即对有用成分进行放大而抑制干扰等无用成分），需要用 LC 回路、或晶体滤波器、或陶瓷滤波器、或声表面波滤波器等用于调谐的选频器件作为负载。高频小信号宽带放大器是对几 MHz 到几百 MHz 较宽频带内的微弱信号进行不失真放大，一般采用无选频作用的高频变压器或传输线变压器作负载。

将具有放大能力的有源器件与无源选频网络组合，就可构成各种形式的放大电路。本章主要讨论的是经典高频小信号谐振放大器，它是以 LC 回路为负载、以晶体管为放大器件，具有线路简单、调试容易、工作频率高、应用广泛等特点，也是高频正弦波振荡器、混频器等高频电子电路的基础。

2.2　晶体管高频小信号谐振放大电路的分析方法

单调谐晶体管高频小信号放大电路是典型的小信号谐振放大器。由于工作在高频，因而放大器件—晶体管的极间电容的作用不可忽略；由于晶体管工作在甲类工作状态且输入信号幅值小，动态范围不超出晶体管特性曲线的线性区，因而可以认为晶体管是在线性范围内工作，即可用线性元件组成的等效电路来模拟晶体管的高频特性，放大电路可看作有源线性电路；由于要对窄带信号实现不失真放大，负载应由选频回路引入。也就是说，可以采用小信号分析法对高频小信号谐振放大电路进行电路分析，其中的晶体管可以用线性元件组成的等效电路进行等效处理。用小信号分析法分析晶体管小信号谐振放大器的步骤具体如下：

(1) 认识电路，包括认清电路的组态、各元件的作用；

(2) 分析电路的直流通路和交流通路，了解电路的实际功能；

(3) 由放大器的直流通路决定晶体管的静态工作点，并确定晶体管在高频小信号工作时的模型参数；

(4) 将交流通路中的晶体管用线性电路等效，建立起放大器的高频小信号等效电路，依据电路理论，分析放大器的电路特性及技术性能，估算放大电路的技术指标等。

2.3　晶体管高频小信号模型

晶体管在电路中呈现的形式有共发射极、共基极和共集电极三种基本组态，它们仅是同一个晶体管的不同连接方式。因此，知道了其中一种组态的等效电路，就可以将它转换成其他两种组态。共射电路由于电压增益和电流增益都较大，是谐振放大器的常用形式。故下面主要讨论共发射极接法的晶体管在高频小信号条件下工作时的等效电路。

2.3.1　晶体管高频小信号混合 π 型等效电路模型

在小信号状态下，当晶体管在电路中呈现如图 2.1(a)所示的共发射极组态时，根据晶体管内部的物理结构，可将它等效为图 2.1(b)所示的混合 π 型等效电路。这个等效电路考虑了晶体管的结电容效应，它适应的最高频率约为 $f_T/5$(f_T 为晶体管的特征频率)。当频率再高时，引线电感和载流子渡越时间不能忽略，这个等效电路也就不适用了。由于器件的材料、工艺不同及静态工作点的不同，等效元件的参数值也不一样。

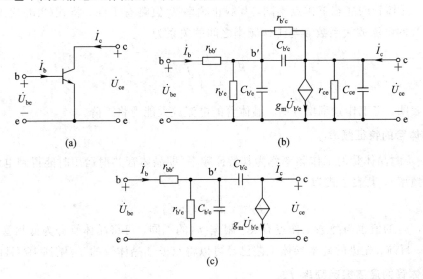

图 2.1　共射极晶体管及其混合 π 型等效电路

图 2.1(b)中，$r_{bb'}$ 是基区扩展电阻，其值为几十到几百欧姆；$r_{b'e}$ 是发射结电阻折合到基极回路的等效电阻，其值在几十到几百欧姆之间；β_0 是晶体管的低频电流放大系数，I_{EQ} 是发射极静态工作电流（mA）；$r_{b'c}$ 是集电结电阻，约 10 kΩ～10 MΩ；$C_{b'e}$ 是发射结电容，约 10 pF 到几百 pF；$C_{b'c}$ 是集电结结电容，约几个 pF；$g_m U_{b'e}$ 表示晶体管的放大作用，其中跨导 g_m 在几十 mS 以下；r_{ce} 是集电极与发射极之间的电阻，在几十千欧以上；C_{ce} 是集电极与发射极之间的电容，数值一般很小。在本书所讨论的频率范围内，$r_{b'c}$ 的值比 $C_{b'c}$ 的容抗值大得多而被视作断路，r_{ce} 和 C_{ce} 的影响也可以忽略，简化后的等效电路如图 2.1(c)所示。相关参数的公式如下：

$$g_m = \frac{I_{EQ}}{26(\text{mV})}, \quad r_{b'e} = \frac{26\beta_0}{I_{EQ}} \tag{2.1}$$

需注意的是，$C_{b'c}$ 和 $r_{bb'}$ 的存在对晶体管的高频应用是很不利的。$C_{b'c}$ 将输出的交流电流反馈到输入端（基极），可能引起放大器的自激；$r_{bb'}$ 在共基电路中会引起高频负反馈，降低了晶体管的电流放大系数。故希望 $C_{b'c}$ 和 $r_{bb'}$ 的数值越小越好。

基于晶体管的混合 π 型等效电路（如图 2.1(c)所示）和电路理论，可导出晶体管的电流放大系数 β 为

$$\beta = \frac{\dot{I}_c}{\dot{I}_b}\Big|_{\dot{U}_{ce}=0} = \frac{g_m r_{b'e}}{1 + j r_{b'e}\omega(C_{b'e}+C_{b'c})} = \frac{\beta_0}{1 + j r_{b'e}\omega(C_{b'e}+C_{b'c})} \tag{2.2}$$

式中，$\beta_0 = g_m r_{b'e}$，它是直流（或低频）时晶体管的电流放大系数。显然，随着工作频率的增高，晶体管的电流放大能力下降。故晶体管高频特性常用如下频率特性参数表明。

1. 晶体管的截止频率 f_β

当 $\beta = \beta_0/\sqrt{2}$ 时晶体管的工作频率称为其截止频率 f_β，其表达式为

$$f_\beta = \frac{1}{2\pi r_{b'e}(C_{b'e}+C_{b'c})} \tag{2.3}$$

显然，晶体管的静态工作点不同，其截止频率 f_β 值略有不同。将式(2.3)代入式(2.2)得到晶体管的电流放大系数 β 与工作频率之间的关系为

$$\beta = \frac{\beta_0}{1 + j\dfrac{f}{f_\beta}} \tag{2.4}$$

此式表明，当工作频率增高时，晶体管的电流放大能力将下降。

2. 晶体管的特征频率 f_T

当 $\beta = 1$ 时晶体管的工作频率称为其特征频率（即晶体管共射运用时能得到电流增益的最高极限频率），其表达式为

$$f_T = \sqrt{\beta_0^2 - 1} \cdot f_\beta \tag{2.5}$$

显然，f_T 的值也与静态工作点有关。根据 f_T 的不同，可将晶体管分为低频管、高频管和微波管。目前，先进的硅半导体工艺已经可以将双极性晶体管的 f_T 做到 10 GHz 以上。

3. 晶体管的最高振荡频率 f_{max}

当晶体管的功率增益等于 1 时的工作频率称为其最高振荡频率（即晶体管共射运用时

的最高极限频率），其表达式为

$$f_{max}=\sqrt{\frac{f_T}{(8\pi r_{bb'}C_{b'c})}} \tag{2.6}$$

f_{max} 表征一个晶体管所能适用的最高极限频率。通常，为使电路工作稳定、有一定的功率增益，晶体管的实际工作频率应等于最高振荡频率的 $1/3\sim1/4$。

以上三个频率参数均与晶体管参数 $r_{b'e}$、$C_{b'e}$、$C_{b'c}$ 有密切关系，且 $C_{b'c}$ 比 $C_{b'e}$ 的影响更大。它们数值大小的顺序是

$$f_{max}>f_T>f_\beta \tag{2.7}$$

确定晶体管混合 π 型参数可以先查阅手册。晶体管手册中一般给出 $r_{bb'}$、$C_{b'c}$、β_0 和 f_T 等参数，然后由式（2.1）可以计算出其他参数。注意，各参数均与静态工作点有关。

2.3.2　晶体管高频小信号 Y 参数模型

用混合 π 型等效电路能充分表达晶体管内部的物理过程，但在电路分析时不够简单。晶体管无论是共基极、共发射极还是共集电极，都可以看作二端口网络。考虑到高频小信号谐振放大器的工作频带是窄带的，放大器的负载通过谐振回路引入，且晶体管的等效参数与谐振回路之间常以并联方式出现，以及为了电路分析计算的方便，晶体管常采用 Y 参数等效电路来描述。例如，图 2.1(a)所示的共射接法的晶体管可等效为如图 2.2 所示、用 Y 参数来描述的有源线性二端口网络。

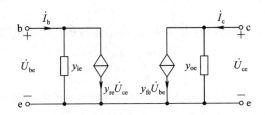

图 2.2　晶体管高频小信号 Y 参数模型

由电路理论可知，输入、输出之间的伏安关系为

$$\begin{aligned}\dot{I}_c&=y_{fe}\dot{U}_{be}+y_{oe}\dot{U}_{ce}\\\dot{I}_b&=y_{ie}\dot{U}_{be}+y_{re}\dot{U}_{ce}\end{aligned} \tag{2.8}$$

其中，系数 y_{ie}、y_{fe}、y_{re}、y_{oe} 称为晶体管的 Y 参数，均具有导纳量纲。通常，称 y_{ie} 为晶体管的输入导纳，y_{oe} 为输出导纳，y_{fe} 为正向传输导纳，y_{re} 为反向传输导纳。高频条件下，晶体管内部的电容效应不可忽略，但在其端口实现较容易短路，故晶体管的 Y 参数可在短路条件下通过仪器直接测量得到或由混合 π 型等效电路计算获得，也可以通过查阅晶体管手册得到。

利用图 2.1(c)所示的晶体管混合 π 型等效电路，考虑 $C_{b'e}\gg C_{b'c}$，根据 Y 参数的定义，可以得到 Y 参数与混合 π 型参数之间的关系为

$$
\begin{cases}
y_{ie}=\dfrac{\dot{I}_b}{\dot{U}_{be}}\bigg|_{\dot{U}_{ce}=0}=\dfrac{1+j\omega C_{b'e}r_{b'e}}{r_{b'e}+r_{b'b}(1+j\omega C_{b'e}r_{b'e})}\\[4mm]
y_{fe}=\dfrac{\dot{I}_b}{\dot{U}_{ce}}\bigg|_{\dot{U}_{be}=0}=\dfrac{g_m r_{b'e}}{r_{b'e}+r_{b'b}(1+j\omega C_{b'e}r_{b'e})}\\[4mm]
y_{re}=\dfrac{\dot{I}_c}{\dot{U}_{be}}\bigg|_{\dot{U}_{be}=0}=\dfrac{-j\omega C_{b'c}r_{b'e}}{r_{b'e}+r_{b'b}(1+j\omega C_{b'e}r_{b'e})}\approx -j\omega C_{b'c}\\[4mm]
y_{oe}=\dfrac{\dot{I}_c}{\dot{U}_{ce}}\bigg|_{\dot{U}_{be}=0}=\dfrac{1+j\omega C_{b'c}r_{ce}}{r_{ce}}+\dfrac{1+j\omega C_{b'e}r_{b'e}r_{b'b}g_m}{r_{b'e}+r_{b'b}(1+j\omega C_{b'e}r_{b'e})}
\end{cases}
\tag{2.9}
$$

显然，晶体管 Y 参数具有如下特点：

（1）晶体管在高频运用时，参数 y_{ie}、y_{fe}、y_{re}、y_{oe} 均是频率的复函数，且频率越高 y_{ie} 和 y_{oe} 的值越大、y_{fe} 的值越小，并且晶体管手册无法给出所有频率点上的 Y 参数值。只有在工作频率低、使得 Y 参数虚部效应的影响可以不考虑时，晶体管的 Y 参数才可以认为是实常数。

（2）正向传输导纳 y_{fe} 的幅值越大，晶体管的放大能力越强；反向传输导纳 y_{re} 的幅值越大，晶体管的内部反馈作用越强。为计算方便，可表示为

$$
\begin{aligned}
y_{fe}&=|y_{fe}|e^{j\varphi_{fe}}\\
y_{re}&=|y_{re}|e^{j\varphi_{re}}
\end{aligned}
\tag{2.10}
$$

（3）晶体管的输入导纳 y_{ie} 和输出导纳 y_{oe} 均是容性的，因而可以表达为

$$
\begin{aligned}
y_{ie}&=g_{ie}+j\omega C_{ie}\\
y_{oe}&=g_{oe}+j\omega C_{oe}
\end{aligned}
\tag{2.11}
$$

也就是说，晶体管的输入导纳 y_{ie} 可以用输入电导 g_{ie} 和输入电容 C_{ie} 的并联来等效，输出导纳 y_{oe} 可以用输出电导 g_{oe} 和输出电容 C_{oe} 的并联来等效。

一般晶体管手册上给出共射组态的 Y 参数，而在实际应用中需要用到共集或共基组态的 Y 参数，可以通过共射组态的 Y 参数等效电路获得。例如，将图 2.3(a) 的晶体管共射组态 Y 参数等效电路改接成图 2.3(b) 所示的共基结构。

在图 2.3(b) 电路中输入为 $\dot{U}_{eb}$，输出为 $\dot{U}_{cb}$，且

$$
\begin{cases}
\dot{U}_{eb}=-\dot{U}_{be}\\
\dot{U}_{ce}=\dot{U}_{cb}-\dot{U}_{eb}\\
\dot{I}_e=y_{ie}\dot{U}_{eb}-y_{re}\dot{U}_{ce}-y_{oe}\dot{U}_{ce}-y_{fe}\dot{U}_{be}\\
\quad=(y_{ie}+y_{re}+y_{oe}+y_{fe})\dot{U}_{eb}-(y_{re}+y_{oe})\dot{U}_{cb}=y_{ib}\dot{U}_{eb}+y_{fb}\dot{U}_{cb}\\
\dot{I}_c=y_{oe}\dot{U}_{ce}+y_{fe}\dot{U}_{be}\\
\quad=-(y_{oe}+y_{fe})\dot{U}_{eb}+y_{oe}\dot{U}_{cb}=y_{rb}\dot{U}_{eb}+y_{ob}\dot{U}_{cb}
\end{cases}
\tag{2.12}
$$

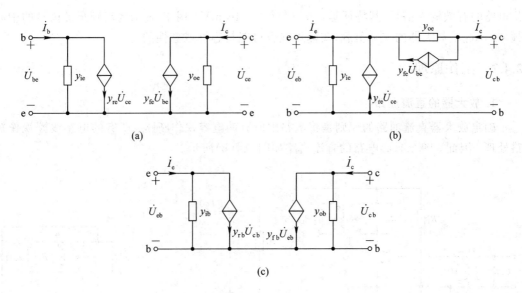

图 2.3　晶体管共射与共基组态的 Y 参数等效电路互换

将图 2.3(b)的二端口网络用 Y 参数等效为图 2.3(c)，其中的 Y 参数值可由图 2.3(b)
计算获得，即

$$
\begin{cases}
y_{ib} = y_{ie} + y_{re} + y_{oe} + y_{fe} & y_{fb} = -(y_{re} + y_{oe}) \\
y_{ob} = y_{oe} & y_{rb} = -(y_{oe} + y_{fe})
\end{cases}
\tag{2.13}
$$

用同样的方法可以获得晶体管共集组态的 Y 参数值。

混合 π 型等效电路是从模拟晶体管的物理结构出发，用集总元件和受控源表示晶体管
内的复杂关系的物理模拟等效电路。其突出优点是，各元件参数物理意义明确，在较宽的
频带内这些元件值基本上与频率无关。但电路复杂，计算麻烦，在电路分析和测量时不方
便且元件参数值的大小与晶体管的静态工作点有关。因此，混合 π 型等效电路比较适合宽
频带放大器的分析。

Y 参数等效电路是从测量和使用的角度出发，把晶体管看作是一个有源线性二端口网
络，用一组网络参数来描述的形式等效电路。其优点是，结构简单且通用、计算方便，导出
的表达式具有普遍意义，电路分析和测量时也方便；但网络参数的值与工作频率有关，也
与静态工作点有关。由于高频小信号谐振放大器的工作频带较窄(工作频带宽度 Δf 远小
于其中心频率 f_0，即相对频宽 $\Delta f/f_0$ 一般为百分之几，甚至更低)，故只需在 f_0 上进行分
析、计算，这时对放大器中的晶体管采用 Y 参数等效电路是合适的。

2.4　单调谐晶体管高频小信号放大电路

单调谐晶体管高频小信号放大电路就是使用一个 LC 选频回路作为集电极负载的晶体
管高频小信号谐振放大电路。

2.4.1　原理电路

图 2.4(a)所示为一个典型的单调谐晶体管高频小信号放大器的原理电路。图中，$u_i(t)$

是电路的有效输入信号(其特征是：$|u_i(t)|_{max}<10$ mV、用 f_0 表示的高频窄带信号的中心频率)，R_L 是放大器的实际负载(实际负载也可能是容性或感性的)。

2.4.2 工作原理

1. 放大器的直流通路

确定放大器直流通路的原则是将电路中所有的电容视作断路、所有的电感线圈视作短路处理。因此，图 2.4(a)电路的直流通路如图 2.4(b)所示。

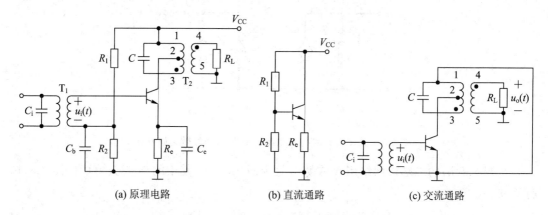

(a) 原理电路   (b) 直流通路   (c) 交流通路

图 2.4　共发射极单调谐晶体管高频小信号放大器的原理电路及其交、直流通路

由图 2.4(b)可以看出，电阻 R_1、R_2 为基极分压式偏置电阻，R_e 为发射极负反馈偏置电阻，它们构成分压式电流反馈直流偏置电路，以保证晶体管稳定工作在甲类状态。因此，图 2.4(a)电路中的电容 C_b 和 C_e 应满足

$$\frac{1}{\omega_0 C_b} \gg R_2 /\!/ R_1, \quad \frac{1}{\omega_0 C_e} \gg R_e, \quad \omega_0 = 2\pi f_0 \qquad (2.14)$$

即 C_b 和 C_e 对高频信号应呈现短路效应，称为高频旁路电容。

依据图 2.4(b)可确定晶体管的静态工作点。这一过程与"模拟电子技术"课程中所介绍的相同，故此处略。

2. 放大器的交流通路

确定放大器交流通路的原则是将放大电路中的所有旁路电容、耦合电容均视作短路，所有高频扼流圈(大电感线圈)视作断路，直流电源对地短路，保留工作电感和工作电容。在图 2.4(a)电路中，由于旁路电容 C_e 与射极电阻 R_e 并联，导致晶体管发射极交流地电位；旁路电容 C_b 与偏置电阻 R_1、R_2 以并联形式连接，导致输入电压 u_i 的负极性端为地电位，使得 u_i 加在晶体管 b、e 之间；变压器原边线圈 1 端接直流电源，因此可视为交流地电位。因此，图 2.4(a)电路的交流通路如图 2.4(c)所示。由此图可以看出，放大环节由三部分组成。

(1) 输入回路：主要由高频变压器 T_1 构成，其作用是隔离信号源与放大器之间的直流联系，实现阻抗匹配，且 T_1 原边电感线圈与电容 C_i 组成的并联谐振回路能实现对输入信号的滤波处理，使放大器获得纯净的有用输入信号 $u_i(t)$。

(2) 放大器件：这里是共射组态的晶体管，起电流控制和放大的作用，是放大环节的核心。

（3）输出回路：主要由 LC 并联回路、高频变压器 T_2 和负载 R_L 构成。T_2 的原边电感线圈 L_{13} 与 C 组成 LC 并联回路（故称 L_{13}、C 分别为工作电感、电容），承担选频和阻抗变换的双重任务。实际负载 R_L 通过 T_2 实现阻值转换，以适应晶体管集电极所需要的负载。

3. 放大器的工作原理

由图 2.4(c)电路可知，有效输入信号 u_i 加在共射组态晶体管的基、射极之间；由于晶体管为甲类工作方式且 u_i 为高频小信号，则在 u_i 的控制下得到不失真的集电极电流 i_C；由于高频变压器 T_2 原边电感线圈 L_{13} 与集总电容 C 组成的并联谐振回路调谐在 u_i 的频率上，故负载可获得与 u_i 同频的信号，即实现对 u_i 的放大。

2.4.3　性能分析

将图 2.4(c)电路中的晶体管用 Y 参数等效、有效信号源用电流源 $\dot{I}_s$ 与导纳 Y_s 的并联体等效，电感线圈的损耗用并联等效损耗电导 g_0 描述，得到图 2.4(a)谐振放大电路的高频小信号等效电路如图 2.5(a)所示，其中 $g_L = 1/R_L$。

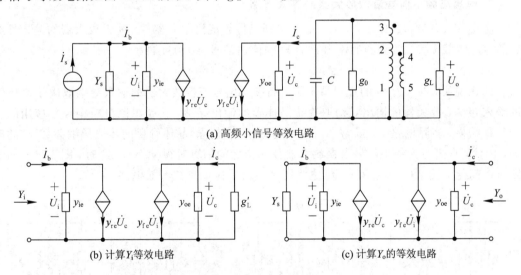

(a) 高频小信号等效电路

(b) 计算Y_i等效电路　　(c) 计算Y_o的等效电路

图 2.5　图 2.4(a)电路的高频小信号等效电路及其计算 Y_i 和 Y_o 的等效电路

1. 放大器的输入导纳

放大器的输入导纳即放大器呈现给信号源的负载。对图 2.5(a)而言，计算放大器输入导纳 Y_i 的等效电路如图 2.5(b)所示。其中 g_L' 是放大器的等效负载。依据图 2.5(b)可写出输入端口和等效负载 g_L' 的伏安关系如下：

$$\dot{I}_b = Y_i\dot{U}_i \quad \text{和} \quad \dot{I}_c = -g_L'\dot{U}_c \tag{2.15}$$

结合晶体管的 Y 参数方程式(2.8)可计算放大器的输入导纳为

$$Y_i = y_{ie} - \frac{y_{fe}y_{re}}{y_{oe} + g_L'} \tag{2.16}$$

此式说明，放大器的输入导纳 Y_i 不仅与晶体管的输入导纳 y_{ie} 有关，而且还与 g_L'（即实

际负载 R_L)有关。若负载变化，放大器输出电压的变化通过 y_{ie} 反馈到输入端，使得放大器的有效输入信号变化、工作不稳定，还可能造成放大器自激。

2. 放大器的输出导纳

放大器的输出导纳即放大器作为负载的信号源时所呈现的导纳。对图 2.5(a)而言，计算放大器输出导纳 Y_o 的等效电路如图 2.5(c)所示。输出端口处和信号源内导纳 Y_s 的伏安关系如下：

$$\dot{I}_b = -Y_s \dot{U}_i$$
$$\dot{I}_c = Y_o \dot{U}_c \tag{2.17}$$

结合晶体管的 Y 参数方程式(2.8)可计算放大环节的输出导纳为

$$Y_o = y_{oe} - \frac{y_{fe} y_{re}}{y_{ie} + Y_s} \tag{2.18}$$

此式说明，放大器的输出导纳不仅与晶体管的输出导纳 y_{oe} 有关，而且还与 Y_s 有关。若信号源变化，同样导致放大器的有效信号变化，工作不稳定。

3. 理想高频小信号谐振放大器的等效电路

考察式(2.16)和式(2.18)，若 $y_{re}=0$，则晶体管成为单向器件，使得放大器的输入导纳 Y_i 的值与负载无关、放大器的输出导纳 Y_o 的值与信号源无关，即

$$Y_i|_{y_{re}=0} = y_{ie}, Y_o|_{y_{re}=0} = y_{oe} \tag{2.19}$$

此式说明，在 $y_{re}=0$ 的理想情况下，高频小信号谐振放大器的输入导纳取决于晶体管的输入导纳，放大器的输出导纳取决于晶体管的输出导纳，这是电路分析中经常应用的一个工程结果。实际电路中，通常会采取措施减小(或消除)晶体管反向传输导纳参数 y_{re} 的影响，因此，在进行高频小信号谐振放大器技术指标的估算时视 $y_{re}=0$。这时，图 2.5(a)的电路可以简化为图 2.6(a)的形式，称之为图 2.4(a)电路的理想等效电路。

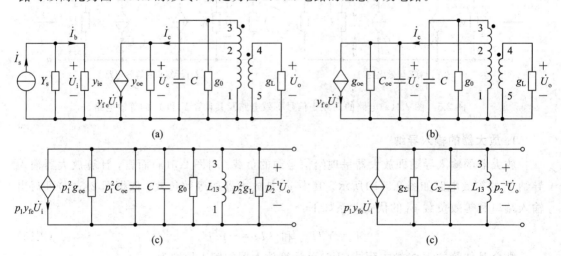

图 2.6　图 2.4(a)电路的高频小信号等效电路及其简化

显然，放大器的功能主要通过图 2.6(a)中包含负载的分电路(即图 2.6(b))体现。设信号源和负载端的接入系数为 p_1 和 p_2，将负载和信号源等效到线圈 1、3 端之间，依据式(2.11)

将 y_{ie} 和 y_{oe} 分别用电导与电容的并联等效,从而将图 2.6(b)等效为图 2.6(c)的形式,$g_0=1/(2\pi f_0 L_{13} Q_0)$ 为电感线圈的等效损耗并联电导。进一步合并同类元件,得到图 2.4(a)电路的高频小信号最简等效电路如图 2.6(d)所示。图中元件参数值为

$$C_\Sigma = p_1^2 C_{oe} + C \tag{2.20}$$

$$g_\Sigma = p_1^2 g_{oe} + g_0 + p_2^2 g_L \tag{2.21}$$

其中,信号源端的接入系数为 $p_1 = N_{12}/N_{13}$,负载端的接入系数为 $p_2 = N_{45}/N_{13}$。

2.4.4　技术指标估算

在高频、高 Q 及 $y_{re}=0$ 的条件下,图 2.4(a)电路的高频小信号最简等效电路如图 2.6(d)所示,它是一个单 LC 并联回路。将高频小信号谐振放大电路及其交流通路、最简等效电路画在图 2.7 中,以方便进行技术指标的估算。

1. 中心频率

中心频率是调谐放大器的工作频率,一般在几百千赫兹到几百兆赫兹。它是调谐放大器的主要指标,是根据设备的整体指标确定的,是设计放大电路选择有源器件、计算选频回路元件参数的主要依据。

在正常工作时,调谐放大器应调谐在输入信号的中心频率 f_0 处,即图 2.7(c)电路应工作于谐振状态。说明,图 2.7(a)电路的中心频率值应满足关系

$$f_0 = \frac{1}{2\pi\sqrt{L_{13} C_\Sigma}} \quad \text{或} \quad \omega_0 = \frac{1}{\sqrt{L_{13} C_\Sigma}} \tag{2.22}$$

由此式可以看出,通过调节外接电容 C 或电感 L 的值即可实现工作频率的调节。特别注意,由于晶体管的输入、输出导纳是与 LC 回路并联的,使得调谐放大器的中心频率并不严格等于 LC 回路的固有谐振频率$(f_0 \neq f_0' = 1/(2\pi\sqrt{L_{13} C}))$。

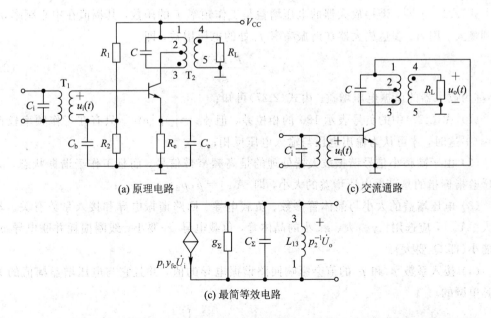

图 2.7　高频小信号放大电路及其交流通路、高频小信号最简等效电路

2. 电压增益

放大器电压增益指的是输出电压与输入电压的比，即

$$A_u = \frac{输出电压}{输入电压} = \frac{\dot{U}_o}{\dot{U}_i} \qquad (2.23)$$

在图 2.7(c)的电路中，依据电路理论可写出总阻抗的伏安关系为

$$\frac{\dot{U}_o}{p_2} = -\frac{p_1 y_{fe} \dot{U}_i}{g_\Sigma + j\omega C_\Sigma + \dfrac{1}{j\omega L_{13}}} \qquad (2.24)$$

整理后可得到

$$A_u = \frac{\dot{U}_o}{\dot{U}_i} = -\frac{p_1 p_2 y_{fe}}{g_\Sigma + j\omega C_\Sigma + \dfrac{1}{j\omega L_{13}}} = -\frac{p_1 p_2 y_{fe}}{g_\Sigma \left[1 + jQ_L\left(\dfrac{\omega}{\omega_0} - \dfrac{\omega_0}{\omega}\right)\right]}$$

$$= -\frac{p_1 p_2 y_{fe}}{g_\Sigma \left[1 + jQ_L\left(\dfrac{f}{f_0} - \dfrac{f_0}{f}\right)\right]}$$

即放大器的电压增益为

$$A_u = -\frac{p_1 p_2 y_{fe}}{g_\Sigma \left[1 + jQ_L\left(\dfrac{f}{f_0} - \dfrac{f_0}{f}\right)\right]} \qquad (2.25)$$

其中，电路系统的有载品质因数为

$$Q_L = \frac{\omega_0 C_\Sigma}{g_\Sigma} = \frac{1}{\omega_0 L_{13} g_\Sigma} = \frac{1}{g_\Sigma}\sqrt{\frac{C_\Sigma}{L_{13}}} \qquad (2.26)$$

式(2.25)表明，谐振放大器的电压增益是工作频率 f 的函数，其幅值在中心频率 f_0 处达到最大。用 A_{u0} 表达放大器在谐振频率 f_0 处的电压增益，即

$$A_{u0} = -\frac{p_1 p_2 y_{fe}}{g_\Sigma} \qquad (2.27)$$

A_{u0} 称为放大器的谐振电压增益。由式(2.27)可知：

（1）式(2.27)中的负号表示 $180°$ 的相位差，但 $y_{fe} = |y_{fe}|e^{j\varphi_{fe}}$。只有在工作频率较低时 $\varphi_{fe} \approx 0$，这时，才可认为输出电压与输入电压反相；

（2）由于高频小信号谐振放大器处理的是高频窄带信号，而且工作于谐振状态，故电压增益指标指的是谐振电压增益的大小，即 $|A_{u0}| = p_1 p_2 |y_{fe}|/g_\Sigma$；

（3）电压增益的大小与晶体管参数、负载电导、回路谐振电导和接入系数有关。若欲增大 $|A_{u0}|$，应选用 $|y_{fe}|$ 大、g_{oe} 小的晶体管，负载电导 g_L 要小，线圈损耗并联电导 g_0 尽可能小（即 Q_0 要大）。

（4）接入系数 p_1 和 p_2 的值会影响回路谐振电导的值，并且它与电压增益幅值的关系不是单调的。

有时，电压增益也以 dB 数表示，即 $(A_u)_{dB} = 20\lg\dfrac{U_o}{U_i}\,dB$。

3. 通频带

通频带用于衡量放大电路对不同频率信号的放大能力。由于放大电路中电容、电感及半导体器件结电容等电抗元件的存在，在输入信号频率较低或较高时，放大倍数的数值会下降并产生相移。为了限制信号的幅频失真，就要求电路对有用信号所包含的各种频率成分都不要过分抑制，或者说要求电路容许一定频率范围的信号都通过，这个一定的频率范围称为电路的通频带。由式(2.25)和式(2.27)可得放大器的归一化电压增益为

$$\frac{A_u}{A_{u0}}=\frac{1}{1+jQ_L\left(\dfrac{\omega}{\omega_0}-\dfrac{\omega_0}{\omega}\right)}=\frac{1}{1+jQ_L\left(\dfrac{f}{f_0}-\dfrac{f_0}{f}\right)} \tag{2.28}$$

通常，将 $|A_u/A_{u0}|$ 随频率 f 变化的关系称为放大器的谐振曲线。为保证信号无失真地通过放大电路，要求其电压增益的频率特性必须有与信号带宽相适应的平坦宽度。通常规定：将放大器的电压增益下降到最大值的 $1\sqrt2$ 倍时所对应的频率范围是放大电路的通频带，称为 3 dB 通频带，用 $2\Delta f_{0.7}$ 表示。由 1.3.4 节的讨论可知，单调谐放大电路的通频带宽度即图 2.7(c)回路的 3 dB 通频带宽度为

$$2\Delta f_{0.7}=BW_{0.7}=\frac{f_0}{Q_L} \tag{2.29}$$

根据式(2.26)、式(2.27)和式(2.29)，可得小信号调谐放大器的增益带宽积为

$$|2\Delta f_{0.7}A_{u0}|=\frac{p_1p_2|y_{fe}|}{2\pi C_\Sigma} \tag{2.30}$$

此式说明：

(1) 在晶体管选定、电路元件参数确定后，放大器的增益带宽积就是一个常量。因而，通频带 $2\Delta f_{0.7}$ 越宽则电压增益 $|A_{u0}|$ 越小，二者为反比关系。

(2) 当晶体管选定后，放大器的电压增益 $|A_{u0}|$ 只与回路总电容 C_Σ 和通频带 $2\Delta f_{0.7}$ 的乘积有关，若 C_Σ 越大，$2\Delta f_{0.7}$ 越宽，则 $|A_{u0}|$ 越小。因此，在保证足够带宽的条件下欲得到高增益，需尽可能选择 $|y_{fe}|$ 大、C_{oe} 和 C_{ie} 小的晶体管，并减小回路总电容 C_Σ。

4. 矩形系数

放大器还必须具备从含有多种不同频率成分的信号中选出有用信号的频率成分，排除干扰信号的能力，称为放大器的频率选择性。矩形系数也是频率选择性的基本指标之一。通常，矩形系数定义为电压放大倍数下降到谐振时放大倍数的 10% 所对应的频率偏移和电压放大倍数下降为 0.707 时所对应的频率偏移 $2\Delta f_{0.1}$ 之比。即

$$K_{0.1}=\frac{2\Delta f_{0.1}}{2\Delta f_{0.7}} \tag{2.31}$$

显然，矩形系数越接近 1，曲线就越接近矩形，滤除邻近波道干扰信号的能力愈强。由前面的分析可得共发射极单调谐晶体管高频小信号放大器的矩形系数为

$$K_{0.1}=\sqrt{99}\gg1$$

需要说明的是，调谐放大器的谐振曲线和矩形相差甚远，频率选择性差，这是单级单调谐放大器的一大缺点。

5. 功率增益

调谐放大器的功率增益一般是指放大器谐振时负载获得的功率 P。与放大器输入的功

率 P_i 之比，即

$$A_P = \frac{P_o}{P_i} \tag{2.32}$$

由图 2.6(a)可知，

$$P_o = 0.5U_o^2 g_L \quad 和 \quad P_i = 0.5U_i^2 g_{ie} \tag{2.33}$$

将上式代入式(2.32)，得

$$A_P = A_{u0}^2 \frac{g_L}{g_{ie}} \tag{2.34}$$

若放大器输出端达到匹配状态，即

$$p_1^2 g_{oe} = p_2^2 g_L \tag{2.35}$$

则放大器的功率增益达到最大，其值为

$$A_{Pmax} = \frac{|y_{fe}|^2}{4g_{ie}g_{oe}}\left(1 - \frac{Q_L}{Q_0}\right)^2 \tag{2.36}$$

其中，$\dfrac{|y_{fe}|^2}{4g_{ie}g_{oe}}$ 是 LC 回路无损耗时放大器所能达到的最大功率增益值。称 $\left(1-\dfrac{Q_L}{Q_0}\right)^2$ 为回路的插入损耗。这说明，放大器所能达到的理想($Q_0 = \infty$，且匹配)最大功率增益值只与晶体管参数有关。结合式(2.6)、式(2.9)和式(2.11)导得理想状态下放大器最大功率增益与工作频率的关系为

$$A_{Pmax} = \left(\frac{f_{max}}{f}\right)^2 \tag{2.37}$$

此式说明，最高振荡频率为 f_{max} 的晶体管，当它在频率 f 处工作时放大能力的极限值为$(f_{max}/f)^2$。也就是说，欲使放大器具有较大的增益，应选择参数 f_{max} 较大的晶体管。

【例 2.1】 图 2.8 所示为一多级放大电路，其中第二级的电路元件参数与第一级的相同。晶体管直流工作点是 $V_{CE} = 8\ V$、$I_E = 2\ mA$，工作频率为 $f_0 = 10.7\ MHz$。此时 Y 参数为：$g_{ie} = 2860\ \mu S$、$C_{ie} = 18\ pF$、$g_{oe} = 200\ \mu S$、$C_{oe} = 7\ pF$、$y_{fe} = 45e^{-j45°}\ mS$、$y_{re} = 0$。中频变压器的参数为 $L_{13} = 4\ \mu H$、$Q_0 = 100$、$N_{13} = 20$、$N_{12} = 5$、$N_{45} = 5$。针对第一级放大环节：(1)画出高频小信号等效电路；(2)计算谐振电压增益；(3)计算 3 dB 通频带宽度；(4)确定集总元件电容 C 的大小。

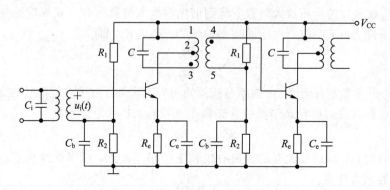

图 2.8　例题 2.1 的电路图

解　(1)第一级放大环节的交流通路如图 2.9(a)所示。图中，Z_i 是第一级放大环节的

负载阻抗，也是第二级放大环节的输入阻抗。因而，在高频、高 Q 及 $y_{re}=0$ 的条件下，$Z_i=1/y_{ie}$，$y_{ie}=g_{ie}+j\omega C_{ie}$，$y_{oe}=g_{oe}+j\omega C_{oe}$，则第一级放大环节的高频小信号等效电路如图 2.9(b)所示。

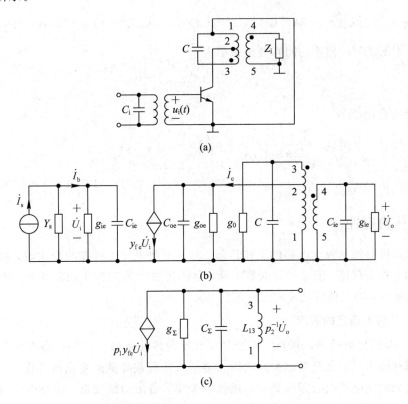

图 2.9　例题 2.1 电路的等效电路图

其中，电感线圈的损耗用并联电导 g_0 模拟，其值为

$$g_0=\frac{1}{2\pi f_0 L_{13}Q_0}=\frac{1}{2\pi\times 10.7\times 10^6\times 4\times 10^{-6}\times 100}=37.2\times 10^{-6}\,\text{S}$$

(2) 将图 2.9(b)右部分电路中的电源与负载均等效折算到 $L_{13}C$ 的并联谐振回路两端，再合并同类元件得到图 2.9(c)所示的等效电路，其中的参数为

$$p_1=\frac{N_{12}}{N_{13}}=\frac{5}{20}=0.25$$

$$p_2=\frac{N_{45}}{N_{13}}=\frac{5}{20}=0.25$$

$$C_\Sigma=p_1^2 C_{oe}+C+p_2^2 C_{ie}=0.25^2\times 7+C+0.25^2\times 18=1.5625+C\ \text{pF}$$

$$g_\Sigma=p_1^2 g_{oe}+g_0+p_2^2 g_{ie}=0.25^2\times 200+37.2+0.25^2\times 2860=228.45\ \mu\text{S}$$

故第一级放大环节的谐振电压增益

$$A_{u0}=-\frac{p_1 p_2 y_{fe}}{g_\Sigma}=-\frac{0.25\times 0.25\times 45e^{-j45°}\times 10^{-3}}{228.45\times 10^{-6}}=12.3e^{j135°}$$

即谐振电压增益的大小为 12.3。

(3) 由于图 2.9(c)回路的有载品质因数为

$$Q_L = \frac{1}{2\pi f_0 L_{13} g_\Sigma}$$

则第一级放大环节的 3 dB 通频带宽度为

$$2\Delta f_{0.7} = \frac{f_0}{Q_L} = 2\pi f_0^2 L_{13} g_\Sigma = 2\pi \times 10.7^2 \times 10^{12} \times 4 \times 10^{-6} \times 37.2 \times 10^{-6} = 106987 \text{ Hz} \approx 107 \text{ kHz}$$

（4）由于图 2.9(c)回路的固有谐振频率为

$$f_0 = \frac{1}{2\pi\sqrt{L_{13} C_\Sigma}}$$

可解得外接电容的值为

$$C = C_\Sigma - p_1^2 C_{oe} - p_2^2 C_{ie} = \frac{1}{(2\pi f_0)^2 L_{13}} - p_1^2 C_{oe} - p_2^2 C_{ie}$$

$$= \frac{1}{(2\pi \times 10.7 \times 10^6)^2 \times 4 \times 10^{-6}} - 0.25^2 \times 7 \times 10^{-12} - 0.25^2 \times 18 \times 10^{-12} = 53.8 \times 10^{-12} \text{F}$$

2.4.5 工作稳定性

工作稳定性是指当放大电路的工作状态、元件参数等发生可能的变化时，放大器的主要性能指标的稳定程度。前面讨论的放大器，是假定放大器工作于稳定状态，电路的输出对输入没有影响，即晶体管是单向工作的。

1. 放大电路不稳定的因素

由 2.4.3 节的讨论可知，由于晶体管存在着反向传输系数 $y_{re} \neq 0$，使得放大器的输出电压反作用到输入端，表现为放大器的输入导纳将随负载导纳的变化而变化，回路的品质因数因此改变而使电路中心频率偏移、通频带变窄、谐振曲线变形、增益变化等。若这个反馈足够大，并在相位上满足正反馈条件，可能出现正反馈能量抵消了回路损耗能量且电纳部分也恰好抵消的状态，此时的放大器失去了放大性能而处于自激振荡工作状态。即寄生反馈 y_{re} 的作用是引起放大器不稳定的内部原因。

当然，输入、输出端之间的空间电磁耦合，公共电源的耦合等外部因素也会导致放大器工作不稳定。但是，外部反馈的影响在理论上是很难讨论的，只能在去耦电路和工艺结构上采取相应措施去减小它们的影响。

以下主要讨论内部反馈对放大器稳定工作的影响及其改善。

2. 放大电路的稳定条件

显然，放大电路离自激条件愈远愈稳定。由前面讨论所得放大器的等效电路如图 2.10 所示。

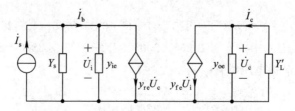

图 2.10 高频小信号谐振放大器的等效电路

由图 2.10 知，在信号源提供 $\dot{U}_i$ 后，通过正向传输得到

$$\dot{U}_c = -\frac{y_{fe}\dot{U}_i}{y_{oe}+Y'_L} \tag{2.38}$$

$\dot{U}_c$ 通过 y_{re} 反向传输送到输入端，得到

$$\dot{U}'_i = -\frac{y_{re}\dot{U}_c}{y_{ie}+Y_s} = \frac{y_{fe}y_{re}}{(y_{oe}+Y'_L)(y_{ie}+Y_s)}\dot{U}_i \tag{2.39}$$

如果反馈电压 $\dot{U}'_i$ 在相位上与 $\dot{U}_i$ 相同，且 $U'_i \geqslant U_i$，这意味着放大器的有效输入信号增大，要产生自激振荡。因此定义稳定系数为

$$S = \frac{\dot{U}_i}{\dot{U}'_i} \tag{2.40}$$

作为判定谐振放大器工作稳定性的依据。显然，$S=1$ 时放大器处于自激振荡状态；只有 $S \gg 1$ 时，放大器的内部反馈很小，才可能是稳定的，且 S 越大越稳定。对于一般放大器，$S \geqslant 5$ 就可以认为是稳定的。

可以证明，在对晶体管不加任何稳定措施的情况下，满足稳定系数 S 要求时，谐振放大器工作于谐振频率的最大电压增益（称为稳定电压增益）可以表达为

$$|A_{u0}|_s = \sqrt{\frac{2|y_{fe}|}{|S||y_{re}|[1+\cos(\varphi_{fe}+\varphi_{re})]}} \tag{2.41}$$

由此可见，放大器的电压增益是与稳定系数 S 的平方根成反比的。放大器的稳定与增益的提高是相互矛盾的。通常，为保证放大器远离自激状态而稳定地工作，单级放大器通常选 $|S|=5\sim10$（$|S|$ 过大时将导致电压增益下降太多）。实际中，取 $|S|=5$ 时的电压增益为最大稳定增益 $|A_{u0}|_{max}$，只要放大器的电压增益 $|A_{u0}|$ 不超过 $|A_{u0}|_{max}$ 就一定可以稳定工作了。

【例 2.2】 一单调谐回路放大器如图 2.11(a)所示，工作频率为 465 kHz，晶体管抽头接入负载回路之接入系数 $p_1=1/3$，负载回路电容 $C_\Sigma=510$ pF，现测出放大器的谐振电压增益 $|A_{u0}|=50$，通频带为 10 kHz。若放大器的最大稳定增益 $|A_{u0}|_{max}=23$，欲使其稳定工作，应在负载回路上并联多大的电阻？并将它画在电路图上。

解 设图 2.11(a)电路负载端的接入系数 p_2，回路总电导为 g_Σ，则电路的谐振电压增益为

$$|A_{u0}| = \frac{p_1 p_2 |y_{fe}|}{g_\Sigma} = 50$$

为降低电压增益在负载回路上并联电阻 R，如图 2.11(b)所示。这时，电路的谐振电压增益为

$$|A'_{u0}| = \frac{p_1 p_2 |y_{fe}|}{g_\Sigma + 1/R} \leqslant |A_{u0}|_{max} = 23$$

联立上两式，得

$$\frac{g_\Sigma}{g_\Sigma + 1/R} \leqslant \frac{23}{50}$$

解得

$$R \leqslant \frac{1}{\left(\dfrac{50}{23}-1\right)g_{\Sigma}}$$

又，回路的有载品质因数与通频带的关系为

$$Q_{\mathrm{L}} = \frac{f_0}{2\Delta f_{0.7}} = \frac{2\pi f_0 C_{\Sigma}}{g_{\Sigma}}$$

解得

$$g_{\Sigma} = 2\pi C_{\Sigma} \times 2\Delta f_{0.7} = 2 \times 3.14 \times 510 \times 10^{-12} \times 10 \times 10^3 = 32 \ \mu\mathrm{S}$$

将 g_{Σ} 的值代入计算，解得应在负载回路上并联电阻的大小为

$$R \leqslant \frac{1}{\left(\dfrac{50}{23}-1\right)g_{\Sigma}} \approx 26.6 \ \mathrm{k\Omega}$$

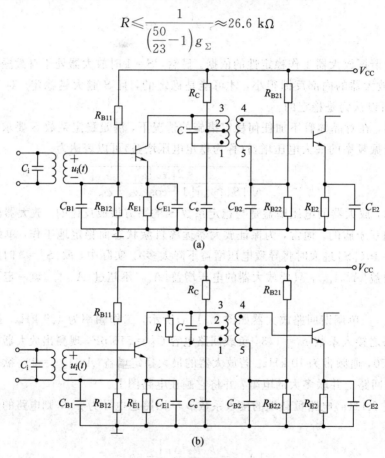

图 2.11　例题 2.2 电路

3. 提高放大电路稳定性的方法

为消除或减少不稳定现象，必须尽力找出寄生反馈的途径并切断。消除或减小放大器内部反馈的影响，尽可能实现晶体管的单向工作，通常采用的具体方法如下。

方法一：改善晶体管的制作工艺，尽量使集电极与基极之间的结电容 $C_{\mathrm{b'c}}$ 减小，使反向传输系数 y_{re} 减小。

方法二：从电路结构上设法消除晶体管的反向传输作用，使晶体管单向化。具体方法有中和法和失配法。

1）中和法

中和法是在放大器的输出端与输入端之间引入一个无源网络，使它产生的反馈作用抵消晶体管的内部参数 y_{re} 的反馈作用。例如，在图 2.12(a) 的高频小信号交流通路中，通过无源网络 Y_N 将放大器的输出反馈到输入端，反馈电流为 $Y_N\dot{U}_{45}$，方向如图 2.12(a) 中所示。

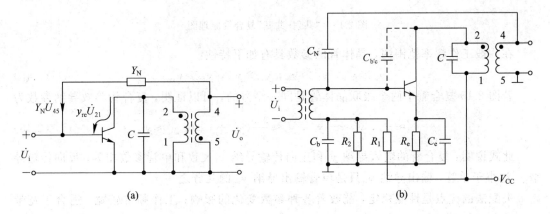

(a)　　　　　　　　　　　　　　　(b)

图 2.12　中和原理及放大器中的中和电路

欲抵消晶体管的内部参数 y_{re} 的反馈作用，需满足

$$Y_N\dot{U}_{45} + y_{re}\dot{U}_{21} = 0 \tag{2.42}$$

考虑到 $y_{re} \approx j\omega C_{b'c}$，则最简单的无源网络 Y_N 可以用一个电容 C_N 来实现，这时式 (2.42) 可以简化为

$$C_N\dot{U}_{45} + C_{b'c}\dot{U}_{21} = 0 \tag{2.43}$$

此式说明，电容 C_N 在放大器输出端取得的电压 $\dot{U}_{45}$ 应与放大器的输出电压 $\dot{U}_{21}$ 反相，数值上应满足

$$C_N = C_{b'c}\frac{U_{21}}{U_{45}} \tag{2.44}$$

在图 2.12(b) 的高频小信号电路中，电容 C_N 起中和作用。为了直观，将晶体管的内部电容 $C_{b'c}$ 用虚线画在电路中。

由于晶体管的参数是随工作频率而变的复数，则某一中和电路只能针对一个特定频率值起到完全中和的作用且中和电路应由电阻和电容组成。再考虑到电路中分布参数的作用及温度等环境因素的影响，用中和法使晶体管单向化的效果有限。但中和法的电路简单、增益高。

2）失配法

失配法的实质是使放大器处于失配状态而使电压增益下降。常用的方法是选用合适的接入系数或在谐振回路两端并联阻尼电阻。在实际运用中，较多采用图 2.13 所示的"共射-共基"复合管作为放大器中的放大元件（等效为一个共射晶体管，因而采用复合管的放大器的分析计算方法和单管电路的相同）。共基电路具有输入导纳较大、输出电阻很大的特点，当它和输出导纳较小的共射电路连接时，相当于使共射电路的负载导纳增大、输出电压下降、反馈到输入端的电流减小，进而提高电路的稳定性。

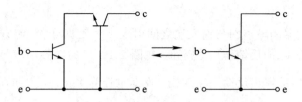

图 2.13　"共射-共基"复合管原理图

在一般工作频率范围内,晶体管的参数具有如下特性:

$$y_{ie} \gg y_{re}, \ y_{fe} \gg y_{ie}, \ y_{fe} \gg y_{oe}, \ y_{fe} \gg y_{re} \tag{2.45}$$

若图 2.13 复合管中两个级联晶体管是同一型号的,可以证明,复合管等效导纳参数为

$$y'_i \approx y_{ie}, \ y'_o \approx -y_{re}, \ y'_r \approx \frac{y_{re}}{y_{fe}}(y_{re}+y_{oe}), \ y'_f \approx y_{fe} \tag{2.46}$$

此式说明:复合管的输入导纳 y'_i 和正向传输导纳 y'_f 大致和单管参数相等,反向传输导纳 y'_r 远小于单管,输出导纳 y'_o 只是单管输出导纳 y_{oe} 的几分之一。

失配法的优点是性能稳定,能改善各种参数变化的影响;工作频带较宽,适合于宽带放大波段工作;生产过程中无须调整,适合批量生产。缺点是放大器的电压增益较低。

图 2.14 是某雷达接收机中使用的"共射-共基"放大电路,其中心频率为 30 MHz,通频带为 10～11 MHz。其中,CG36 为国产优良的低噪声管,与 -12 V 电源连接的 100 μH 电感和 1500 pF 电容是去耦滤波模块,可以消除输出信号通过公共电源的内阻对前级产生的寄生反馈。

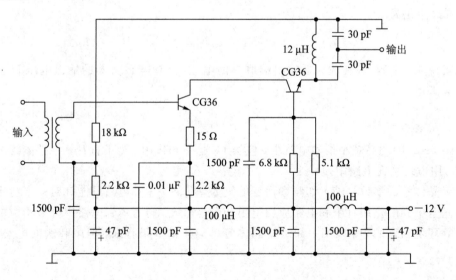

图 2.14　"共射-共基"放大电路示例

【例 2.3】　某中频放大电路如图 2.15(a)所示。已知放大器的工作频率为 $f_0 = 10.7$ MHz,回路电容 $C = 50$ pF,中频变压器接入系数为 $p_1 = N_{12}/N_{13} = 0.35$、$p_2 = N_{45}/N_{13} = 0.03$,线圈品质因数为 $Q_0 = 100$。晶体管在工作频率上的 Y 参数为 $g_{ie} = 1.0$ mS,$C_{ie} = 41$ pF,$g_{oe} = 45 \ \mu$S,$C_{oe} = 4.3$ pF,$y_{re} = -j180 \ \mu$S,$y_{fe} = 40$ mS。设后级输入电导为 g_{ie},求:(1) 回路的有载品质因数、3 dB 通频带、电压增益和中和电容 C_N 的值;(2) 若电路不接中和电容

C_N，则放大器稳定工作所需的负载电导及稳定电压增益。

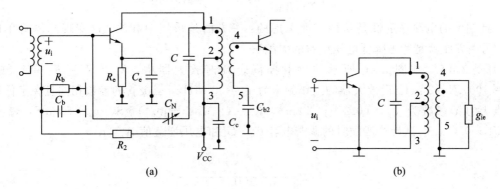

图 2.15　例题的电路图

解　（1）中和电容 C_N 的作用是抵消晶体管内部参数 y_{re} 的影响，故视图 2.15(a) 中晶体管 $y_{re}=0$、C_N 不存在时的交流等效电路如图 2.15(b) 所示。此回路的总电导为

$$g_\Sigma = g'_{oe} + g_0 + g'_{ie} = p_1^2 g_{oe} + \frac{2\pi f_0 C_\Sigma}{Q_0} + p_2^2 g_{ie}$$

而回路的总电容为

$$C_\Sigma = C'_{oe} + C + C'_{ie} = p_1^2 C_{oe} + C + p_2^2 C_{ie} = 0.35^2 \times 4.3 + 50 + 0.03^2 \times 41 \approx 50.54 \text{ pF}$$

故

$$g_\Sigma = \frac{0.35^2 \times 45 \times 10^{-6} + 2\pi \times 10.7 \times 10^6 \times 50.54 \times 10^{-12}}{100 + 0.03^2 \times 10^{-3}} \approx 4 \times 10^{-5} \text{S}$$

有载品质因数为

$$Q_L = \frac{2\pi f_0 C_\Sigma}{g_\Sigma} = \frac{2\pi \times 10.7 \times 10^6 \times 50.54 \times 10^{-12}}{4 \times 10^{-5}} = 84.9$$

3 dB 通频带为

$$2\Delta f_{0.7} = \frac{f_0}{Q_L} = \frac{10.7 \times 10^6}{84.9} = 126 \text{ kHz}$$

电压增益为

$$A_{u0} = \frac{p_1 p_2 |y_{fe}|}{g_\Sigma} = \frac{0.35 \times 0.03 \times 40 \times 10^{-3}}{(4 \times 10^{-5})} = 10.5$$

由于 $|y_{re}| \approx 2\pi f_0 C_{bc}$，解得

$$C_{bc} = \frac{|y_{re}|}{2\pi f_0} = \frac{180 \times 10^{-6}}{2\pi \times 10.7 \times 10^6} = 2.68 \times 10^{-12} \text{F} = 2.68 \text{ pF}$$

中和电容为

$$C_N = \frac{N_{12}}{N_{23}} C_{bc} = \frac{p_1}{1 - p_1} C_{bc} = \frac{0.35}{1 - 0.35} \times 2.68 \times 10^{-12} = 1.44 \times 10^{-12} \text{F} = 1.44 \text{ pF}$$

（2）若电路不接中和电容 C_N，取稳定系数 $S=6$，则放大器的稳定电压增益为

$$|A_{u0}|_S = \sqrt{\frac{2|y_{fe}|}{S|y_{re}|[1 + \cos(\varphi_{fe} + \varphi_{re})]}} = \sqrt{\frac{2 \times 40 \times 10^{-3}}{6 \times 180 \times 10^{-6}[1 + \cos(0 + (-\pi/2))]}} \approx 8.61$$

显然，$|A_{u0}|_S < A_{u0}$，这时，欲使电路稳定工作，应增大回路总电导使电压增益降低到 $|A_{u0}|_S$，即

$$g'_\Sigma = \frac{A_{u0}}{|A_{u0}|_S} g_\Sigma = \frac{10.5}{8.61} \times 4 \times 10^{-5} = 4.878 \times 10^{-5} \text{ S}$$

此题中的电路稳定性是从两方面考虑的：一方面是采用中和法，以实现晶体管单向化；另一方面就是考虑降低电压增益的失配法。

【例 2.4】 如图 2.16 所示的发射极耦合调谐放大器中，$R_s = R_e = R_L = 1 \text{ k}\Omega$，$Q_0 = 100$，$L = 2 \text{ μH}$。设放大器的工作频率为 $f_0 = 50 \text{ MHz}$，三极管的参数相同且在工作频率点上的 Y 参数为 $y_{ie} = (0.2 + j0.4) \text{ mS}$，$y_{re} = (-0.01 - j0.4) \text{ mS}$，$y_{fe} = 50 \text{ mS}$，$y_{oe} = (0.01 + j0.4) \text{ mS}$。试计算匹配时的调谐电容 C_1、C_2 和电压增益值 A_{u0}。

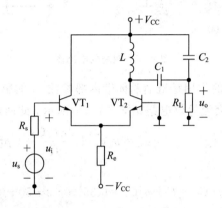

图 2.16　例题 2.4 的电路图

解　图 2.16 放大器的交流通路如图 2.17(a)所示。电路中的放大管 VT_1 为共集电极组态、VT_2 为共基极组态，二者构成共集-共基的复合管。将图 2.17(a)电路中的晶体管 VT_1、VT_2 用 Y 参数等效，电感线圈的损耗用并联等效损耗电导 g_0 描述，得到 2.17(b)的高频小信号等效电路，其中 $g_L = 1/R_L$，$g_e = 1/R_e$，$g_s = 1/R_s$。为方便计算，将图 2.17(b)等效变换为图 2.17(c)的形式。

根据图 2.17(b)结构及电路理论，计算出图 2.17(c)中晶体管 VT_1 的短路导纳 Y 参数为

$$y_{ic} = \frac{I_{b1}}{U_{bc1}}\bigg|_{U_{ec1}=0} = y_{ie} = (0.2 + j0.4) \text{ mS}$$

$$y_{rc} = \frac{I_{b1}}{U_{ec1}}\bigg|_{U_{bc1}=0} = -(y_{ie} + y_{re}) = -0.19 \text{ mS}$$

$$y_{fc} = \frac{I_{e1}}{U_{bc1}}\bigg|_{U_{ec1}=0} = -(y_{ie} + y_{fe}) = -(50.2 + j0.4) \text{ mS}$$

$$y_{oc} = \frac{I_{e1}}{U_{ec1}}\bigg|_{U_{bc1}=0} = y_{ie} + y_{re} + y_{fe} + y_{oe} = (50.2 + j0.4) \text{ mS}$$

同理，计算晶体管 VT_2 的短路导纳 Y 参数为

$$y_{ib} = \frac{I_{e2}}{U_{eb2}}\bigg|_{U_{cb2}=0} = y_{ie} + y_{re} + y_{fe} + y_{oe} = (50.2 + j0.4) \text{ mS}$$

$$y_{rb} = \frac{I_{e2}}{U_{cb2}}\bigg|_{U_{eb2}=0} = -(y_{re} + y_{oe}) = 0$$

$$y_{fb} = \frac{I_{c2}}{U_{eb2}}\bigg|_{U_{cb2}=0} = -(y_{oe} + y_{fe}) = -(50.01 + j0.4) \text{ mS}$$

$$y_{ob} = \left. \frac{I_{c2}}{U_{cb2}} \right|_{U_{eb2}=0} = y_{oe} = (0.01 + j0.4)\ \text{mS}$$

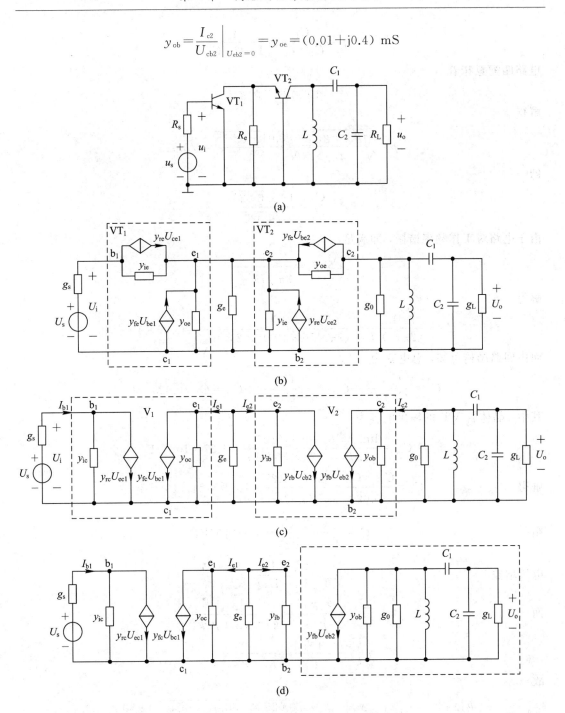

图 2.17　例题 2.4 电路的等效变换

由于 $y_{rb}=0$，图 2.17(c)可以等效变换为图 2.17(d)的形式。并且，电感线圈的并联等效损耗电导为

$$g_0 = \frac{1}{2\pi f_0 L Q_0} = \frac{1}{2\pi \times 50 \times 10^6 \times 2 \times 10^{-6} \times 100} = 1.5 \times 10^{-5}\ \text{S}$$

负载端的接入系数为

$$p = \frac{C_1}{C_1 + C_2} = \frac{1}{1 + C_2/C_1}$$

电路匹配意味着

$$g_{ob} + g_0 = p^2 g_L$$

解得

$$p = \sqrt{\frac{g_{ob} + g_0}{g_L}} = \sqrt{\frac{0.01 + 0.015}{1}} = \sqrt{0.025}$$

即

$$\frac{C_2}{C_1} = \frac{1 - \sqrt{0.025}}{\sqrt{0.025}}$$

由于电路对工作频率谐振，即满足

$$f_0 = \frac{1}{2\pi \sqrt{LC_\Sigma}}$$

解得

$$C_\Sigma = \frac{1}{(2\pi f_0)^2 L} = \frac{1}{(2\pi \times 50 \times 10^6)^2 \times 2 \times 10^{-6}} = 5.07 \times 10^{-12}\ \text{F}$$

而由回路结构可知，总电容为

$$C_\Sigma = \frac{C_1 C_2}{C_1 + C_2} + C_{ob} = \frac{C_2}{1 + C_2/C_1} + C_{ob} = C_2 \sqrt{0.025} + C_{ob}$$

其中，晶体管 VT_2 的输出电容为

$$C_{ob} = \frac{\text{Im}[y_{ob}]}{2\pi f_0} = \frac{0.4 \times 10^{-3}}{2\pi \times 50 \times 10^6} = 1.27 \times 10^{-12}\ \text{F}$$

解得

$$C_2 = \frac{C_\Sigma - C_{ob}}{\sqrt{0.025}} = \frac{5.07 - 1.27}{\sqrt{0.025}} \times 10^{-12} = 24 \times 10^{-12}\ \text{F}$$

则

$$C_1 = \frac{\sqrt{0.025}\, C_2}{1 - \sqrt{0.025}} = 4.5 \times 10^{-12}\ \text{F}$$

电压增益

$$A_{u0} = \frac{U_o}{U_i} = \frac{U_o}{U_{eb2}} \times \frac{U_{eb2}}{U_{bc1}}$$

而

$$\frac{U_o}{U_{eb2}} = \frac{p\,|y_{fb}|}{g_{\Sigma b}} = \frac{p\,|y_{fb}|}{g_0 + g_{ob} + p^2 g_L}$$

$$\frac{U_{eb2}}{U_{bc1}} = \frac{|y_{fc}|}{g_{\Sigma c}} = \frac{|y_{fc}|}{g_e + g_{oc} + g_{ib}}$$

故

$$A_{u0} = \frac{p\,|y_{fb}|}{g_0 + g_{ob} + p^2 g_L} \times \frac{|y_{fc}|}{g_e + g_{oc} + g_{ib}} = \frac{\sqrt{0.025} \times \sqrt{50.01^2 + 0.4^2}}{0.015 + 0.01 + 0.025 \times 1} \times \frac{\sqrt{50.2^2 + 0.4^2}}{1 + 50.2 + 50.2} \approx 76.7$$

2.4.6　单调谐放大器的级联

　　单级单调谐放大器的电路简单、调试容易，但为稳定工作而增益不能太大，且频率选择性差，实际工作中，通常不能满足对微弱信号放大的需求。这时，可以将多个单调谐放大器级联使用，如图 2.18 所示为三级单调谐放大器的级联。

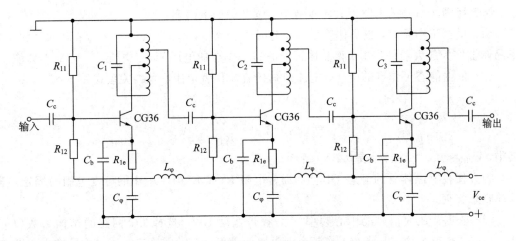

图 2.18　三级单调谐回路共发射极放大电路

假如级联使用的放大器共有 N 级，每一级均调谐在信号的中心频率 f_0 上，且第 n 级的电压增益为 A_{un}、有载品质因数为 Q_{Ln}，则第 n 级的通频带宽度为 $2\Delta f_{0.7n} = f_0/Q_{Ln}$。于是，级联放大器的总电压增益为

$$(A_u)_\Sigma = A_{u1} A_{u2} \cdots A_{uN} = \prod_{n=1}^{N} A_{un} \tag{2.47}$$

由式 (2.28) 可得级联放大器的总谐振曲线为

$$\frac{(A_u)_\Sigma}{A_{u0}} = \prod_{n=1}^{N} \frac{1}{1 + jQ_{Ln}\left(\dfrac{f}{f_0} - \dfrac{f_0}{f}\right)} \tag{2.48}$$

若多级放大器是由结构、参数完全相同的单调谐放大器组成，则多级放大器的总的电压增益为

$$(A_u)_\Sigma = A_{un}^N \tag{2.49}$$

总的通频带宽度为

$$(2\Delta f_{0.7})_\Sigma = \frac{f_0}{Q_{Ln}} \sqrt{2^{1/N} - 1} < 2\Delta f_{0.7n} \tag{2.50}$$

总的矩形系数为

$$(K_{0.1})_\Sigma = \frac{\sqrt{100^{1/N} - 1}}{\sqrt{2^{1/N} - 1}} \tag{2.51}$$

显然，放大器级联使用后，随着级数 N 的增加，增益越来越高，通频带越来越窄，频率选择性得到改善。但当级数大于 3 时，频率选择性改善的幅度不明显了，$(K_{0.1})_\Sigma$ 的最小值不会低于 2.56。在实际使用时，这种级联电路最多为 5~6 级，应根据级联放大器的总频宽（即信号频宽）确定其中每一级放大单元的频宽 $2\Delta f_{0.7n} = \dfrac{f_0}{Q_{Ln}} = (2\Delta f_{0.7})_\Sigma / \sqrt{2^{1/N} - 1}$。

2.5　电路元件的选择

实际放大器的设计是在满足通频带、选择性和稳定性的前提下，尽可能提高电压增益。如选择图 2.4(a)的电路形式实现放大，应考虑如下问题：

（1）根据工作频率，查晶体管手册，选用$|y_{fe}|$大、g_{oe}小、$|y_{re}|\to 0$、f_T高的高频小功率晶体管作为放大器件，并获得晶体管的静态工作点的电压V_{CE}、电流I_{EQ}及 Y 参数值。

（2）依据静态工作点的电压、电流值估计直流偏置电阻的值，关系式如下：

$$V_{EQ}=V_{CC}-V_{CE}=I_{EQ}R_e$$

$$V_{BQ}=V_{BEQ}+V_{EQ}=\frac{R_2}{R_1+R_2}V_{CC}$$

其中，$V_{BEQ}\approx 0.6$ V(硅管)或 0.2 V(锗管)。

为方便控制晶体管的静态工作点，通常电阻R_1或R_e用一个小的可变电阻与固定电阻的串联来实现。

（3）依据待放大信号的中心频率f_0、频带宽度$BW_{0.7}$选择LC回路的结构参数(L_Σ、Q_L、C_Σ)。也就是说，电路的工作频率即电路的谐振频率，应等于待放大信号的中心频率，电路的通频带应等于待放大信号的频带宽度，即应满足如下关系

$$f_0=\frac{1}{2\pi\sqrt{L_\Sigma C_\Sigma}}\quad \text{和}\quad 2\Delta f_{0.7}=BW_{0.7}^*$$

为方便对电路通频带的控制，通常在LC回路的两端并联一个大阻值的可变电阻。

（4）依据负载及LC回路的结构参数合理选择接入系数p_1和p_2，进一步确定LC回路元件的参数和负载接入回路的参数。

接入系数的设计有多种考虑，常用的是在电路满足式(2.35)匹配条件下p_1和p_2的计算公式。由式(2.21)、式(2.26)和式(2.36)可导得

$$p_1=\sqrt{\frac{g_0}{2g_{oe}}\left(\frac{Q_0}{Q_L}-1\right)}\quad \text{和}\quad p_2=\sqrt{\frac{g_0}{2g_L}\left(\frac{Q_0}{Q_L}-1\right)}$$

如果图 2.4(a)电路中放大器的输出端是采用自耦变压器方式的部分接入，负载是采用变压器方式的部分接入，负载端变压器的原边就是LC回路的总电感L_Σ，其变比就等于p_2。LC回路的总电容由外接集总电容、晶体管输出电容、负载电容组成。在满足$C\gg C_{oe}$的条件下，选择尽可能小的集总电容C的值，为方便电路的调谐，通常用一个小的可变电容与固定电容的并联来实现。

（5）合理选择各种辅助元件。图 2.4(a)电路中的辅助元件主要是旁路电容C_b和C_e，它们的值应满足式(2.14)的标称值，通常为 0.1 μF 或 0.01 μF。一般还要对直流电源加 100 μF(滤低频)或 100 pF(滤高频)的滤波电容。

（6）为提高电路的工作稳定性，可以加中和电路或采用$|y_{re}|\approx 0$的复合管或降低电路实现的电压增益值。当单级放大器的电压增益不能满足信号放大的要求时，可以将多个放大器级联使用或改用其他电路形式。

（7）在工艺结构方面如元件排列、屏蔽、接地等方面均应良好，使放大器远离自激。按电路静态工作点、动态调谐与数据测量的顺序逐级进行电路的调试。

2.6　其他电路形式

小信号调谐放大器的类型较多，如按使用的器件可分为分立元件放大器和集成电路放

大器,按晶体管的连接方式可分为共射、共基和共集电极放大器,按调谐回路可分为单调谐、双调谐、参差调谐及宽频带放大器等。

2.6.1 双调谐放大电路

改善单调谐放大器的通频带和选择性可以采用双调谐放大器。双调谐放大器是指集电极回路采用双调谐回路作为负载的一种放大器,可分为互感耦合和电容耦合两种类型。图 2.19(a)所示是一种常用的双调谐放大电路,其中集电极采用互感耦合双调谐回路作为负载。被放大的信号通过互感耦合加到实际负载上。

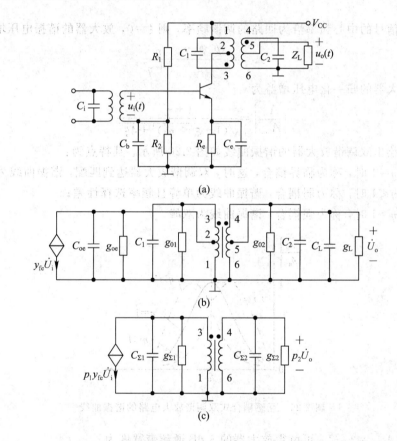

图 2.19 互感耦合式双调谐放大电路及其等效电路

若一次侧、二次侧调谐回路本身的损耗均可以忽略,则图 2.19(a)电路的小信号等效电路如图 2.19(b)所示。设一次侧、二次侧回路的接入系数分别为 p_1、p_2,电感线圈的损耗用并联电导 g_{01} 与 g_{02} 模拟,将图 2.19(b)右部分电路中的电流源、电导、电容均等效折算到 $L_{13}C_1$ 的一次侧两端,将容性负载 Z_L($1/Z_L = g_L + \mathrm{j}\omega C_L$)等效折算到 $L_{46}C_2$ 的二次侧两端,再合并同类元件得到图 2.19(c)所示的最简等效电路,其中的参数为 $p_1 = N_{12}/N_{13}$,$p_2 = N_{56}/N_{46}$,$C_{\Sigma 1} = p_1^2 C_{oe} + C_1$,$C_{\Sigma 2} = p_2^2 C_L + C_1$,$g_{\Sigma 1} = p_1^2 g_{oe} + g_{01}$,$g_{\Sigma 2} = p_2^2 g_L + g_{02}$。

考虑到实际应用时常将一次侧、二次侧回路都调谐在同一个中心频率处,为分析方便,设一次侧、二次侧回路元件参数相同,即

$$L_{13}=L_{46}=L,\ C_{\Sigma 1}=C_{\Sigma 2}=C,\ \omega_{01}=\omega_{02}=\omega_0=\frac{1}{\sqrt{LC}},\ g_{\Sigma 1}=g_{\Sigma 2}=g \tag{2.52}$$

通过电路分析，可得图 2.19(a)电路的电压增益为

$$A_u=j\frac{p_1 p_2 y_{fe}}{g}\frac{\eta}{(1-\xi^2+\eta^2)+j2\xi} \tag{2.53}$$

式中，$\eta=kQ_L$ 称为回路的耦合因数，$k=M/L$ 是表示回路耦合程度的耦合系数，$Q_L=1/(g\omega_0 L)$ 是回路的有载品质因数，$\xi=Q_L\dfrac{2(\omega-\omega_0)}{\omega_0}=Q_L\dfrac{2\Delta\omega}{\omega_0}=Q_L\dfrac{2\Delta f}{f_0}$ 称为回路的相对失谐。

若输入信号的中心频率恰为回路的调谐频率，则 $\xi=0$，放大器的谐振电压增益为

$$A_{u0}=j\frac{p_1 p_2 y_{fe}}{g}\frac{\eta}{1+\eta^2} \tag{2.54}$$

从而得到放大器的归一化电压增益为

$$\left|\frac{A_u}{A_{u0}}\right|=\frac{1+\eta^2}{\sqrt{(1-\xi^2+\eta^2)^2+4\xi^2}} \tag{2.55}$$

据此可绘出双调谐放大器的谐振曲线如图 2.20 所示。其特点为：

(1) 当 $\eta=1$ 时，称为临界耦合，这时，双调谐放大器达到匹配，谐振曲线为单峰；

(2) 当 $\eta<1$ 时，称为弱耦合，谐振曲线为单峰且频率选择性差；

(3) 当 $\eta>1$ 时，称为强耦合，谐振曲线为双峰。

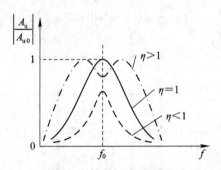

图 2.20　互感耦合式双调谐放大电路的谐振曲线

令 $|A_u/A_{u0}|=1/\sqrt{2}$，可解得放大器的 3 dB 通频带宽度为

$$2\Delta f_{0.7双}=\sqrt{2}\frac{f_0}{Q_L} \tag{2.56}$$

同理，可解得矩形系数

$$K_{0.1双}=3.16 \tag{2.57}$$

上述分析表明，在临界耦合时，双调谐放大器的频率选择性较好，其谐振曲线比单级单调谐放大器的更接近于理想矩形。一般来说，5～6 级单调谐放大器级联使用时的矩形系数才相当于 1 级双调谐放大器的矩形系数。

双调谐放大器在强耦合时，通频带明显加宽，但中心处出现凹陷且回路调整比较困难。在要求放大器通频带较宽、放大器级数不宜多的情况下，可采用 1 级强耦合的双调谐放大器与 1 级单调谐放大器相配合，由单调谐放大器的峰值补平双调谐放大器谐振曲线的

凹陷部分。

　　互感耦合双调谐放大器的调整较麻烦，当调整一次侧（或二次侧）的电感线圈 L 时，耦合因数 k 将改变，因而耦合系数 η 也会发生变化，谐振曲线必出现变形；而想调整 L 的同时也改变 M 来保证 k 不变是很难做到的。为克服这一缺点，可采用电容耦合的双调谐放大器。实际中，电容耦合双调谐回路的一次侧和二次侧的电感、电容等元件分别装在两个屏蔽盒中，这两个回路间的耦合由外接电容完成，使得一次侧、二次侧回路之间的相互影响较小。

2.6.2　参差调谐放大电路

　　增宽放大器通频带、改善矩形系数的另一种行之有效的办法是将 2 级或 3 级单调谐放大器级联使用，同时将它们的中心频率对称地放在输入信号中心频率 f_0 的两侧。例如，图 2.21 所示为以 2 级单调谐放大器级联组成的双参差调谐放大器的谐振曲线。

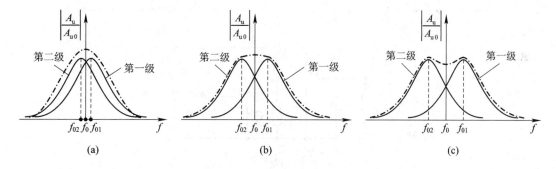

图 2.21　不同 Δf 值的双参差调谐放大器谐振曲线

　　图 2.21 中，实线是两个单调谐放大器的谐振曲线，它们分别调谐在 f_{01} 与 f_{02} 上，虚线为这两个放大器级联后的总谐振曲线。显然，两个单调谐放大器均工作在与信号中心频率 f_0 失谐的状态，且总谐振曲线的形状与失谐量 $\Delta f = f_{01} - f_0 = f_0 - f_{02}$ 的大小有关。Δf 愈小，总谐振曲线愈尖；随着 Δf 逐渐增大，两个单调谐放大器谐振曲线的距离渐远，总谐振曲线由尖锐的单峰逐渐展宽、甚至中间出现下凹。因此，为了加宽通频带，又不造成谐振点输出显著下凹，可采用 3 级单调谐放大器级联，其中两级工作于双参差调谐的双峰状态，第三级调谐于 f_0，它们合成的谐振曲线将比较平坦。

2.6.3　场效应管调谐放大电路

　　场效应管的工作原理、特性曲线等已经在模拟电子技术中讨论过，在此不再重复。使用场效应管时，和一般晶体管一样，也可以用 Y 参数进行设计和计算，且 Y 参数的定义也与晶体管相同。在高频运用时，场效应管具有下列特点：

　　（1）在正常工作时，输入阻抗很高（在 10^7 以上），故栅极电流甚微；

　　（2）正向传输系数远小于晶体管的，因此用作调谐放大器时的增益比晶体管的小；

　　（3）输出阻抗较大，有利于提高调谐回路的品质因数，提高调谐放大器的选择性；

　　（4）转移特性是平方律的，有利于减少放大器失真和外部干扰；

　　（5）为多数载流子控制的器件，对核辐射的抵抗能力强。

图 2.22 所示为三种场效应管调谐放大电路。图 2.22(a)是由结型 FET 组成的共源单调谐放大器，其中，L_1 与 C_1 组成输入调谐回路，L_2 与 C_2 组成漏极调谐回路作为漏极负载，接入中和电容 C_N 以减小场效应管的内部反馈作用从而提高电路的稳定性。图 2.22(b)是由 MOSFET 组成的共源单调谐放大器，其中，电容 C_N 起中和场效应管的内部反馈作用。图 2.22(c)是共源-共栅级联场效应管放大电路。

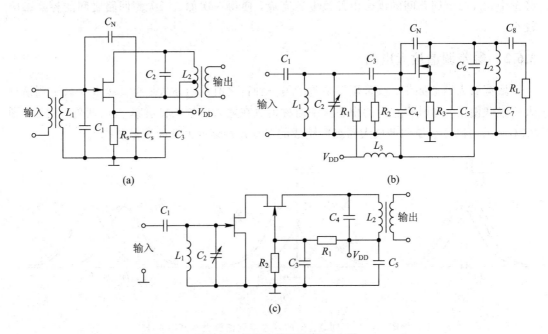

图 2.22　场效应管单调谐放大器

2.6.4　集成宽带放大器

分立元件组成的电路具有体积大、焊点多、引线多以及多级使用时调谐不方便等特点，因而可靠性和稳定性受到影响。由于目前的半导体制造技术很难在半导体基片上制作出大容量电容器、高阻值电阻及电感线圈，故高频集中选频放大是通过宽频带高频集成放大芯片与外接滤波电路(即集中滤波器)结合而成。其组成方式有两种。

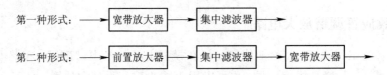

第一种形式是一种常用的方法，它需要使宽带放大器与集中滤波器之间实现阻抗匹配。从放大器输出看，阻抗匹配表示放大器有较大的功率增益；从滤波器的输入端看，只有在信号源的阻抗(即放大器的输出阻抗)与滤波器的输入阻抗匹配时才能获得预期的频率特性。

当所需放大信号的频带以外有强的干扰时应采用第二种方式，其中前置放大器的作用是用来补偿滤波器对有用信号的衰减。

集中滤波器的任务是选频，要求在满足通频带指标的同时，矩形系数要好。其主要类型有集中 LC 滤波器、石英晶体滤波器、陶瓷滤波器和声表面波滤波器等。例如，集中 LC 滤波器通常由一节或若干节 LC 网络组成，根据网络理论，按照带宽、衰减特性等要求进行设计，目前已得到了广泛应用。

高频集成放大器大多由差动输入电路、恒流源电路、有源负载、电平偏移、输出单端化输出级及其保护电路等几个部分组成。采用半导体工艺、在单独的基片内形成所需的晶体管、场效应管、二极管、电阻、电容等元件，并按技术要求将它们互联，所构成的微型电子电路即为集成电路芯片。

例如，图 2.23 是利用负反馈展宽频带的国产 FZ1 集成放大电路。由 FZ1 的内部电路图 2.23(a) 可以看出，它由两个晶体管直接耦合组成、具有两级电流并联负反馈。从晶体管 VT_2 的发射极电阻 R_{e2} 上取得的反馈信号经电阻 R_f 反馈到输入端，而电容 C_e 与 $(R_{e1} + R_{e2})$ 并联使得高频工作时的反馈最小而改善电路的高频特性。另外，改变外接元件还可以调节放大器的其他性能。例如，在脚⑧与⑥之间接入电阻与之并联，可以增强反馈；在脚⑧与⑨之间接入电阻可以减小反馈；在脚②与③之间或脚③与④之间接入电阻可以改变放大器的电压增益。

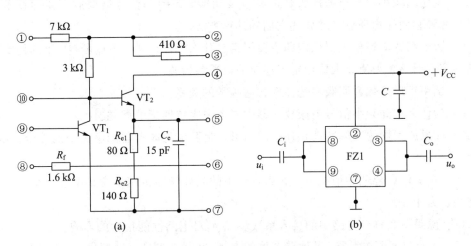

图 2.23　集成宽带放大器 FZ1 内部电路和典型外接电路

本 章 小 结

高频小信号谐振放大器是一种窄带放大器，可以认为它工作在晶体管的线性范围内。

在分析高频小信号谐振放大器时 Y 参数等效电路是描述晶体管工作状况的重要模型，使用时必须注意 Y 参数不仅与静态工作点有关，而且是工作频率的函数。在分析高频小信号宽带放大器时，混合 π 型等效电路是描述晶体管工作状况的重要模型。

单管单调谐放大电路是谐振放大器的基本电路。其电压增益主要取决于晶体管的参数、信号源和负载，为了提高电压增益，减少对回路频率特性的影响，谐振回路与信号源、负载的连接大都采用部分接入的方式，即 LC 分压式阻抗变换电路。

由于晶体管内部存在反向传输导纳 y_{re}，使晶体管成为双向器件，影响晶体管工作稳定性，且可能造成放大器自激。为克服此缺陷，常采用中和法和失配法使晶体管单向化。

采用参差调谐放大电路和双调谐放大电路可以改善单级单调谐放大器的矩形系数。采用多级单调谐放大电路既可以提高单级单调谐放大器的增益，又可改善矩形系数，但通频带变窄了。

思考题与习题

2.1　说明晶体管的频率 f_β、f_T 和 f_{max} 的物理意义，分析它们之间的关系。

2.2　为什么晶体管在高频工作时要考虑单向化，而在低频工作时，可以不必考虑？

2.3　简述高频小信号谐振放大电路的分析方法，它与低频小信号放大电路的分析方法有什么不同？

2.4　简述晶体管高频小信号谐振放大电路的基本组成并绘制典型电路的原理图及高频等效电路图。

2.5　说明高频小信号谐振放大器的特点及功能。高频小信号谐振放大器的技术指标有哪些？解释它们的物理意义并详述它们的计算方法。

2.6　影响高频谐振放大器稳定的主要因素是什么？它有哪些不良影响？反向传输导纳的物理意义是什么？为使放大器稳定工作应采取哪些措施？

2.7　试用矩形系数说明频率选择性与通频带的关系。

2.8　为什么在高频小信号谐振放大器中要考虑阻抗匹配的问题？

2.9　如果放大器的选频特性是理想的矩形，能否认为放大器能够完全滤除全部噪声，为什么？

2.10　在工作点合理的情况下，图 2.4(a)中的晶体管能否用不含结电容的小信号等效电路等效？为什么？

2.11　说明图 2.4(a)电路中的接入系数 p_1、p_2 对电路性能指标的影响。

2.12　一个单调谐放大器，若回路谐振频率 f_0 为 10.7 MHz，通频带 $2\Delta f_{0.7}$ 为 120 kHz，则有载品质因数 Q_L 为多少？

2.13　对于收音机的中频放大器，其中心频率 $f_0=465$ kHz，$2\Delta f_{0.7}=8$ kHz，回路电容 $C=200$ pF，试计算回路电感 L 和有载品质因数 Q_L 的值。若电感线圈的空载因数 $Q_0=100$，问在回路上应并联多大的电阻才能满足要求。

2.14　电路如题 2.14 图所示，其输入信号为 $u_i=0.1\cos(2\pi\times10.7\times10^6 t)$ V，电路处于谐振状态，且变压器参数为 $L_{13}=4$ μH，$Q_0=100$，$N_{13}=20$，$N_{12}=15$，$N_{45}=5$，晶体管在直流工作点的参数为 $y_{oe}=200+j2\pi\times10.7\times7$ μS，$y_{ie}=2860+j2\pi\times10.7\times18$ μS，$y_{fe}=45$ mS，$y_{re}=0$。

(1) 说明电路的功能，并画出它的高频等效电路；

(2) 确定元件 C 的值；

（3）计算单级放大器的电压增益；

（4）计算单级放大器的通频带。

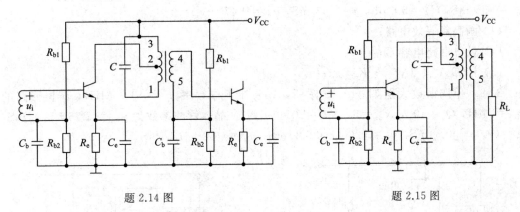

题 2.14 图　　　　　　　　题 2.15 图

2.15　试画出题 2.15 图所示电路的中和电路，标出线圈的同名端，写出中和电容的表达式。

2.16　晶体管组成的单谐振回路中频放大器如题 2.16 图所示。已知 $f_0 = 465$ kHz，晶体管经中和后的 Y 参数为：$g_{ie} = 0.4$ mS，$C_{ie} = 142$ pF，$g_{oe} = 55$ μS，$C_{oe} = 18$ pF，$y_{fe} = 36.8$ mS，$y_{re} = 0$。回路电容 $C = 200$ pF，中频变压器接入系数 $p_1 = N_{23}/N_{13} = 0.35$，$p_2 = N_{45}/N_{13} = 0.035$，回路无载品质因数 $Q_0 = 80$，设下一级也为参数与上述参数相同的同一晶体管。试计算：

（1）回路有载 Q_L 值和 3 dB 带宽 $2\Delta f_{0.7}$；

（2）放大器的电压放大倍数；

（3）中和电容 C_N 的值。

2.17　单调谐放大器如题 2.17 图所示。已知工作频率 $f_0 = 30$ MHz，$L_{13} = 1$ μH，$Q_0 = 80$，$N_{13} = 20$，$N_{23} = 5$，$N_{45} = 4$。晶体管的 Y 参数为 $y_{ie} = (1.6 + j4.0)$ mS，$y_{re} = 0$，$y_{fe} = (36.4 - j42.4)$ mS，$y_{oe} = (0.072 + j0.60)$ mS。电路中 $R_{b1} = 15$ kΩ，$R_{b2} = 6.2$ kΩ，$R_e = 1.6$ kΩ，$C_b = 0.01$ μF，$C_e = 0.01$ μF，回路并联电阻 $R = 4.3$ kΩ，负载电阻 $R_L = 620$ Ω。

（1）画出高频等效电路；

（2）计算回路电容 C；

（3）计算 A_{u0}，$2\Delta f_{0.7}$，$K_{0.1}$。

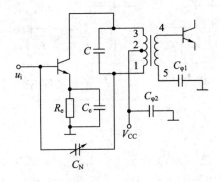

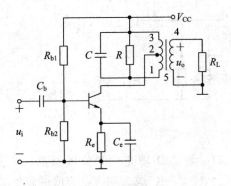

题 2.16 图　　　　　　　　题 2.17 图

2.18　单调谐放大器如题 2.18 图所示。已知 $L_{14}=1\ \mu H$，$Q_0=100$，$N_{12}=3$，$N_{23}=3$，$N_{34}=4$，工作频率 $f_0=30\ MHz$，晶体管在工作点的 Y 参数为 $g_{ie}=3.2\ mS$，$C_{ie}=10\ pF$，$g_{oe}=0.55\ mS$，$C_{oe}=5.8\ pF$，$y_{fe}=53\ mS$，$\varphi_{fe}=-47°$，$y_{re}=0$。

（1）画高频等效电路；

（2）计算回路电容 C；

（3）计算 A_{u0}、$2\Delta f_{0.7}$、$K_{0.1}$。

2.19　单调谐放大器如题 2.19 图所示。已知工作频率 $f_0=10.7\ MHz$，谐振回路的 $L_{13}=4\ \mu H$，$Q_0=100$，$N_{23}=5$，$N_{13}=20$，$N_{45}=6$，晶体管的参数为 $y_{ie}=(2.86+j3.4)\,mS$，$y_{re}=(0.08-j0.3)\,mS$，$y_{fe}=(26.4-j36.4)\,mS$，$y_{oe}=(0.2+j1.3)\,mS$。

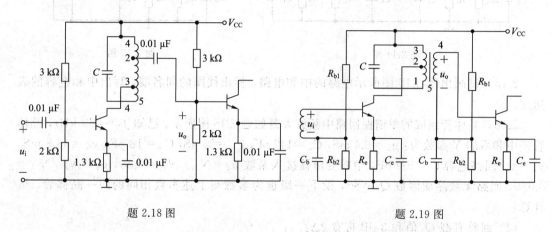

題 2.18 图　　　　　　　　　　　　題 2.19 图

（1）忽略 y_{re}：① 画高频等效电路；② 计算电容 C；③ 计算单级 A_{u0}、$2\Delta f_{0.7}$、$K_{0.1}$。

（2）考虑 y_{re}：① 若 $S\geqslant5$ 稳定，计算 $|A_{u0}|_s$；② 判断并说明此放大器稳定与否？

2.20　如题 2.20 图所示调谐放大器，问：（1）LC 回路应调谐在什么频率上？（2）为什么直流电源要接在电感 L 的中心抽头上？（3）电容 C_1、C_3 的作用分别是什么？（4）接入电阻 R_4 的目的是什么？

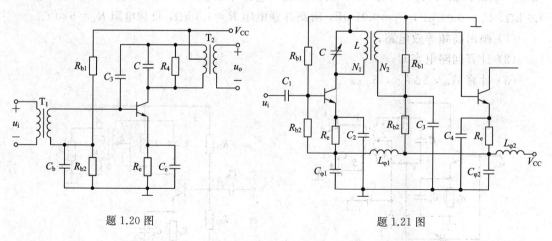

題 1.20 图　　　　　　　　　　　　題 1.21 图

2.21　题 2.21 图是中频放大器单级电路图。已知回路电感 $L=1.5\ \mu H$，$Q_0=100$，$N_1/N_2=4$；$C_1\sim C_4$ 均为耦合电容或旁路电容；晶体管采用 CG322A，当 $I_{EQ}=2\ mA$，$f_0=30\ MHz$，测得的 Y 参数为 $y_{ie}=(2.8+j3.5)\,mS$，$y_{re}=(-0.08-j0.3)\,mS$，$y_{fe}=(36-j27)\,mS$，

$y_{oe}=(0.2+j2)\mathrm{mS}$。(1) 画出高频小信号等效电路；(2) 求回路的总电导；(3) 求回路总电容的表达式；(4) 计算放大器的谐振电压增益 A_{u0}；(5) 当要求该放大器通频带为 10 MHz 时，应该在回路两端并联多大的电阻？

2.22　在三级同步调谐(中心频率均相同)的 LC 单回路中频放大器中，中心频率为 465 kHz，每个回路的 $Q_L=40$，试问总的通频带为多少？如果要使总的通频带为 10 kHz，则允许最大 Q_L 为多少？

2.23　若采用三级临界耦合双调谐放大器作中频放大器(三个双谐振回路)，中心频率为 $f_0=465$ kHz，当要求 3 dB 带宽为 8 kHz 时，每级放大器的 3 dB 带宽有多大？当偏离中心频率 10 kHz 时，电压放大倍数与中心频率时相比，下降了多少分贝？

2.24　填空题。

(1) 高频小信号谐振放大器采用(　　)作负载，因此，该放大器不仅有放大作用，也具有(　　)的作用。而且由于输入信号较弱，放大器中的晶体管可视为(　　)元件，电路可采用(　　)参数等效电路进行分析。衡量高频小信号放大器频率选择性的两个重要参数是(　　)和(　　)。

(2) 不考虑晶体管 y_{re} 的作用时，高频小信号谐振放大器的输入导纳 $Y_i=(　　)$，输出导纳 $Y_o=(　　)$。

(3) 单级单调谐放大器的通频带 $2\Delta f_{0.7}=(　　)$，矩形系数 $K_{0.1}=(　　)$。

(4) 在单调谐的多级放大器中，随着级数增加，多级单调谐放大器(设各级的参数相同)的增益变(　　)，通频带变(　　)，矩形系数变(　　)，频率选择性变(　　)。

(5) 高频小信号谐振放大器不稳定的原因是 Y 参数中(　　)参数的存在。

(6) 由于晶体管存在着 y_{re} 的内反馈，使晶体管成为一个"双向元件"，从而导致电路的不稳定。为了消除 y_{re} 的反馈作用，常采用单向化的办法变"双向元件"为"单向元件"。单向化的方法主要有(　　)和(　　)。

第3章　高频功率放大电路

　　功率放大器是无线电技术设备和系统中一个重要的功能电路，是在小功率输入信号的控制下，将直流电源供给的能量转换为大功率的交流能量输出，以高效输出大功率为其目的。其分析方法、指标要求、工作状态等都不同于高频小信号谐振放大器。本章重点讨论丙类高频谐振功率放大器的工作原理、工程近似分析方法和技术指标估算，在此基础上讨论实际高频功率放大器电路的构成、直流馈电电路、匹配网络等的分析和设计方法，最后简要介绍了丁类、戊类谐振功率放大器和宽带功率放大器。

3.1　高频功率放大器概述

　　高频功率放大器，又称作缓冲级、中间放大级、推动级、输出级等，工作频率高、且相对频带窄，一般需要用选频网络作为负载回路。这时，若晶体管在静态时发射结反偏，集电极工作电流将相对于输入信号出现波形失真，借助选频网络的滤波能力，仍可使高频功率放大器高效率地对输入信号进行不失真的功率放大。这一类高频功率放大器称为丙类高频谐振功率放大器，是本章的主要研究内容。

　　若不用选频网络作负载回路，而是以频率响应很宽的传输线作负载，这种宽频带高频功率放大器的工作类型是甲类(或乙类推挽)，可以在很宽的范围内变换工作频率，广泛用作宽频带发射机的各中间级。

　　虽然谐振功率放大器与小信号谐振放大器放大的信号均为高频信号，而且放大器的负载均为谐振回路，但谐振功率放大器的激励信号幅度较大，晶体管的工作方式为丙类、且动态范围很大。

　　目前，功率为几百瓦以上的高频功率放大器多用电子管或功率合成技术，几百瓦以下的多采用双极晶体管和大功率场效应管。

3.2　高频谐振功率放大电路的分析方法

　　由于功率放大器工作在大信号状态下，晶体管是非线性工作的，如果考虑晶体管的非线性特性，将使电路的分析计算变得非常复杂。通常采用折线工程近似分析法，即依据高频大信号工作条件，将晶体管的实际特性曲线用折线段代替，这样，就可以用简单的数学解析式来代表晶体管的特性曲线，然后对放大器的工作状态、电路性能等进行分析与计算。

　　此方法物理概念清楚、分析工作状态方便、虽然计算的准确度较低但可满足工程近似估算的要求。故通常用折线工程近似分析法对功率放大电路进行定性分析和估算，再依靠实验将电路调整到预期的状态。

3.3　晶体管高频大信号模型

3.3.1　晶体管输入、输出特性

在忽略温度对晶体管特性的影响、忽略晶体管在工作频率下的极间电容以及引线电感的电抗效应时，放大管特性可以用静态特性曲线来描述。实际上高频谐振功率放大器最常采用共发射极电路，故以下讨论共射组态的晶体管静态特性。晶体管的实际输入特性 $i_B - u_{BE}$ 和实际输出特性 $i_C - u_{BE}$，u_{CE} 是如图 3.1 所示的非线性关系，描述晶体管电流放大能力的正向传输特性可以表达为

$$i_C = \beta i_B \tag{3.1}$$

其中 β 是晶体管的共射组态电流放大系数。

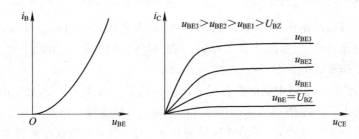

图 3.1　共射组态的晶体管输入特性、输出特性曲线

3.3.2　晶体管高频大信号分段线性化模型

在大信号工作条件下（即激励信号的幅度一般在 0.5 V 以上，可达 1~2 V，甚至更大），由于 u_{BE} 的动态范围大而使得晶体管特性曲线的弯曲部分可以忽略，可采用分段线性化的方法将图 3.1 分别理想化为图 3.2(a) 和 (c) 的形式。将输入特性式 (3.1) 与图 3.2(a) 的正向传输特性相结合，可得理想转移特性曲线如图 3.2(b) 所示。这样，晶体管的特性就可以用数学形式表达为

$$i_C = \begin{cases} g_{cr} u_{CE} & \text{临界线：} u_{CE} = u_{CES} \\ g_c (u_{BE} - U_{BZ}) & \text{放大区：} u_{BE} \geqslant U_{BZ} \\ 0 & \text{截止区：} u_{BE} < U_{BZ} \end{cases} \tag{3.2}$$

且

$$g_c = \beta g_b = \frac{\beta \Delta i_B}{\Delta u_{BE}} = \frac{\Delta i_C}{\Delta u_{BE}} \tag{3.3}$$

$$g_{cr} = \frac{\Delta i_C}{\Delta u_{CE}} \tag{3.4}$$

其中：U_{BZ} 为晶体管理想特性的截止电压；g_c 为理想化晶体管的转移跨导，表示晶体管工作在放大区时，单位基极电压变化产生集电极电流的变化；g_{cr} 为饱和临界线的斜率。

显然，当晶体管工作在放大区时，集电极电流 i_C 和基极电流 i_B 不受集电极电压 u_{CE} 影响，而仅与基极电压 u_{BE} 呈线性关系；在饱和区时，其集电极电流 i_C 与集电极电压 u_{CE} 呈线

性关系，而不受基极电压 u_{BE} 的控制。

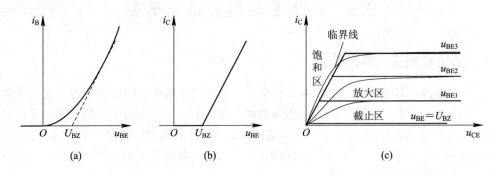

图 3.2　晶体管特性曲线的理想化

3.3.3　晶体管的工作方式

设加在共射组态晶体管基极与发射极之间的输入电压信号为 $u_{be}=U_{im}\cos\omega_i t$，则晶体管集电极电流的导通角 θ_C 是晶体管工作时间的一半所对应的 u_{be} 相位变化量。按 θ_C 的值可将晶体管的工作方式分为甲类、乙类、丙类等。

例如，当功率放大电路中晶体管的静态工作点位于如图 3.3 中 Q_A 处，几乎是晶体管输入特性线性区的中心，u_{be} 值如图 3.3 中的曲线①所示，幅度较小使得在 $u_{BE}=U_{BEQA}+u_{be}$ 控制下晶体管始终处于导通状态（即晶体管导通角 $\theta_C=180°$），集电极电流的波形如图 3.3 中曲线甲所示，称晶体管的工作方式为甲类，由此构成的放大器称为甲类放大器；当晶体管的静态工作点如图 3.3 中 Q_B 所示，位于晶体管截止区和放大区的交界处，u_{be} 值如图 3.3 中曲线②所示，晶体管将只在信号 u_{be} 的正半周内导通（即晶体管导通角 $\theta_C=90°$），这时集电极电流的波形如图中曲线乙所示，由此构成的放大器称为乙类放大器；当晶体管的静态工作点如图 3.3 中 Q_C 所示，位于晶体管截止区内，u_{be} 值如图 3.3 中曲线③所示，这时，集电极电流的波形如图 3.3 中曲线丙所示、且 $\theta_C<90°$，是丙类放大器。显然，晶体管以丙类方式工作时，晶体管的导通时间最短、功率损耗最小，因而丙类放大器的效率应是最高的。

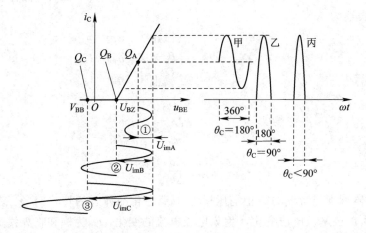

图 3.3　晶体管的工作方式

3.4　丙类高频谐振功率放大电路

3.4.1　基本电路

丙类高频谐振功率放大器无论是中间级还是输出级，均可用图 3.4 所示的基本电路等效，它是由输入回路、非线性器件（晶体管）和带通滤波器三部分组成。其中，基极偏置电压源 V_{BB} 比晶体管的截止电压 U_{BZ} 小，确保晶体管发射结处于反偏；晶体管的输出端接 LC 选频回路；LC 回路调谐在输入信号 u_{be} 的频率上，且谐振电阻为 R_p。

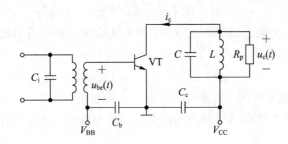

图 3.4　丙类高频谐振功率放大基本电路

从基本电路的结构上看，它与高频小信号谐振放大器相似，区别在于：

（1）放大管必须是高频大功率晶体管，常采用平面工艺制造，集电极直接与散热片连接，能承受高电压和大电流；

（2）输入回路通常为一选频匹配网络，既能实现调谐选频，又能使信号源与放大管输入端匹配；

（3）输出端的负载回路也为 LC 选频回路，既能完成选频功能，又能使放大管输出端与负载匹配；

（4）基极偏置电路为晶体管发射结提供负偏压，确保电路工作在丙类状态。

3.4.2　工作原理

丙类高频谐振功率放大器的工作原理就是通过基极偏置电压源 V_{BB} 使晶体管发射结处于反偏，只有当加到基极与发射极之间的输入信号电压足够大时才导通，于是集电极电流成为脉冲状且晶体管的功耗很小，调谐在输入信号频率上的 LC 谐振回路将脉冲状失真电流中的基波分量选出并加到负载上，从而使负载获得一个不失真的大功率信号。

设输入信号为一余弦信号：

$$u_{be}(t)=U_{im}\cos\omega_i t \tag{3.5}$$

则晶体管基极与发射极之间的输入电压为

$$u_{BE}(t)=V_{BB}+u_{be}(t)=V_{BB}+U_{im}\cos\omega_i t \tag{3.6}$$

由晶体管的正向转移特性可知，由于 $V_{BB}<U_{BZ}$，则只有在 $u_{BE}\geqslant U_{BZ}$ 时晶体管才导通，此时，有电流 i_B 流入晶体管基极，从而产生集电极电流 i_C。当 $u_{BE}<U_{BZ}$ 时晶体管截止，$i_C=0$。因此，集电极电流 i_C 呈现周期性余弦脉冲状，如图 3.5 所示。显然，i_C 的重复频率

也为 ω_i，可以用傅里叶级数展开为

$$i_C(t) = I_{C0} + I_{c1m}\cos\omega_i t + \cdots + I_{cnm}\cos n\omega_i t + \cdots \tag{3.7}$$

式中，I_{C0} 为集电极电流 i_C 的直流分量；I_{c1m} 为 i_C 的基波电流振幅；I_{cnm} 为 i_C 的 n 次谐波电流振幅。

由于 LC 回路调谐于高频输入信号频率 ω_i，在其品质因数较高的条件下，LC 回路就是一个窄带带通滤波器，对脉冲状失真电流 i_C 中的基波分量 $i_{c1} = I_{c1m}\cos\omega_i t$ 产生较大的压降 u_c，回路中的电感 L 对 i_C 的直流分量呈现很小的阻抗可视作短路，回路中的电容 C 对 i_C 的各高次谐波呈现很小的阻抗也可视作短路。若谐振回路的谐振电阻为 R_p，则功率放大器的输出电压为

$$u_c(t) = -R_p I_{c1m}\cos\omega_i t = -U_{cm}\cos\omega_i t \tag{3.8}$$

由于 i_C 是自下而上地流过输出回路的，则晶体管集电极与发射极之间的电压为

$$u_{CE}(t) = V_{CC} + u_c(t) = V_{CC} - U_{cm}\cos\omega_i t \tag{3.9}$$

将基波电流分量 i_{c1} 和集、射极之间电压 u_{CE} 的波形也画在图 3.5 中。显然，输出电压 u_c 与输入电压 u_{be} 的波形相同，实现了不失真放大的目的；在 i_C 达到最大值时，晶体管管压降 u_{CE} 为最小值，且在信号一周期内晶体管的导通角较小，故晶体管的功率损耗较小，即放大器的能量转换效率较高。

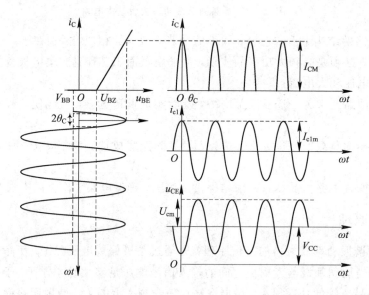

图 3.5　基本放大器的电压和电流波形

3.4.3　集电极余弦电流脉冲的分解

设图 3.5 中集电极尖顶余弦电流脉冲 i_C 的最大值为 I_{CM}，导通角为 θ_C，则

$$\omega_i t = 0 \text{ 时}, \ i_C = I_{CM} \tag{3.10}$$

$$\omega_i t = \theta_C \text{ 时}, \ i_C = 0 \tag{3.11}$$

将式(3.6)带入式(3.2)，得到晶体管工作于放大区时的集电极电流为

$$i_C = g_c(V_{BB} + U_{im}\cos\omega_i t - U_{BZ}) \tag{3.12}$$

将式(3.11)带入式(3.12)，得到 i_C 的导通角 θ_C 必满足

$$\cos\theta_C = \frac{U_{BZ} - V_{BB}}{U_{im}} \tag{3.13}$$

将式(3.13)与式(3.12)联立并消去 U_{BZ}，得

$$i_C = g_c U_{im}(\cos\omega_i t - \cos\theta_C) \tag{3.14}$$

将式(3.10)带入式(3.14)，得到 i_C 的最大值为

$$I_{CM} = g_c U_{im}(1 - \cos\theta_C) \tag{3.15}$$

式(3.13)和式(3.15)说明，晶体管的导通角 θ_C 和集电极电流峰值 I_{CM} 的大小只与输入回路有关。并且由式(3.15)、式(3.14)可得尖顶余弦电流脉冲的表达式为

$$i_C = \begin{cases} 0 & u_{BE} < U_{BZ} \\ I_{CM} \dfrac{\cos\omega_i t - \cos\theta_C}{1 - \cos\theta_C} & u_{BE} \geq U_{BZ} \end{cases} \tag{3.16}$$

$$= I_{CM}\alpha_0(\theta_C) + I_{CM}\alpha_1(\theta_C)\cos\omega_i t + \cdots + I_{CM}\alpha_n(\theta_C)\cos n\omega_i t + \cdots$$

其中，集电极电流 i_C 的直流分量为

$$I_{C0} = \frac{1}{2\pi}\int_{-\pi}^{\pi} i_C \, d(\omega_i t) = I_{CM}\frac{\sin\theta_C - \theta_C\cos\theta_C}{\pi(1 - \cos\theta_C)} = I_{CM}\alpha_0(\theta_C) \tag{3.17}$$

基波分量的振幅为

$$I_{c1m} = \frac{1}{2\pi}\int_{-\pi}^{\pi} i_C\cos\omega_i t \, d(\omega_i t) = I_{CM}\frac{\theta_C - \sin\theta_C\cos\theta_C}{\pi(1 - \cos\theta_C)} = I_{CM}\alpha_1(\theta_C) \tag{3.18}$$

n 次谐波分量的振幅为

$$I_{cnm} = \frac{1}{2\pi}\int_{-\pi}^{\pi} i_C\cos n\omega_i t \, d(\omega_i t) = I_{CM}\alpha_n(\theta_C) \tag{3.19}$$

称 $a_n(\theta_C)$ 为尖顶余弦电流脉冲的分解系数，它的数值只取决于导通角 θ_C 的大小。实际中，为了理论研究和工程应用的方便，将尖顶余弦电流脉冲的分解系数绘制成如图 3.6 形式的图表。这里，只给出了 $\alpha_0(\theta_C)$、$\alpha_1(\theta_C)$、$\alpha_2(\theta_C)$、$\alpha_3(\theta_C)$ 及波形系数 $g_1(\theta_C) = \alpha_1(\theta_C)/\alpha_0(\theta_C)$ 等与 θ_C 的关系。其中，波形系数是与放大器的效率密切相关的，将在后面讨论。在已知 θ_C 大小的情况下，可以通过图示曲线查到所需谐波分解系数以及波形系数的大小。

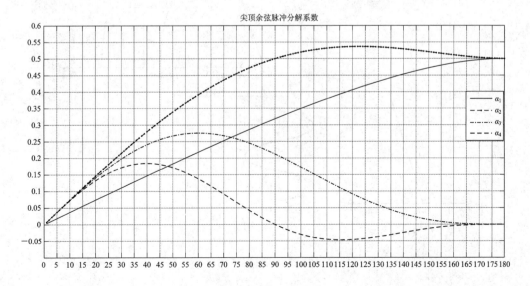

尖顶余弦脉冲分解系数

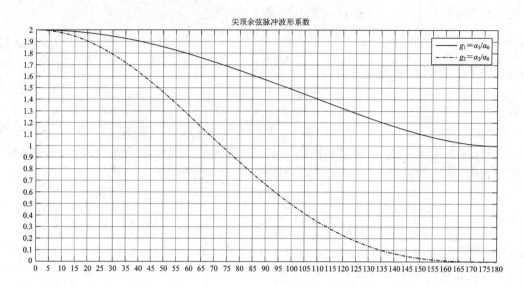

图 3.6　尖顶余弦脉冲的分解系数和波形系数

由图 3.6 可以看出：

（1）随着 θ_C 增大，$\alpha_0(\theta_C)$ 增大，$I_{C0} = I_{CM}\alpha_0(\theta_C)$ 增大，即集电极电流的直流分量并不是一个常数，说明 θ_C 不同，电路的静态工作点不同。

（2）$\theta_C \approx 120°$ 时 $\alpha_1(\theta_C)$ 达最大值 0.536，即集电极电流的基波分量达到最大；$\theta_C \approx 60°$ 时 $\alpha_2(\theta_C)$ 达最大值，即集电极电流的二次谐波分量达到最大；$\theta_C \approx 40°$ 时 $\alpha_3(\theta_C)$ 达最大值；在极端情况 $\theta_C \approx 0°$ 附近时 $g_1(\theta_C)$ 达最大值 2。

【例 3.1】　丙类谐振功率放大器电路如图 3.4 所示，偏置 $V_{BB} = 0.2$ V，输入信号 $u_i = 1.2\cos(\omega_i t)$V，回路调谐在输入信号频率上。晶体管的理想转移特性如图 3.7(a) 所示。试在转移特性上画出输入电压 u_i 和输出集电极电流 i_C 的波形。并求出电流 i_C 导通角 θ_C 及

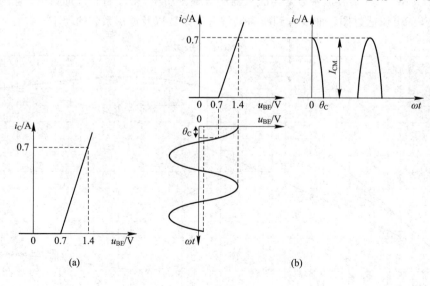

(a)　　　　　　　　　　　　　　(b)

图 3.7　例题 3.1 图

i_c 的直流分量 I_{C0}，基波分量的幅值 I_{c1m} 和 2 次谐波分量的幅值 I_{c2m}。若并联回路的谐振阻抗 $R_p = 50\ \Omega$，等效品质因数 $Q_L = 10$，试求放大器输出基波电压和二次谐波电压的大小。

解　由图 3.7(a)可知，晶体管的 $U_{BZ} = 0.7\ \text{V}$，$g_c = \dfrac{0.7-0}{1.4-0.7} = 1\ \text{S}$；由题知，$U_{im} = 1.2\ \text{V}$。故画出的输入电压与输出电流波形如图 3.7(b)所示，且 $I_{CM} = 0.7\ \text{A}$。集电极电流的导通角满足：

$$\cos\theta_C = \frac{U_{BZ} - V_{BB}}{U_{im}} = \frac{0.7-0.2}{1.2} = \frac{5}{12}$$

由上式解得 $\theta_C = 65.4°$。依据图 3.6 可查得，当 $\theta_C = 65.4°$ 时，$\alpha_0(\theta_C) \approx 0.23$，$\alpha_1(\theta_C) \approx 0.4$，$\alpha_2(\theta_C) \approx 0.27$。则集电极电流的各电流分量的幅度分别为

$$I_{C0} = I_{CM}\alpha_0(\theta_C) \approx 0.7 \times 0.23 = 0.161\ \text{A}$$

$$I_{c1m} = I_{CM}\alpha_1(\theta_C) = 0.7 \times 0.4 = 0.28\ \text{A}$$

$$I_{c2m} = I_{CM}\alpha_2(\theta_C) = 0.7 \times 0.27 = 0.189\ \text{A}$$

故，输出电压中基波成分的幅度为

$$U_{cm} = I_{c1m}R_p = 0.28 \times 50 = 14\ \text{V}$$

由于二次谐波 $\omega = 2\omega_0$ 时 LC 回路呈现的阻抗为

$$|Z|_{\omega=2\omega_0} = \frac{1}{\left|\dfrac{1}{R_p} + j\omega C + \dfrac{1}{j\omega L}\right|}\Bigg|_{\omega=2\omega_0} = \frac{R_p}{\left|1 + jQ_L\left(\dfrac{2\omega_0}{\omega_0} - \dfrac{\omega_0}{2\omega_0}\right)\right|} = \frac{50}{\sqrt{1 + \left[10\times\left(2 - \dfrac{1}{2}\right)\right]^2}} = 3.33\ \Omega$$

于是，此时输出电压的二次谐波幅度为

$$U_{c2m} = I_{c2m}|Z|_{\omega=2\omega_0} = 0.189 \times 3.33 = 0.63\ \text{V}$$

3.4.4　主要技术指标估算

1. 输出功率

通过上面的分析，可知图 3.4 中功率放大电路提供给负载的信号功率，也就是谐振电阻上所能得到的不失真高频功率，即高频一周的平均功率为

$$P_o = \frac{1}{2}U_{cm}I_{c1m} = \frac{1}{2}\frac{u_{cm}^2}{R_p} = \frac{1}{2}I_{c1m}^2 R_p = \frac{1}{2}I_{CM}^2\alpha_1^2(\theta_C)R_p \tag{3.20}$$

由此式可知，为了提高输出功率，需增大基波电流的分解系数 $\alpha_1(\theta_C)$ 的值。由图 3.6 可知，$\theta_C = 120°$ 时 $\alpha_1(\theta_C)$ 达到最大，此时工作方式为甲乙类。因此，放大器以丙类方式工作时并不是输出功率最大。

2. 效率

由于直流电源 V_{CC} 提供功率为

$$P_{DC} = V_{CC}I_{C0} \tag{3.21}$$

则功率放大电路的高频输出功率与直流电源供给功率的比值，即集电极效率为

$$\eta_C = \frac{P_o}{P_{DC}} = \frac{1}{2}\frac{U_{cm}}{V_{CC}}\frac{I_{c1m}}{I_{c0}} = \frac{1}{2}\xi \cdot g_1(\theta_C) \tag{3.22}$$

式中，$\xi = U_{cm}/V_{CC}$ 称为集电极电压利用系数，$g_1(\theta_C) = I_{c1m}/I_{C0} = \alpha_1(\theta_C)/\alpha_0(\theta_C)$ 称为集电

极电流利用系数(又称波形系数)。由式(3.22)可以看出,欲提高放大器的效率,应尽可能选择大的 ξ 和 $g_1(\theta_C)$。

ξ 的提高,就是要提高 U_{cm},这通常是通过提高 R_p 来实现。

在 $\xi=1$ 的理想条件下,甲类放大器的 $\theta_C=180°$, $g_1(180°)=1$,故甲类放大器的理想效率为 $\eta_C=50\%$;乙类放大器的 $\theta_C=90°$, $g_1(90°)=1.57$,乙类放大器的理想效率为 $\eta_C=78.5\%$;丙类放大器的 $\theta_C<90°$, $g_1(\theta_C)>1.57$,丙类放大器的理想效率 $\eta_C>78.5\%$,且 θ_C 越小 η_C 越大。

谐振功率放大器在谐振电阻一定的条件下,$\theta_C=120°$时输出功率最大,而 $\theta_C=1°\sim15°$时效率最高。在实际应用中,为了兼顾高的输出功率和高的集电极效率,通常取 $\theta_C=60°\sim80°$。

3. 集电极损耗功率

由于流过晶体管的集电极电流为 i_C,而管压降为 u_{CE},集电极损耗功耗可以表示为

$$P_C=\frac{1}{2\pi}\int_0^{2\pi} i_C u_{CE} \mathrm{d}(\omega_i t)=P_{DC}-P_o \tag{3.23}$$

因此,集电极电流与管压降的乘积 $i_C u_{CE}$ 越小,导通角 θ_C 越小,则 P_C 越小,传输效率 η_C 就越高。

4. 功率增益

图 3.4 所示电路中输入高频信号源的功率为

$$P_i=\frac{1}{2}U_{im}I_{b1m}=\frac{1}{2}U_{im}I_{BM}\alpha_1(\theta_C)=\frac{1}{2}U_{im}\alpha_1(\theta_C)\frac{I_{CM}}{\beta} \tag{3.24}$$

因此,高频输出功率与高频输入功率的比值即高频功率放大器的功率增益为

$$A_p=\frac{P_o}{P_i}=\beta\frac{U_{cm}}{U_{im}} \tag{3.25}$$

5. 谐波抑制度和非线性失真

谐波抑制度是对非线性高频功率放大器而言的,是指谐振回路选频特性的好坏,一般来说希望谐振回路的矩形系数接近于1,即集电极电流经谐振回路处理后,负载所获得的谐波分量相对于基波分量越小越好。

由于功率放大电路是在大信号下工作,功率放大管的非线性特性不可避免地会使集电极电流中出现谐波分量而呈现非线性失真,而且同一功放管输出功率越大,非线性失真往往越严重,这就使输出功率和非线性失真成为一对主要矛盾。但是,在不同场合下,对非线性失真的要求不同,例如,在测量系统和电声设备中,非线性失真的问题显得重要,而在工业控制系统等场合中,则以输出功率为主要目的,对非线性失真的要求就降为次要问题了。

【例3.2】 图 3.4 的丙类谐振功率放大器工作于临界状态,已知晶体管的参数 $g_c=10\mathrm{mS}$、$U_{BZ}=0.5$ V、饱和临界线的斜率 $g_{cr}=6.94$ mS,集电极直流电源电压 $V_{cc}=24$ V,基极直流电源电压 $V_{BB}=-0.5$ V,基极激励电压振幅 $U_{im}=2$ V,试求:(1)集电极电流的导通角 θ_C;(2)输出电压振幅 U_{cm};(3)直流电源 V_{CC} 的输入功率 P_{DC};(4)电路的高频输出功率 P_o;(5)电路的集电极效率 η_C;(6)输出回路谐振电阻 R_p。

解　（1）由

$$\cos\theta_C = \frac{U_{BZ}-V_{BB}}{U_{im}} = \frac{0.5-(-0.5)}{2} = 0.5$$

可解得集电极电流的导通角 $\theta_C = 60°$，查图 3.6 得 $\alpha_0(60°)=0.218$，$\alpha_1(60°)=0.391$。

由于 $I_{CM} = g_c U_{im}(1-\cos\theta_C) = 10\times10^{-3}\times2\times(1-0.5) = 10\times10^{-3}\,\text{A} = 10\ \text{mA}$，则

$$I_{C0} = I_{CM}\alpha_0(\theta_C) = 10\times0.218 = 2.18\ \text{mA}$$

$$I_{c1m} = I_{CM}\alpha_1(\theta_C) = 10\times0.391 = 3.91\ \text{mA}$$

（2）由于放大器工作于临界状态，集电极电流的最大值必满足 $I_{CM} = g_{cr}(V_{CC}-U_{cm})$，解得输出电压振幅为

$$U_{cm} = V_{CC} - \frac{I_{CM}}{g_{cr}} = 24 - \frac{10\times10^{-3}}{6.94\times10^{-3}} = 22.56\ \text{V}$$

（3）直流电源 V_{CC} 的输入功率为

$$P_{DC} = V_{CC}I_{C0} = 24\times2.18 = 52.32\ \text{mW}$$

（4）高频输出功率为

$$P_o = 0.5U_{cm}I_{c1m} = 0.5\times22.56\times3.91 = 44.10\ \text{mW}$$

（5）集电极效率为

$$\eta_C = \frac{P_o}{P_{DC}} = \frac{44.10}{52.32} = 84.3\%$$

（6）输出回路谐振电阻为

$$R_p = \frac{U_{cm}}{I_{c1m}} = \frac{22.56}{3.91\times10^{-3}} = 5769.8\ \Omega$$

3.4.5　动态分析

高频功率放大器只能在一定条件下对其性能进行估算，要达到设计要求还需要对高频功率放大器进行调整来实现。为了准确地使用和调整，需要了解电源电压 V_{CC} 和 V_{BB}、输入信号和负载等外界因素对放大器性能的影响。故需要先了解放大器的动态特性。

在高频功率放大电路参数确定，即电源电压 V_{CC} 和 V_{BB}、晶体管、输入信号振幅 U_{im} 和谐振回路的谐振电阻 R_p 一定的条件下，集电极电流 i_C 与基-射电压 u_{BE} 和集-射电压 u_{CE} 的关系 $i_C = f(u_{BE},u_{CE})$ 称为放大器的动态特性。

1. 动态特性曲线

当放大器谐振于高频输入信号的中心频率时，$u_{CE} = V_{CC}-U_{cm}\cos\omega_i t$，将它与 $u_{BE} = V_{BB}+U_{im}\cos\omega_i t$ 联立，并消去时变部分 $\cos\omega_i t$，得到

$$u_{BE} = V_{BB} + \frac{U_{im}}{U_{cm}}(V_{CC}-u_{CE}) \tag{3.26}$$

将此式代入晶体管的理想正向传输特性，得到晶体管工作于放大区时动态特性方程为

$$i_C = g_c\left[V_{BB}+\frac{U_{im}}{U_{cm}}(V_{CC}-u_{CE})-U_{BZ}\right] = -g_c\frac{U_{im}}{U_{cm}}\left[u_{CE}-(V_{CC}-U_{cm}\cos\theta_C)\right] \tag{3.27}$$

$$= g_d(u_{CE}-U_0),\quad u_{BE}\geqslant U_{BZ}$$

式中，$g_d = -g_c\dfrac{U_{im}}{U_{cm}}$，$U_0 = V_{CC}-U_{cm}\cos\theta_C$。式（3.27）表明，当 $u_{BE}\geqslant U_{BZ}$ 时，晶体管导通，

其动态特性为斜率 $g_d < 0$、截距 $U_0 > 0$ 的一条直线。其物理意义是：从负载方面看来，动态时的放大器相当于一个负电阻，亦即放大器相当于交流电能发生器，可以输出电能至负载。

根据电路的已知条件，可采用截距法或虚拟电流法在晶体管的理想化输出特性曲线族上画出动态特性曲线。

采用截距法作动态特性曲线的步骤具体如下：

（1）绘制晶体管的输出特性曲线；

（2）在 u_{CE} 轴上取截距 $u_{CE} = U_0$，得动态特性曲线的 B 点。

（3）通过 B 点作斜率为 g_d 的直线，它与直线 $u_{BEmax} = V_{BB} + U_{im}$ 的交点为 A 点。

（4）A 点在 u_{CE} 轴上的投影 $u_{CEmin} = V_{CC} - U_{cm}$；

（5）在 u_{CE} 轴上以 V_{CC} 为中心作 A 点的对称点 C（即 C 点值为 $u_{CEmax} = V_{CC} + U_{cm}$）。

则折线 $AB - BC$ 为动态特性曲线。图 3.8(a)所示为采用截距法所作的动态特性曲线图。由图 3.8(b)可以看出，输入信号 u_{be} 变化一周（即 u_{BE} 按序号由①到⑤），动态特性从 $A \to B \to C \to B \to A$ 变化一周，对应的 i_C 和 u_{CE} 波形如图 3.8(b)中所示。

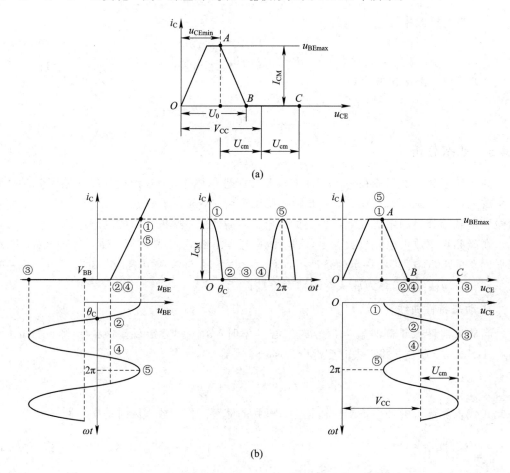

图 3.8　截距法作动态特性曲线

采用虚拟电流法作动态特性曲线的步骤具体如下：

（1）作直线 $u_{CE}=V_{CC}$ 和直线 $i_C=g_c(V_{BB}-U_{BZ})$，两线的交点为 Q 点（即动态特性曲线 AB 段的延长线与直线 $u_{CE}=V_{CC}$ 的交点）；

（2）由 $u_{CEmax}=V_{CC}+U_{cm}$ 和 $u_{CEmin}=V_{CC}-U_{cm}$ 确定的交点为动态特性曲线的 A 点；

（3）连接 AQ，它与 u_{CE} 轴的交点即为动态特性曲线的 B 点；

（4）在 u_{CE} 轴上截取 $u_{CEmax}=V_{CC}+U_{cm}$ 得 C 点。

折线 $AB-BC$ 为动态特性曲线。图 3.9 所示为采用虚拟电流法作出的动态特性曲线的示意图。

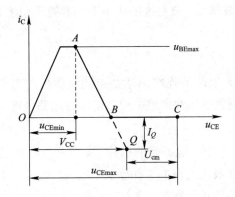

图 3.9　采用虚拟电流法作动态特性曲线

2. 工作状态

谐振功率放大器处于丙类或乙类放大时，在输入信号激励的一周期内，按动态特性曲线是否进入晶体管特性曲线的饱和区来将其划分为欠压状态、临界状态和过压状态三种工作状态。

图 3.10 给出了谐振功率放大器三种不同工作状态的动态特性、集电极电流波形和输出电压波形。在电路参量 g_c、U_{BZ}、V_{CC}、V_{BB}、U_{im} 不变的条件下，随着输出电压振幅 U_{cm} 的不同，谐振功率放大器的动态特性是有差别的。设谐振功率放大器的动态特性如图 3.10 中的折线①所示（即折线 A_1B_1 和 B_1C_1 的组合），A_1 点位于放大区内，说明晶体管始终工作在放大区和截止区内，集电极电流 i_C 为尖顶余弦脉冲，称放大器此时的工作状态为欠压状态，这时 U_{cm} 较小。当某种原因导致 U_{cm} 增大，动态线斜率变小，动态线顶点 A_2 位于饱和

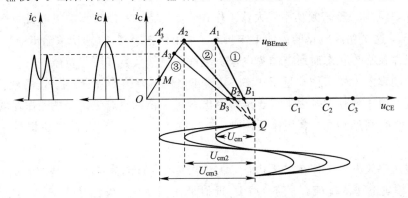

图 3.10　高频功率放大器的三种工作状态

临界线上时，动态特性曲线如图 3.10 中折线 A_2B_2 和 B_2C_2 的组合②，这时 i_C 仍为尖顶的，只是幅度比欠压状态时略小一些，称放大器此时的工作状态为临界状态。若 U_{cm} 进一步增大，使得动态特性曲线与 u_{BEmax} 对应的静态特性曲线的交点 A_3' 位于饱和区内，这时放大器实际的动态特性曲线在到达临界点 A_3 后、将沿临界线下降到 M 点，即图 3.10 中的折线 MA_3、A_3B_3 和 B_3C_3 组合成的曲线③，因此 i_C 成为凹顶状，称放大器此时的工作状态为过压状态。

对于欠压和临界状态，集电极电流 i_C 均为尖顶余弦脉冲状，其直流分量和基波分量均可按尖顶余弦脉冲分解系数求得。但在过压状态下，不能采用尖顶脉冲分解系数法，常采用定性分析。

3. 外部特性分析

丙类高频谐振功率放大电路的外部特性是指放大器性能随电路的外部参数如负载电阻、输入电压幅值、基极偏置电压和集电极偏置电压等电路外部参数变化的规律。

1）负载特性

在参量 g_c、U_{BZ}、V_{CC}、V_{BB}、U_{im} 一定的条件下，改变负载电阻（即改变谐振回路的谐振电阻 R_p 的数值），高频功率放大电路的工作状态、电流、电压、功率和效率随 R_p 变化的关系，称为高频功率放大电路的负载特性。

由于参量 g_c、U_{BZ}、V_{CC}、V_{BB}、U_{im} 不变，随着 R_p 逐渐增大，高频功率放大电路的动态特性曲线的斜率 g_d 减小，工作状态逐渐由欠压状态变到临界状态，然后进入过压状态，相应各输出参数变化规律如图 3.11 所示。

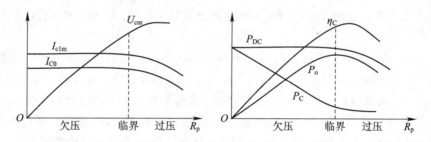

图 3.11　高频功率放大器的负载特性

由图 3.11 可知，若高频功率放大器工作在临界状态，能以较高的集电极效率 η_c 输出较大的功率 P_o，这是功放电路的最佳工作状态，常用作末级功放（即功率输出级）。通常将功率放大器工作在临界状态时所需的集电极负载称为最佳负载或临界负载。

若高频功率放大器工作在过压状态，其输出电压的幅值 U_{cm} 随负载 R_p 的变化较小，进而使功放具有恒压特性，多用于需要维持输出电压平稳的场合。尤其是工作在弱过压状态的功放，效率 η_c 可达最高，常用作缓冲级、中间放大级，向后级功放电路提供比较稳定的激励电压。

若高频功率放大器工作在欠压状态，集电极电流的直流分量 I_{C0}、基波分量的幅值 I_{c1m} 基本不变，输出电压的幅值 U_{cm} 随负载 R_p 近似呈比例变化，输出功率 P_o、集电极效率 η_c 都较小，而集电极损耗功率 P_C 较大。因此，作为功率放大使用时，很少采用欠压状态，并且在谐振功率放大电路的调整中应避免负载短路（$R_p = 0$ 时 P_C 最大，有可能使晶体管烧毁），但在某些场合，可以用作恒流源。

2）放大特性

在参量 g_c、U_{BZ}、V_{CC}、V_{BB}、R_p 一定的条件下，改变输入信号的幅值 U_{im}，高频功率放大电路的工作状态、电流、电压、功率和效率随 U_{im} 变化的关系，称为高频功率放大电路的放大特性。

图 3.12 给出了不同 U_{im} 对应的动态特性。由于参量 g_c、U_{BZ}、V_{CC}、V_{BB}、R_p 不变，随着 U_{im} 逐渐增大，$\cos\theta_C$ 逐渐减小，θ_C 逐渐增大，动态特性曲线的斜率 g_d 减小，工作状态逐渐由图 3.12 中曲线①的欠压状态变到曲线②的临界状态；当 U_{im} 继续增大，这时 i_C 将变为凹顶脉冲，U_{cm} 的变化很小，g_d 将随 U_{im} 的增大而略增，工作状态将进入曲线③的过压状态。相应各输出参数的变化曲线如图 3.13 所示。

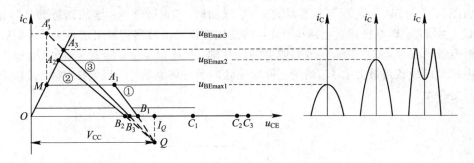

图 3.12　改变 Uim 对工作状态的影响

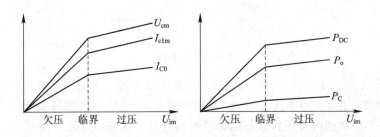

图 3.13　高频功率放大器的放大特性

由图 3.13 可知，丙类高频功率放大电路工作于欠压状态时，输出电压的幅值 U_{cm} 跟随输入信号幅值 U_{im} 的变化而近似线性变化，因而可以用作线性功率放大器，以获得非线性失真最小的有用输出信号。若功放工作在过压状态时，输出电压的幅值 U_{cm} 几乎不随输入信号的幅值 U_{im} 变化，因此可以用作限幅器。

3）调制特性

在参量 g_c、U_{BZ}、U_{im}、R_p 一定的条件下，改变偏置电源电压 V_{CC} 或 V_{BB}，高频功率放大电路的性能随 V_{CC} 或 V_{BB} 变化的关系，称为高频功率放大电路的调制特性。

在 g_c、U_{BZ}、U_{im}、R_p、V_{CC} 一定的条件下，高频功率放大电路的性能随 V_{BB} 变化的关系称为基极调制特性。当 V_{BB} 逐渐增大（即从负电压向 U_{BZ} 接近）时，动态特性的变化如图 3.14 所示，工作状态由曲线①的欠压至曲线②的临界，然后进入曲线③的过压。相应各输出参

数随 V_{BB} 变化的关系如 3.15 所示。

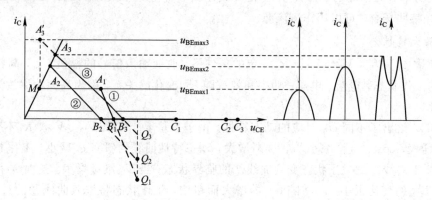

图 3.14　改变 V_{BB} 对工作状态的影响

由图 3.15 可知，在欠压至临界状态，V_{BB} 增加时，I_{c1m} 随着 V_{BB} 增加而近似线性增加，因而 U_{cm} 也增加，即基极偏置电源电压 V_{BB} 的变化规律可以转移到输出信号上，这是后续利用基极电源电压 V_{BB} 的改变来实现振幅调制的基础。过压状态中，随着 V_{BB} 向 U_{BZ} 靠近，集电极电流呈凹顶状且最大值 I_{CM} 略增、但凹顶脉冲的分解系数小，因而 I_{C0} 和 I_{c1m} 随着 V_{BB} 增加只是缓增。

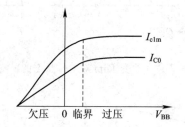

图 3.15　高频功率放大器的基极调制特性

在 g_c、U_{BZ}、U_{im}、R_p、V_{BB} 一定的条件下，高频功率放大电路的性能随 V_{CC} 变化的关系称为集电极调制特性。只改变 V_{CC} 的值，动态特性曲线相对于原来只是产生平移。当增大时，放大器的工作状态由欠压状态到临界状态再到过压状态，如图 3.16 所示。相应各输出参数随 V_{CC} 变化的关系 3.17 所示。

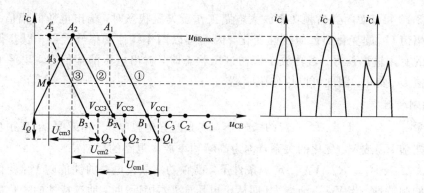

图 3.16　改变 V_{CC} 对工作状态的影响

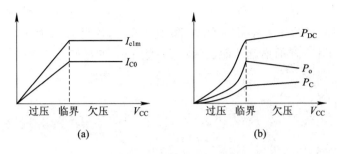

图 3.17 高频功率放大器的集电极调制特性

由图 3.17 可知,在过压区,V_{CC} 增大时,I_{c1m} 和 U_{cm} 具有随着 V_{CC} 的增大而近似线性增大的特性,即 V_{CC} 的变化可以转移到输出信号上,这是后续利用集电极电源电压实现振幅调制的基础。

以上的讨论对谐振功率放大器的调试有着非常重要的指导意义。例如:一个工作在临界状态的丙类谐振功率放大器,在调试时发现输出功率 P_o 和极电极效率 η_C 均达不到设计要求。这时,若增大 R_p 能使 P_o 增大,则根据负载特性可以断定放大器实际工作在欠压状态,在这种情况下,若分别增大 R_p、V_{BB}、U_{im} 或同时两两增大,可使放大器由欠压进入临界,P_o 和 η_C 同时增长。若增大 R_p 反而使 P_o 减小,则根据负载特性可以断定放大器实际工作在过压状态,在这种情况下,增大 V_{CC} 的同时适当增大 R_p、U_{im} 或 V_{BB},可以增大 P_o 和 η_C。但在 V_{CC} 增大时,必须结合电路中各元器件的极限参数来确定 V_{CC} 增大时的上限,确保放大器能安全工作。

还可通过改变 V_{CC}、V_{BB}、U_{im} 来判断放大器的工作状态,只是改变 R_p 的方法较为普遍。特别要注意的是,无论采用改变哪种电量判断放大器的工作状态或调整 P_o 和效率 η_C 时,都应保证 LC 选频回路谐振在工作频率上。

4. 调谐特性

在前面的分析中,都是假定 LC 选频回路调谐于输入有用信号的中心频率。在实际的谐振功率放大器的使用过程中,需要通过调节电容 C 来对选频回路进行调谐。谐振功率放大器的电流、电压随 C 值变化的特性称为调谐特性。这个调谐特性可指示放大器是否工作于谐振状态。

当选频回路失谐时,回路必将呈现感性(或容性),且等效阻抗的模值 $|Z|_{\omega \neq \omega_0}$ 减小(即 $|Z|_{\omega = \omega_0} = R_p$),因而放大器的工作状态会发生变化。若放大器原谐振于临界状态,当选频回路失谐时,等效阻抗模值减小(相当于负载值减小),放大器将进入欠压工作状态,且集电极电流的分量 I_{c1m} 和 I_{c0} 略增,但输出电压幅度 U_{cm} 将随等效阻抗模值的减小而减小。因此,可以通过调节 C 使 U_{cm} 达到最大值来指示放大器回到原临界工作状态。即可利用 U_{cm} 的变化来指示放大器的调谐过程。

由于放大器在失谐时,U_{cm} 下降但 I_{c1m} 和 I_{c0} 略增,导致直流功率略增、输出功率下降、集电极功耗增加,因此谐振功率放大器必须保持在谐振状态且调谐过程要迅速。在实际调谐时,可通过降低集电极直流电源 V_{CC} 或减小输入信号的幅度 U_{im} 等措施以避免调谐过程中的晶体管损坏。

【例 3.3】 有一谐振功率放大器,已知晶体管的 $g_c = 2000$ mS 和 $U_{BZ} = 0.5$ V,$V_{CC} = 12$ V,谐振回路谐振电阻 $R_p = 130$ Ω,集电极效率 $\eta_C = 74.6\%$,输出功率 $P_o = 500$ mW,

且工作于欠压状态。试求：（1）U_{cm}、θ_C、I_{clm}、I_{C0}、I_{CM}；（2）为了提高效率 η_C，在保持 V_{CC}、R_p、P_o 不变的条件下，将导通角 θ_C 减小到 $60°$，计算对应于 $\theta_C=60°$ 的 I_{clm}、I_{C0}、I_{CM}、η_C；（3）采用什么样的措施才能达到将 θ_C 变为 $60°$ 的目的？

解　（1）由 $P_o=0.5\dfrac{U_{cm}^2}{R_p}$ 可得

$$U_{cm}=\sqrt{2P_oR_p}=\sqrt{2\times0.5\times130}=11.4\ \text{V}$$

由 $\eta_C=0.5\dfrac{U_{cm}}{V_{CC}}g_1(\theta_C)$ 可得

$$g_1(\theta_C)=\frac{2\eta_C}{U_{cm}}V_{CC}=\frac{2\times0.746\times12}{11.4}=1.57$$

查图 3.6，得 $\theta_C=90°$，$\alpha_0(90°)=0.319$，$\alpha_1(90°)=0.500$，则

$$I_{clm}=\frac{U_{cm}}{R_p}=\frac{11.4}{130}=87.69\ \text{mA}$$

$$I_{CM}=\frac{I_{clm}}{\alpha_1(90°)}=\frac{87.69}{0.500}=175.38\ \text{mA}$$

$$I_{C0}=I_{CM}\alpha_0(90°)=175.38\times0.319=55.95\ \text{mA}$$

（2）若 V_{CC}、R_p、P_o 不变，$\theta_C=60°$，由于 R_p、P_o 不变，则 U_{cm} 不变，I_{clm} 不变，则

$$\eta_C\Big|_{\theta_C=60°}=0.5\frac{U_{cm}}{V_{CC}}g_1(60°)=0.5\times\frac{11.4}{12}\times1.8=85.5\%$$

$$I_{clm}=87.69\ \text{mA}$$

$$I_{CM}=\frac{I_{clm}}{\alpha_1(60°)}=\frac{87.69}{0.391}=224.27\ \text{mA}$$

$$I_{C0}=I_{CM}\alpha_0(60°)=224.27\times0.218=48.89\ \text{mA}$$

（3）在保持 V_{CC}、R_p、P_o 不变的条件下，要将 $\theta_C=90°$ 改为 $\theta_C=60°$，它应满足的条件是 I_{clm} 不变，且 $I_{CM}\Big|_{\theta_C=90°}=175.38\ \text{mA}$，$I_{CM}\Big|_{\theta_C=60°}=224.27\ \text{mA}$。

由于 $I_{CM}|_{\theta_C=90°}=g_cU_{im}|_{\theta_C=90°}(1-\cos90°)$，所以

$$U_{im}|_{\theta_C=90°}=\frac{I_{CM}|_{\theta_C=90°}}{1-\cos90°}=\frac{175.38}{2000}=0.08769\ \text{V}=87.69\ \text{mA}$$

由 $\cos\theta_C=\dfrac{U_{BZ}-V_{BB}}{U_{im}}$，得 $V_{BB}=U_{BZ}-U_{im}\cos\theta_C$，故

$$V_{BB}|_{\theta_C=90°}=U_{BZ}=0.5\ \text{V}$$

由于 $I_{CM}|_{\theta_C=60°}=g_cU_{im}|_{\theta_C=60°}(1-\cos60°)$，所以

$$U_{im}|_{\theta_C=60°}=\frac{I_{CM}|_{\theta_C=60°}}{g_c(1-\cos60°)}=\frac{224.27}{2000\times(1-0.5)}=0.22427\ \text{V}=224.27\ \text{mV}$$

可得

$$V_{BB}|_{\theta_C=60°}=U_{BZ}-U_{im}|_{\theta_C=60°}\cos60°=0.5-0.5\times0.22427=0.112135\ \text{V}=112.135\ \text{mV}$$

因此，若要保持 V_{CC}、R_p、P_o 不变将 θ_C 由 $90°$ 变为 $60°$，则 U_{im} 由 $87.89\ \text{mV}$ 变为 $244.27\ \text{mV}$，而 V_{BB} 由 $500\ \text{mV}$ 变为 $112.135\ \text{mV}$。

【例 3.4】　实测一谐振功放，发现 P_o 仅为设计值的 20%，I_{C0} 却略大于设计值。试问该

功放工作于什么状态? 如何调整才能使 P_o 和 I_{C0} 接近于设计值?

解　该功放工作在欠压状态。

由于造成功放工作在欠压状态的原因可能有几种情况, 因此必须根据具体情况进行调整。若负载偏小, 增大 R_p; 若静态工作点偏低, 可提高 V_{BB}; 若激励信号不足, 可增大 U_{im}。

【例 3.5】　某丙类谐振功率放大器工作于临界状态, 已知功率管的转移特性曲线的斜率 $g_c=0.85S$, 并且 $U_{BZ}=0.5$ V, $\theta_C=70°$, 直流电源 $V_{BB}=-1$ V、$V_{CC}=24$ V, 电源电压利用系数 $\xi=0.9$, LC 谐振回路的 $Q_0=100$、$Q_L=10$。试求: (1) 集电极输出功率 P_o 和负载所获得的功率 P_L; (2) 若负载增加一倍, 功率放大器的工作状态如何变化? (3) 若调节回路时不慎失谐, 将会有何危险? 应如何避免?

解　(1) 由 $\cos\theta_C=\dfrac{U_{BZ}-V_{BB}}{U_{im}}$ 得

$$U_{im}=\frac{U_{BZ}-V_{BB}}{\cos\theta_C}=\frac{0.5+1}{0.342}=4.39 \text{ V}$$

由于 $I_{CM}=g_cU_{im}(1-\cos\theta_C)=0.85\times4.39\times(1-0.342)\approx2.46$ A, 则

$$I_{c1m}=I_{CM}\alpha_1(70°)=2.46\times0.436=1.07 \text{ A}$$
$$U_{cm}=V_{CC}\xi=24\times0.9=21.6 \text{ V}$$

故集电极输出功率为

$$P_o=0.5U_{cm}I_{c1m}=0.5\times21.6\times1.07=11.56 \text{ W}$$

由于 $P_o=\dfrac{0.5U_{cm}^2}{R_p}$, $P_L=\dfrac{0.5U_{cm}^2}{R_L}=P_o\left(\dfrac{R_p}{R_L}\right)$, 且由 $Q_L=\dfrac{R_p}{\omega_0 L}$, $Q_0=\dfrac{R_0}{\omega_0 L}$, $R_p=R_L /\!/ R_0$ 可解得

$$\frac{R_p}{R_L}=1-\frac{Q_L}{Q_0}$$

从而得到负载所获得的功率为

$$P_L=P_o\left(1-\frac{Q_L}{Q_0}\right)=11.56\times\left(1-\frac{10}{100}\right)\approx10.4\text{W}$$

(2) 若负载增加一倍, 即 LC 谐振回路的谐振电阻 R_p 增大, 由负载特性可知, 功率放大器的工作状态将由原来的临界状态进入到过压状态。

(3) 若调节回路时不慎失谐, 将会导致集电极电流的最大值 I_{CM} 增大且与 u_{CEmin} 不在同一时间点对应出现, 因此功率管的管耗增大, 可能出现功率管烧毁。为了避免出现这种情况, 在调节输出回路时, 可先降低输入信号的幅度, 再调节回路到谐振, 最后将输入信号的幅度增加到满载值。

在工程实践中, 常采用上述折线近似估算法和实验调整相结合的方法对丙类谐振功放进行分析和计算。对丙类谐振功放的近似估算的关键是求出集电极电流的直流分量 I_{C0} 和基波分量 I_{c1m}。折线法分析过程可以概括为四步:

① 测出晶体管的转移特性曲线 i_C-u_{BE} 和输出特性曲线 i_C-u_{CE}、u_{BE}, 并作理想折线化处理;

② 作出动态特性曲线;

③ 根据激励电压 u_i 的大小在理想特性曲线上画出对应集电极电流 i_C 和输出电压 u_o 的波形;

④ 求出集电极电流的各次谐波分量 I_{C0}、I_{c1m} 等,由给定的负载阻抗求得功放的输出电压 u_o、输出功率 P_o 和效率 η_C 等指标。

3.4.6　直流馈电电路

要想使高频功率放大器正常工作,晶体管各电极必须有相应的直流馈电电源。直流馈电电路需提供丙类功率放大器所需的正常偏置,以保证其能工作于丙类状态,包括集电极馈电电路和基极馈电电路。无论哪种馈电方式,都应遵循以下原则:

(1) 直流电流是产生能量的源泉,它由电源经管外电路输至晶体管,应该是除了晶体管外,没有其他电阻消耗能量;

(2) 高频基波分量 i_{c1} 只应通过负载回路,以产生所需要的高频输出功率,即 i_{c1} 的路径是晶体管集电极和负载,其余部分应呈现短路效应;

(3) 高频谐波分量 i_{cn} 是"副产品",不应消耗功率,管外电路都应呈现短路效应。

(4) 直流、交流有各自的通路,互不干扰。

1. 集电极馈电电路

集电极回路由直流电源、选频回路和晶体管输出端三部分组成。它们的连接方式有串联和并联两种。

如图 3.18(a)所示,晶体管输出端、负载回路和直流电源以串联形式相联,称为集电极串联馈电电路。图中,大电感 L_c 和大电容 C_c 均是辅助元件。其中,L_c 是高频扼流圈,实现对高频交流相当于开路、对直流相当于短路的功能;C_c 是高频旁路电容,实现对高频交流相当于短路、对直流相当于开路的功能。于是,集电极电流的直流分量 I_{C0} 被谐振回路线圈 L 短路、只流过集电极电源 V_{CC} 和晶体管;基波分量 i_{c1} 只流过谐振回路的谐振电阻 R_p 和晶体管;高次谐波分量 i_{cn} 被谐振回路电容 C 短路、只流过晶体管。这样,直流电流和高频电流各有自己的通路,使晶体管正常工作。此结构的优点是 L_c 和 C_c 均处于高频地电位,它们对地的分布电容不会影响到选频回路的谐振频率。缺点是 LC 选频回路处于直流高电位,使得在对回路进行调谐时感应大、不安全且安装、调整不方便。这种电路适合于工作频率较高的场合。

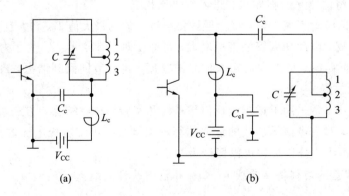

(a)　　　　　　　　　　　(b)

图 3.18　集电极馈电电路

如图 3.18(b)所示,晶体管输出端、负载回路和直流电源以并联形式相联,称为集电极并联馈电电路。图中,高频扼流圈 L_c 仍是阻止高频交流流入集电极电源 V_{CC};电容 C_{c1} 进一步防止高频交流流入集电极电源 V_{CC};电容 C_c 防止电源 V_{CC} 短路。于是,集电极电流的直流分量 I_{C0} 被电容 C_c 开路、被高频扼流圈 L_c 短路,只流过集电极电源 V_{CC} 和晶体管;基波分量 i_{c1} 被高频扼流圈 L_c 开路、被电容 C_c 短路,只流过谐振回路的谐振电阻 R_p 和晶体管;高次谐波分量 i_{cn} 被高频扼流圈 L_c 开路、被电容 C_c 和谐振回路电容 C 短路、只流过晶体管。这样,直流电流和高频电流各有自己的通路,使晶体管正常工作。其优点是 LC 选频回路处于直流地电位,L 与 C 元件可以接地,安装、调谐方便。缺点是辅助元件 L_c 和 C_{c1} 均处于高频高电位,使馈电支路分布参数直接影响 LC 回路的谐振频率,同时电路较为复杂。所以,并联馈电形式适合于工作频率较低的场合。

集电极串馈、并馈电路形式不同,但它们的主要作用都是完成馈送电源 V_{CC},使放大器的直流电流和交流电流各有自己的通路,且 $u_{CE}=V_{CC}-U_{cm}\cos\omega_i t$。

2. 基极馈电电路

基极馈电电路也有串联和并联两种形式。但基极的负偏压既可以是外加的(称为外加偏置),也可以由基极直流电流或发射极直流电流流过电阻产生(称为自给偏置)。图 3.19(a)是外加偏置的串联馈电形式;图 3.19(b)是外加偏置的并联馈电形式;图 3.19(c)是利用输入信号电压产生的基极电流的直流分量 I_{B0} 在基极电阻 R_b 上的压降作为自给负偏压,称作基极自给偏压;图 3.19(d)是利用发射极电流的直流分量 I_{E0} 在电阻 R_e 上的压降作为自给负偏压,称作发射极自给偏压(这种方式有利于放大器工作状态的稳定);图 3.19(e)是利用基极电流的直流分量 I_{B0} 在基极扩散电阻 $r_{bb'}$ 以及高频扼流圈 L_b 的直流电阻上的压降作为自给负偏压,称作零偏压(此种方式产生的偏置电压很小、且不够稳定,一般只在接近乙类工作时采用)。通常在功率放大器输出功率大于 1 W 时,常采用自给偏置电路。

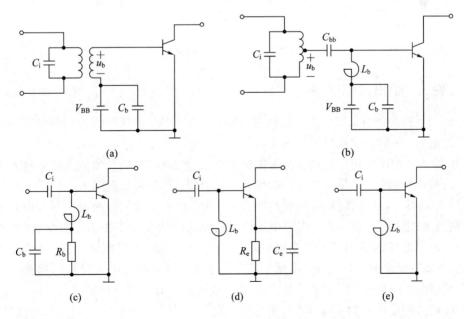

图 3.19 基极馈电电路

【例 3.6】 改正图 3.20(a)电路中的错误，不得改变馈电形式，重新画出正确的线路。

解　第一级放大器的基极回路中，应加高频扼流圈和滤波电容以阻止输入的交流信号流过直流电源；第一级放大器的集电极回路，应加一高频扼流圈以阻止输出的交流信号流过直流电源，同时加一旁路电容为此交流信号提供通路；第二级放大器的基极回路中没有直流通路，应加高频扼流圈；第二级放大器的集电极回路的问题是输出的交流将流过直流电源，且直流电源将被输出 LC 回路的电感短路，故在直流电源支路上加高频扼流圈和滤波电容，并用隔直电容阻断直流电源与输出 LC 回路间的直流联系。正确线路如图 3.20(b)所示。

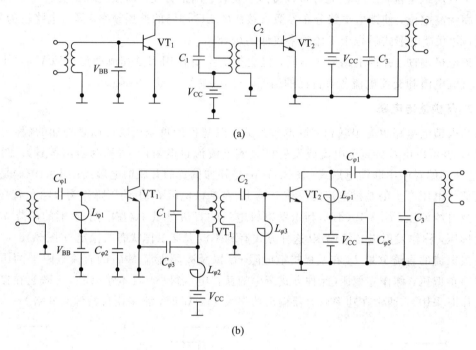

图 3.20　例题 3.6 电路

3.4.7　输入、输出匹配网络

谐振功率放大器所采用的匹配网络分为输入匹配网络、输出匹配网络和级间耦合匹配网络三种电路，一般是用双口网络来实现的。

（1）输入匹配网络用于信号源与谐振功率放大器之间，目的是使放大器的输入阻抗与信号源内阻达到匹配，确保信号源的功率有效地加到晶体管的发射结上。

（2）级间耦合匹配网络用于多级高频功率放大器级联运用的中间级之间或中间级与末级（即输出级）之间。特别注意，作为中间放大级使用的功放应工作于过压状态（此时它等效于一个恒压源）以实现在不稳定负载（即下一级放大器的输入阻抗其值随工作状态的变化而变化）下提供稳定的推动电压，因而可有意识地增加级间耦合匹配网络的损耗以减小下一级对前级的影响。若前级输出功率 P_o、下一级放大器的获得的功率 P_L，则 $\eta_k = P_L / P_o$ 称为级间耦合匹配网络的传输效率。若前级是放大器，通常取 $\eta_k = 0.3 \sim 0.5$；若前级是振荡器，通常取 $\eta_k = 0.1 \sim 0.3$。

（3）输出匹配网络用于输出级与负载之间，目的是使负载阻抗与放大器的最佳阻抗匹配以保证放大器传输到负载的功率最大，抑制工作频率以外的不需要的频率。

欲在很窄的频率范围内实现阻抗匹配并抑制工作频率范围以外的不需要频率，一般可以采用由电感 L 和电容 C 组成的 L 形、π 形或 T 形等形式的匹配网络。常见 LC 匹配网络的基本形式如图 3.21 所示。其中，图 3.21(a) 所示网络适用于将实际大阻值负载等效为低值负载，图 3.21(b) 所示网络适用于将实际小阻值负载等效为高值负载。这两类网络在阻抗变换倍数不高时回路的有载品质因数较低，因而滤波效果不是很好，但电路简单、计算方便。图 3.21(c) 所示的 T 形网络或图 3.21(d) 所示的 π 形网络均可以等效为图 3.21(a) 与图 3.21(b) 的某种组合，通过参数的恰当选择，可以兼顾滤波和阻抗匹配的要求。

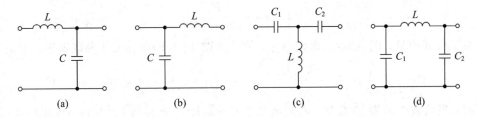

图 3.21　基本匹配网络

【**例 3.7**】　已知一谐振功率放大器，其工作频率为 20 MHz，该放大器工作在临界状态所需要的等效阻抗为 50 Ω，试求：（1）当负载电阻为 $R_L = 10$ Ω 时，设计该匹配网络；（2）若负载是由 10 Ω 电阻与 0.2 μH 电感串联组成的，设计此时应用的匹配网络。

解　（1）由题知，匹配网络应使负载值增大，可采用图 3.21(b) 所示的 L 形网络，即功放电路的输出部分应如图 3.22(a) 所示。

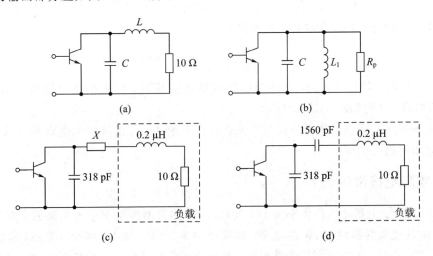

图 3.22　例 3.7 功放电路的输出回路

由电路理论可知，图 3.22(a) 中的电感 L 与 R_L 的串联可用图 3.22(b) 所示的并联电路等效，其中的参数应满足

$$R_p = (1 + Q_L^2) R_L \tag{3.28}$$

$$\mathrm{j} 2 \pi f L_1 = (1 + Q_L^{-2})(\mathrm{j} 2 \pi f L) \tag{3.29}$$

由题知 $R_p=50\ \Omega$ 和 $R_L=10\ \Omega$，代入式(3.28)解得电路的有载品质因数为

$$Q_L=\sqrt{\frac{R_p}{R_L}-1}=\sqrt{\frac{50}{10}-1}=2$$

品质因数较小，且 $Q_L=2\pi\dfrac{fL}{R_L}=\dfrac{R_p}{2\pi fL_1}$，解得

$$L=Q_L\frac{R_L}{2\pi f}=\frac{R_L}{2\pi f}\sqrt{\frac{R_p}{R_L}-1}$$

$$=\frac{10}{2\pi\times20\times10^6}\sqrt{\frac{50}{10}-1}\approx0.16\times10^{-6}\,\mathrm{H}$$

$$L_1=R_p\frac{R_L}{(2\pi f_0)^2L}$$

在工作频率处，图 3.22(a)电路谐振，等效于图 3.22(b)电路发生并联谐振，于是

$$C=\frac{1}{L_1(2\pi f_0)^2}=\frac{\sqrt{R_p/R_L-1}}{2\pi f_0R_p}=\frac{\sqrt{50/10-1}}{2\pi\times20\times10^6\times50}\approx318\times10^{-12}\,\mathrm{F}$$

故，当负载电阻为 10 Ω 时，匹配网络由 $C=318$ pF 电容与 $L=0.16\ \mu$H 电感组成，结构如图 3.22(a)所示。

(2) 负载是 10 Ω 电阻与 0.2 μH 电感的串联体时，匹配网络仍可采用图 3.21(b)所示的 L 形网络，这时功放电路的输出部分如图 3.22(c)所示。设其中未知动态元件的电抗为 jX，且 jX 与 0.2 μH 电感的串联感抗应等于图 3.22(a)中电感 L 的感抗，即

$$\mathrm{j}2\pi fL=\mathrm{j}2\pi f\times0.2\times10^{-6}+\mathrm{j}X$$

解得

$$X=-5.1\ \Omega$$

说明未知动态元件应为电容，其容值为

$$C_1=\frac{1}{2\pi f\,|X|}=\frac{1}{2\pi\times20\times10^6\times5.1}\approx1560\times10^{-12}\,\mathrm{F}$$

故由 10 Ω 电阻与 0.2 μH 电感串联组成感性负载时，匹配网络是由电容 318 pF 和 1560 pF 组成，结构如图 3.22(d)所示。

有关各类匹配网络的计算公式在相关资料中有论述，在设计放大电路时可以参考，但在实际应用时仍需调整。

3.4.8　实际电路举例

图 3.23 所示电路是工作频率为 160 MHz 的晶体管谐振功率放大电路的实际线路。它向 50 Ω 的外接负载提供 13 W 的功率，功率增益为 9 dB。图中，两个 4.7 μH 电感均用作高频扼流圈，0.01 μF 电容用作旁路电容；基极采用零偏压的自给偏压馈电方式、集电极是并联馈电方式；在输入端，采用 17 pF 电容、45 pF 电容和 16 nH 电感组成的 T 形匹配网络，一方面滤除 160 MHz 以外信号的进入，另一方面使放大器的输入阻抗在 160 MHz 的工作频率上与前一级电路所要求 50 Ω 电阻达到匹配；在输出端，采用 10 pF 电容、16 pF 电容和 97 nH 电感组成的 L 形匹配网络，一方面滤除放大器在非线性状态所产生的高次谐波，另一方面将负载变为放大器所要求的最佳阻抗。

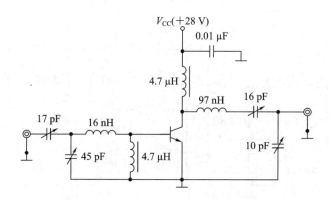

图 3.23　160 MHz 谐振功率放大电路

图 3.24 所示电路是工作频率为 50 MHz 的谐振功率放大电路。它向 50 Ω 的外接负载提供 70 W 的功率，功率增益为 11 dB。电路中，基极采用零偏压的自给偏置电路，L_b 为高频扼流圈；C_1、C_2、C_3、L_1 组成 T 形和 L 形构成的两级混合网络作为输入滤波匹配网络，调节 C_1、C_2 可使晶体管的输入阻抗在工作频率上变换为前级要求的 50 Ω 匹配电阻。集电极采用并馈电路，L_c 为高频扼流圈，C_{c1} 和 C_{c2} 为电源滤波电容，C_4、C_5、C_6、L_2、L_3 组成 L 形和 T 形构成的两级混合输出匹配网络，调节 C_4、C_5、C_6 可使 50 Ω 外接负载在工作频率上变换为放大管所要求的匹配电阻。图中，"~68 pF"表示电容值的上限为 68 pF，"~1T"表示线圈的匝数为 1。

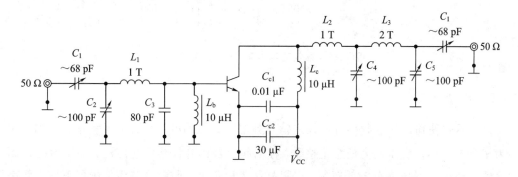

图 3.24　50 MHz 谐振功率放大电路

图 3.25 所示电路是工作频率为 150 MHz 的谐振功率放大电路。它向 50 Ω 的外接负载提供 3 W 的功率，功率增益为 10 dB。电路中，基极采用由 R_b 产生负值偏置电压的自给偏置电路，L_b 为高频扼流圈，C_b 为电源滤波电容；C_1、C_2、C_3 和 L_1 构成的 T 形网络作为输入匹配网络。集电极采用串馈电路，L_c、R_c、C_{c1}、C_{c2} 和 C_{c3} 组成电源滤波网络，由 $C_4 \sim C_8$、$L_2 \sim L_5$ 构成的三级 π 形混合网络作为输出匹配网络。

图 3.26 电路是工作频率为 150 MHz 的场效应晶体管谐振功率放大电路。它向 50 Ω 的外接负载提供 15 W 的功率，功率增益为 14 dB。电路中，栅极采用由 R_1、R_2 组成的分压式偏置电路，漏极采用并馈电路，L_{D1}、L_{D2} 为高频扼流圈，输入端采用由 C_1、C_2、L_1 构成的 T 形匹配网络，输出端采用由 $C_3 \sim C_6$、L_2 和 L_3 构成的 L 形和 π 形混合匹配网络，$C_{D1} \sim C_{D3}$ 和 L_{D2} 组成电源滤波网络。

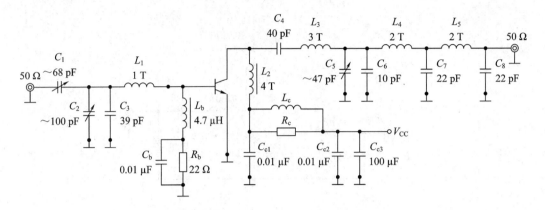

图 3.25　150 MHz 谐振功率放大电路

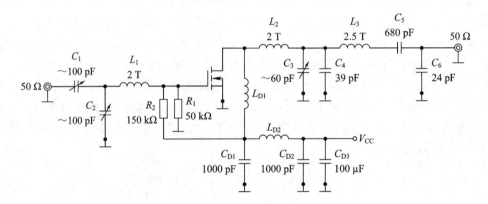

图 3.26　场效应晶体管谐振功率放大电路

3.4.9　丙类倍频器

倍频器是使输出信号频率等于输入信号频率整数倍的电路。输入频率为 f_1，则输出频率为 $f_0 = n \times f_1$，系数 n 为任意正整数，称倍频次数。倍频器用途广泛，如发射机采用倍频器后可使主振器振荡在较低频率，以提高频率稳定度；调频设备用倍频器来增大频率偏移；在相位键控通信机中，倍频器是载波恢复电路的一个重要组成单元。

采用不同的非线性器件，可以构成不同类型的倍频器。在短波和超短波段，采用由晶体三极管构成的丙类倍频器。已知丙类谐振放大器集电极电流为尖顶余弦脉冲，即

$$i_C = I_{C0} + I_{c1m}\cos\omega_i t + \cdots + I_{cnm}\cos n\omega_i t + \cdots$$

如果集电极回路不是调谐于基波 ω_i，而是调谐于 n 次谐波 $n\omega_i$ 上，则输出回路仅对频率 $n\omega_i$ 呈现阻性、且输出达最大，即负载上可得到信号的频率 $n\omega_i$ 为输入信号频率 ω_i 的 n 倍，这时电路实现的是将输入信号频率增大 n 倍的功能，称作丙类倍频器。此时，电路输出电流 i_{cn} 的幅度为

$$I_{cnm} = I_{CM}\alpha_n(\theta_C)$$

显然，当电路用于实现 n 倍频时，应选择 $\alpha_n(\theta_C)$ 曲线峰值所对应的 θ_C 作为最佳导通

角。一般来说,二倍频工作时取 $\theta_C=60°$,三倍频工作时取 $\theta_C=40°$。

基于上述原理构成的晶体管倍频器,它的倍频次数一般只限于二倍频、三倍频的应用。原因是:

(1)集电极电流脉冲中包含的谐波分量幅度 I_{cnm} 总是随着谐波次数 n 的增大而迅速减小。

(2)随着谐波次数 n 的增大,晶体管的集电极与发射极之间的电压 u_{CE} 的幅度迅速增大,使得集电极损耗功率比基波工作时大很多,即电路的输出功率和效率都很低。

(3) n 倍频时,输出谐振回路必须能滤除低于或高于 n 的各次谐波,但低于 n 的各次谐波的幅度比有用分量 I_{cnm} 大,这要求输出谐振回路的滤波性能要很好。

另外,丙类倍频器的输出电压的幅度正比于集电极脉冲电流中的谐波分量的幅度 I_{cnm},与输入电压幅度不具有线性关系,因而不能用于对幅度调制信号进行倍频,但可用于对振幅不变的窄带调频信号或调相信号进行倍频。

3.5 功率放大器的其他电路形式

3.5.1 丁类和戊类功率放大器

高频功率放大器的主要指标是尽可能地提高输出功率和效率,即尽可能地减小集电极损耗功率。而集电极损耗功率为

$$P_C=\frac{1}{2\pi}\int_{-\theta_C}^{\theta_C} i_C u_{CE}\mathrm{d}(\omega t)$$

可见,要减小 P_C 值,一种方法是减小积分区间,即减小导通角 θ_C,这是丙类放大器所采用的方法。另一种方法是减小 i_C 与 u_{CE} 的乘积,即保持 $\theta_C=90°$,放大器工作在开关状态,当器件的端电压 u_{CE} 处于高电平时流过器件的电流 i_C 很小,当 i_C 很大时 u_{CE} 很小,理想情况下 i_C 与 u_{CE} 的乘积接近于零,这是丁类或戊类功率放大器所采用的方法。

如图 3.27(a)所示为电压开关型丁类功率放大器的原理电路。图中,输入信号 u_i 是频率为 ω_i、幅度足够大的正弦信号,在 u_i 作用下,在变压器次级产生两个大小相等、极性相反的推动电压 u_{be1} 和 u_{be2},分别加到两个同型号晶体管的基、射极之间,使得 $u_i \geqslant 0$ 时,$u_{be1} \geqslant 0$ 而 $u_{be2} \leqslant 0$,上晶体管从导通到饱和而下晶体管截止,这时 $u_{CE2}\approx V_{CC}-U_{CES}$($U_{CES}$ 是晶体管的饱和压降);当 $u_i<0$ 时反之,$u_{CE2}\approx U_{CES}$。因而 u_{CE2} 的波形近似为矩形波。负载电阻 R_L、电感 L 和电容 C 构成调谐于 ω_i 的串联谐振回路,于是负载上的电压信号 u_o 是比例于 $i_{C1}-i_{C2}$ 而与输入信号同频的。在图 3.27(b)中画出了 u_{CE2}、i_{C1}、i_{C2} 和 u_o 的波形。

在输入信号 u_i 的一周期内,两个晶体管的损耗功率为

$$P_C=\frac{1}{2\pi}\int_{-90°}^{270°}(i_{C1}u_{CE1}+i_{C2}u_{CE2})\mathrm{d}(\omega t)\approx\frac{1}{2\pi}U_{CES}\int_{-90°}^{90°}i_{C1}\mathrm{d}(\omega t)+U_{CES}\int_{90°}^{270°}i_{C2}\mathrm{d}(\omega t)$$

在理想情况下,$U_{CES}\approx 0$,则 $P_C\approx 0$,集电极效率接近于 100%。

实际上,由于晶体管结电容的存在,在高频工作时,晶体管的开关转换速度不够高,电压 u_{CE2} 会有一定的上升沿和下降沿,导致两个晶体管在瞬间同时导通或截止,晶体管的功率损耗增大,这种现象会随着工作频率的增高而更严重。如图 3.28(a)所示单管工作于

开关状态的戊类功率放大器可克服此缺点。图中，LC 为调谐于输入信号频率的串联谐振
回路，L_1 为高频扼流圈，C_1 为外加电容，用于消除晶体管结电容所引起的功率损失，校正
输出电压相位，以获得高的集电极效率。由于晶体管的作用相当于一个开关，故图 3.28(a)
所示电路的等效电路如图 3.28(b)所示，图中的 jX 是补偿电抗(当工作频率等于输入信号
频率时 $X=0$，否则 $X=\infty$)，$C_0=C_1+C_2$(C_2 代表晶体管的输出结电容)。

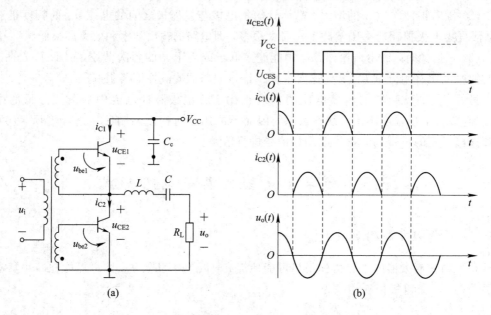

图 3.27　丁类功率放大器原理电路及电压、电流波形

　　显然，在信号的正半周内，晶体管导通即开关闭合，电压 $u_{CE}=0$，流过电容 C_0 的电流
$I_{C0}=0$，晶体管集电极电流 i_C 将随输入信号的变化规律而变化；在信号的负半周内，开关
打开，则 i_C 突变为 0，大电感 L_1 开始向电容 C_0 充电，充电不久后电容 C_0 又向负载放电。
u_{CE}、i_C 和 u_o 的波形如图 3.28(c)所示。因此，在戊类功率放大电路中，当 $u_{CE}=0$ 时才有集
电极电流，故其效率很高。

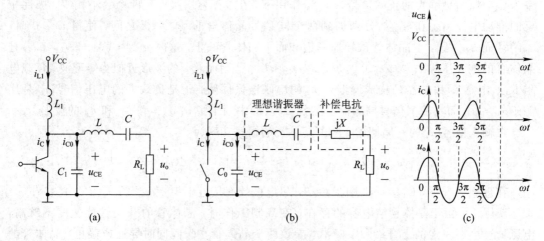

图 3.28　戊类功率放大器原理电路及电压、电流波形

3.5.2 宽带高频功率放大器

宽带高频功放采用非调谐宽带网络作为匹配网络，能在很宽的频率范围内获得线性放大。常用传输线变压器作为宽带匹配网络，它可以使功放的最高工作频率扩展到几百兆赫兹甚至上千兆赫兹，并能同时覆盖几个倍频程的频带宽度。由于无选频滤波性能，宽带高频功放只能工作在非线性失真较小的甲类状态或乙类推挽放大状态，与低频放大器相似，因而效率较低。主要用于能够在很宽的波段内实现不调谐工作的情况，例如军用电台中（它要求在较大的频率变化范围内转换电台频率，或实现电台中心频率的自动转换）。

3.5.3 集成功率放大器

高频功率放大器除分立元件组成的电路外，在更高工作频率时，近距离通信的功率放大器多用射频集成功率放大器。这些功能器件体积小、可靠性高、外接元件少、输出功率一般在几瓦至几十瓦之间。日本三菱公司的 M57704 系列便是其中的代表。

三菱公司的 M57704 系列高频功率放大器是一种厚膜混合集成电路，包含多个型号，频率范围是 335～512 MHz，可用于频率调制移动通信系统。它的电特性参数为：当 $V_{CC}=$ 12.5 V，$P_i=0.2$ W，$Z_o=Z_L=50$ Ω 时，输出功率为 13 W，功率增益为 18.1 dB，效率为 35%～40%。图 3.29 所示为 M57704 系列高频功放的等效电路图。由图 3.29 可见，它包括三级放大电路，匹配网络由微带线和 LC 元件混合组成。

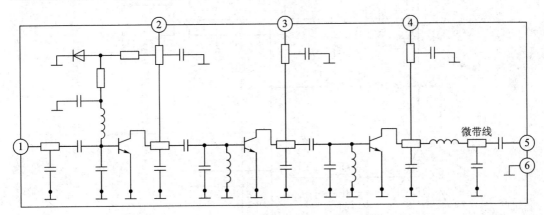

图 3.29 M57704 系列高频功放的等效电路图

图 3.30 为 TW-42 超短波电台中发信机高频功放部分的电路图。电路中，采用 M57704H 作为高频功率放大器，工作频率为 457.7～458 MHz，发射功率为 5 W。调频信号经 M57704H 功率放大后，一路经微带线匹配滤波、经过 VD_{115} 送入多节 LC 组成的 π 形匹配网络，再由天线发射出去；另一路由微带线耦合、经 VD_{113}、VD_{114} 检波和 VT_{104}、VT_{105} 直流放大送给 VT_{103} 调整管，作为控制电压从 M57704H 的②脚输入，调节第一级功放的集电极电源的大小，进而实现稳定整个集成功放的输出功率。第二、第三级功放的集电极电源固定为 13.8 V。

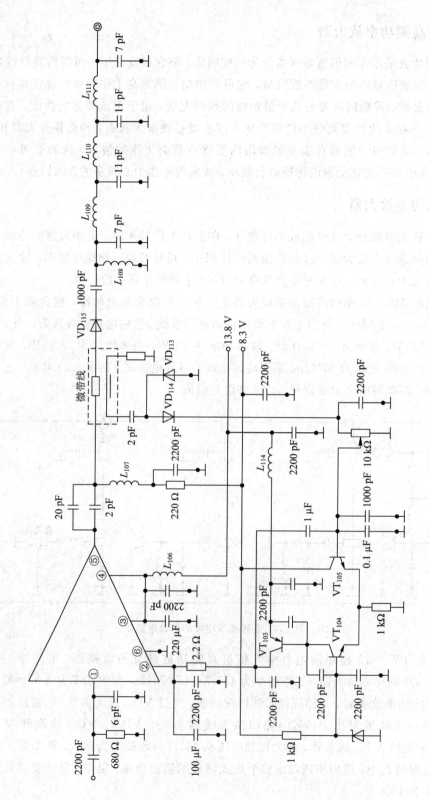

图3.30 TW-42超短波电台中发信机高频功放部分的电路图

3.6　丙类功率放大器的设计考虑

对功放的要求，除增益、频响、稳定性外，最主要的是保证功率管安全工作的条件下，高效率地输出尽可能大、且失真在允许范围内的功率。

(1) 根据工作频率、输出功率、功率增益、电源电压、价格等要求选择合适的高频功率管，并由器件手册或通过实测找到功率管大信号输入和输出阻抗。常用的是平面工艺制造的NPN 高频大功率晶体管，它能承受高电压和大电流，并有较高的特征频率。特别需要注意的是，晶体管有三个极限参数：集电极最大允许电流 I_{CM}、集电极与发射极之间的最大允许管压降 $V_{(BR)CEO}$ 和集电极最大允许耗散功率 P_{CM}。只要其中任何一个参数超过极限值都可能使器件烧毁。在选择功率放管时，要特别注意极限参数的选择，以保证管子安全工作。例如，因 $u_{CEmax} = V_{CC} + U_{cm}$，且若 $\xi = 1$ 则 $U_{cm} = V_{CC}$，故在选择晶体管时应保证 $V_{(BR)CEO} > 2V_{CC}$。

(2) 选定直流馈电电路形式，进而选定功放电路的形式。

(3) 根据功放运用的场合确定工作状态(欠压或临界，或过压)，并选定合适的导通角。根据导通角、输出功率等要求设置静态工作点，并估算基极、集电极馈电电路元器件的参数。若丙类功放电路用于实现基极调幅、实现线性功放或用作恒流源，则应工作于欠压状态；若用作系统的末级功放，则应工作于临界状态；若用于实现集电极调幅或中间放大器，或限幅器，或恒压源，则应工作于过压状态。

(4) 根据工作频率、阻抗转换等要求选择滤波匹配网络的形式，并估算网络元器件的参数，使滤波匹配网络调谐于工作频率，通频带大于或等于信号频宽，放大器输入端与信号源内阻匹配、输出端与负载匹配。

(5) 在电路中引入必要的辅助元件，根据辅助元件的作用估算其参数值。

本 章 小 结

丙类高频谐振功率放大器由于能量转换效率较高、节约能源而成为经常被选用的一种电路形式。其效率高的原因在于晶体管的导通角小，也就是晶体管的导通时间短、集电极功耗小，但导通角越小输出功率越小，故选择合适的导通角是丙类谐振功率放大器在兼顾效率和输出功率时的一个重要考虑，通常取导通角 $\theta_C = 60° \sim 80°$。

在信号的一个周期中，晶体管只在 $2\theta_C$ 的时间内导通，集电极电流呈脉冲状。理论上采用傅里叶级数分析计算出的余弦电流分解系数是设计和工程运用中的重要数据。

折线分析法是工程上常用的一种近似分析方法。利用折线分析法可以对丙类谐振功放大进行工作状态和性能分析，得出它的负载特性、放大特性、调谐特性等，这些特性是理论设计和工程应用中的重要依据。折线化的放大器动态特性在性能分析中起着非常重要的作用。

丙类谐振功率放大器基极常采用自给负偏压的方式馈电，集电极有串馈与并馈两种直流馈电方式。为了实现前后级的阻抗匹配及选频功能，常采用 L、C 等元件组成的匹配网络。

丙类谐振功率放大器一般用于放大窄带高频信号。

思考题与习题

3.1　高频小信号放大器与高频谐振功率放大器分别应用在什么场合？在性能指标、电路结构上有哪些异同点？

3.2　为什么高频功率放大器一般要工作于乙类或丙类状态？为什么低频功放不能工作于丙类状态？

3.3　为什么高频功率放大器要采用谐振回路作为负载？谐振回路为什么要调谐在工作频率？

3.4　谐振功率放大器工作于欠压状态。为了提高输出功率，将放大器调整到临界状态，可分别改变哪些参量来实现？当改变不同的量时，放大器输出功率是否一样大？

3.5　丙类高频功率放大器的动态特性与甲类低频功率放大器的负载线有什么区别？为什么会产生这些区别？动态特性的含意是什么？

3.6　放大器工作于临界状态，根据理想化负载特性曲线，分别求出当等效负载 R_p 的值增加一倍和减小一半时，输出功率 P_o 的变化。

3.7　由于某种原因调谐功率放大器的工作状态由临界状态变到欠压状态，试问有多少种方法能使放大器的工作状态调回到原来的临界状态？

3.8　高频功率放大器的特点是什么？可采用何种方法进行分析？绘制高频功率放大器的典型原理电路图。

3.9　当谐振功率放大器输入的激励信号为余弦波时，为什么集电极电流为余弦脉冲波形？但放大器为什么又能输出不失真的余弦波电压？

3.10　丙类高频功率放大器的欠压、临界、过压状态是如何区分的？各有什么特点？当 R_p、U_{im}、V_{BB} 和 V_{CC} 四个外界因素中只有一个变化时，高频功放的工作状态如何变化？

3.11　在丙类谐振功率放大电路中，若 U_{im}、U_{cm} 及 V_{CC} 不变，而当 V_{BB} 改变时，I_{c1m} 有明显的变化，问放大器此时工作在何种状态？为什么？

3.12　在丙类谐振功率放大电路中，若 V_{BB}、U_{im} 及 U_{cm} 不变，而当 V_{CC} 改变时，I_{c1m} 有明显的变化，问放大器此时工作在何种状态？为什么？

3.13　已知一个高频功率放大器，$V_{CC}=12$ V，负载谐振电阻 $R_p=25$ Ω，其集电极脉冲电流的参数为 $I_{CM}=1$ A，$\theta_c=65°$，$\alpha_0(65°)=0.236$，$\alpha_1(65°)=0.414$。试求输出功率 P_o，电源提供的功率 P_{DC} 及集电极的效率 η_c。

3.14　某丙类谐振功率放大器，已知集电极电源电压 $V_{CC}=24$ V，输出功率 $P_o=5$ W。求：当集电极效率 $\eta_c=60\%$ 时，管耗 P_c 和集电极电流的直流分量 I_{c0} 各为多少？

3.15　一谐振功放导通期间的动特性曲线如题 3.15 图中的 AB 段，坐标为：A 点（$u_{CE}=4.5$ V，$i_C=600$ mA）和 B 点（$u_{CE}=20$ V，$i_C=0$）。已知集电极直流电源 $V_{CC}=24$ V，试求出此时的集电极负载电阻 R_p 及输出功率 P_o 的值。

3.16　某丙类谐振功率放大器，已知 $V_{CC}=24$ V，输出功率 $P_o=5$ W，晶体管集电极电流中的直流分量 $I_{c0}=250$ mA，输出电压 $U_{cm}=22.5$ V。试求：直流电源输入功率 P_{DC}，集电极效率 η_c，谐振回路谐振电阻 R_p，基波电流 I_{c1m}，导通角 θ_c。

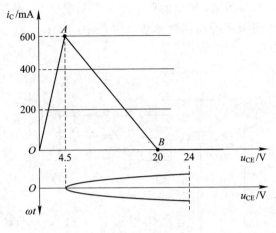

题 3.15 图

3.17　某谐振高频功率放大器，已知晶体管饱和临界线斜率 $g_{cr}=0.9S$，$U_{BZ}=0.6$ V，电源电压 $V_{CC}=18$ V，$V_{BB}=-0.5$ V，输入电压振幅 $U_{im}=2.5$ V，集电极电流脉冲幅值 $I_{CM}=1.8$ A，且放大器工作于临界状态。试求：

(1) 直流电源 V_{CC} 提供的输入功率 P_{DC}；

(2) 高频输出功率 P_o；

(3) 集电极损耗功率 P_C；

(4) 集电极效率 η_C；

(5) 输出回路的谐振电阻 R_p。

3.18　晶体管 3DG12B 组成谐振功率放大器，已知电源电压 $V_{CC}=18$ V，电压利用系数 $\xi=0.94$，$g_{cr}=0.219S$，$\theta_C=80°$，放大器工作于临界状态。试求：

(1) 直流电源 V_{CC} 提供的输入功率 P_{DC}；

(2) 高频输出功率 P_o；

(3) 集电极损耗功率 P_C；

(4) 集电极效率 η_C；

(5) 输出回路的谐振电阻 R_p。

3.19　某谐振功率放大器，晶体管的饱和临界线斜率 $g_{cr}=0.5S$，$U_{BZ}=0.6$ V，电源电压 $V_{CC}=24$ V，$V_{BB}=-0.2$ V，输入信号振幅 $U_{im}=2$ V，输出回路谐振电阻 $R_p=50$ Ω，输出功率 $P_o=2$ W。

(1) 试求集电极电流最大值 I_{CM}、输出电压振幅 U_{cm}、集电极效率 η_C；

(2) 判断放大器工作于什么状态？

(3) 当 R_p 变为何值时，放大器工作于临界状态？这时输出功率 P_o、集电极效率 η_C 分别为何值？

3.20　试画出两级谐振功放的实际线路，要求：

(1) 两级均采用 NPN 型晶体管，发射极直接接地；

(2) 第一级基极采用组合式偏置电路，与前级互感耦合，第二级基极采用零偏电路；

(3) 第一级集电极馈电电路采用并联形式，第二级集电极馈电电路采用串联形式；

（4）两级间回路为 T 形网络，输出回路采用 π 形匹配网络，负载为天线。

3.21　指出题 3.21 图所示的高频功率放大电路中的错误，在不改变馈电形式的条件下，重新画出正确的电路。

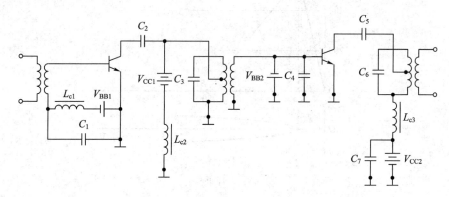

题 3.21 图

3.22　已知丙类功率放大器的供电电源 $V_{CC} = 20$ V，输出功率 $P_o = 1$ W，负载电阻 $R_L = 50$ Ω，集电极电压利用系数为 0.95，工作频率 $f_0 = 100$ MHz。用 L 型网络作为输出匹配网络，试计算该匹配网络的元件取值。

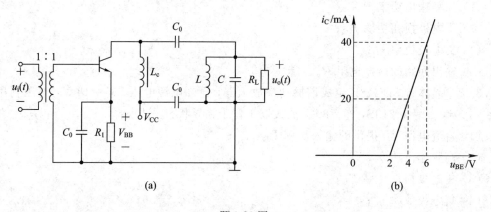

题 3.23 图

3.23　题 3.23(a) 图所示为谐振功率放大器的电路图。其中，电容 C_0 为旁路电容，R_1 为产生自偏压的电阻，L_c 为高频扼流圈，R_L 为负载电阻，LC 回路谐振于输入信号 $u_i(t)$ 的频率 f_0。晶体管的转移特性如题 3.23(b) 图所示，输入信号 $u_i(t) = U_{im}\cos 2\pi f_0 t$。已知晶体管集电极电流余弦脉冲的峰值为 30 mA，导通角为 60°。试计算：

（1）自偏压 V_{BB} 的值；

（2）电阻 R_1 的值；

（3）输入电压的振幅 U_{im}；

（4）输出电压 $u_o(t)$ 中频率为 f_0 分量的振幅（假定 $R_L = 1$ kΩ）。（已知 $\alpha_0(60°) = 0.218$，$\alpha_1(60°) = 0.391$）

3.24　一丙类谐振功率放大器工作于临界状态，集电极采用如题 3.24 图所示的网络来实现阻抗匹配。已知放大器的工作频率 $f_0 = 175$ MHz，输出电容 $C_o = 40$ pF，等效负载

R_e＝46 Ω，实际负载 R_L＝50 Ω。试计算匹配网络元件的参数 C_1、C_2和 L。

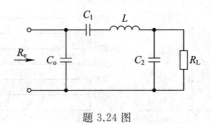

题 3.24 图

3.25　已知某谐振功率放大器电路如题 3.25(a)图所示，其中 C_1＝2000 pF，C_2＝2000 pF，r＝40 Ω，L＝4 μH，u_i＝$U_{im}\cos\omega t$，V_{CC}＝26 V，V_{BB}＝U_{BZ}，I_{CM}＝500 mA，且晶体管特性如题 3.25 图(b)所示。

(1) 放大器这时工作于什么状态？画出动特性曲线；

(2) 若在放大器输出端接一负载电阻 R_L＝400 Ω（如题 3.25 图(a)中所示），此时放大器将工作在什么状态？画出动特性曲线。

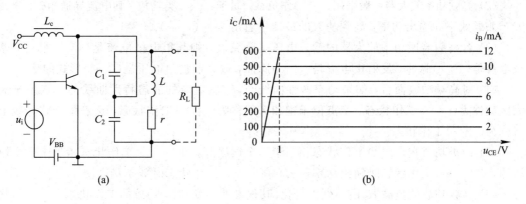

题 3.25 图

3.26　某晶体三极管的转移特性、输出特性以及用该管构成的谐振功率放大器如题 3.26 图所示。已知该放大器导通期间的动特性为图中之 AB 段，β＝20，激励电压 u_i＝$U_{im}\cos\omega t$，V_{CC}＝26 V，$N_1:N_2$＝100:50。

(1) 求放大器的直流偏压 V_{BB} 以及激励电压振幅 U_{im}；

(2) 为使放大器输出功率最大，负载电阻 R_L 应改为多大（其他条件不变）？并计算此时放大器输出功率 P_o、直流电源供给功率 P_{DC}、集电极效率 η_C。

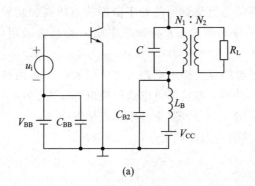

(a)

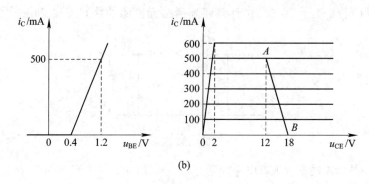

(b)

题 3.26 图

3.27　填空题。

(1) 按照电流导通角 θ_C 来分类，$\theta_C = 180°$ 的高频功率放大器称为（　　）类功放，$\theta_C = 90°$ 的高频功率放大器称为（　　）类功放，$\theta_C < 90°$ 的高频功率放大器成为（　　）类功放。

(2) 高频功率放大器一般采用（　　）作负载，属于（　　）类功放。其电流导通角 θ_C（　　）$90°$。兼顾效率和输出功率，高频功放的最佳导通角 $\theta_C = $（　　）。

(3) 若高频谐振功率放大器的输入电压是余弦波，则其集电极电流是（　　）脉冲，基极电流是（　　）脉冲，发射极电流是（　　）脉冲，放大器输出电压是（　　）形式的信号。

(4) 对高频功放而言，如果动态特性曲线与 u_{BEmax} 对应的静态特性曲线的交点位于放大区就称为（　　）工作状态，交点位于饱和区就称为（　　）工作状态，交点位于临界线上就称为（　　）工作状态。

(5) 丙类功放在（　　）工作状态相当于一个恒流源，在（　　）工作状态相当于一个恒压源，在（　　）工作状态时输出功率最大，在（　　）工作状态时效率最高。

(6) 高频功放的负载 R_p 由小到大变化（其他参数不变）时，功放的工作状态由（　　）状态到临界状态到（　　）状态变化；高频功放的集电极电源电压 V_{CC} 由小到大变化（其他参数不变）时，功放的工作状态由（　　）状态到临界状态到（　　）状态变化；高频功放的输入信号幅度 U_{im} 由小到大变化（其他参数不变）时，功放的工作状态由（　　）状态到临界状态到（　　）状态变化。

(7) 当高频功率放大器用作限幅器时应工作在（　　）工作状态，用作线性功率放大时应工作在（　　）工作状态。当高频功率放大器欲放大振幅调制信号时应工作在（　　）工作状态，欲放大等振幅信号时应工作在（　　）工作状态。

(8) 有一工作于临界状态且负载回路处于谐振状态的高频功放，某种原因导致回路失谐，则此功放将进入（　　）工作状态。高频功率放大器通常采用（　　）指示负载回路的调谐。

(9) 高频功放中需考虑的直流馈电电路有（　　）和（　　）两种。集电极馈电电路的馈电方式有（　　）和（　　）两种，基极馈电电路的馈电方式有（　　）和（　　）两种。对于基极馈电电路而言，通常采用（　　）电路来产生基极偏置电压。

(10) 丙类谐振功放其谐振回路调谐于（　　）分量。

第 4 章　正弦波振荡电路

正弦波振荡器广泛应用于 FM 广播、电视、自动测量、自动控制、计算机、卫星跟踪、电子对抗等各种电子系统中。例如，电子测量仪器中的正弦波信号源、数字系统中的时钟信号源、无线发射机中的载波、超外差式接收机中的本地振荡信号源等。在这些应用中，主要关注的是振荡器振荡频率的准确性和稳定性。正弦波振荡器也可用作高频加热设备和医用电疗仪器的正弦交变电源，这一类正弦波振荡器的目标是能高效率地产生足够大的正弦交变能源。本章仅限于讨论前一用途的正弦波振荡器。

正弦波振荡器按工作频率划分为低频振荡器、高频振荡器和微波振荡器，按形成振荡的原理可分为反馈型振荡器和负阻型振荡器。利用正反馈原理构成的反馈型振荡器，是目前应用最广泛的一类振荡器。本章主要讨论反馈型高频正弦波振荡器的典型电路之基本组成、工作原理、工程近似分析方法，重点介绍电容反馈振荡器，同时导出 LC 三点式反馈振荡器的组成原则，给出振荡频率、起振条件等主要技术指标的估算方法，介绍电容反馈振荡器的改进型、电感反馈振荡器、互感耦合振荡器和石英晶体振荡器及其应用电路。

4.1　反馈振荡电路概述

4.1.1　振荡器的功能及特点

正弦波振荡器是简谐振荡器的一种，是在没有外加输入信号的条件下，电路自动将直流电源提供的能量转换为具有特定频率 ω_0、适当振幅 U_{om} 的正弦交流信号输出。这一过程可以用图 4.1 表示。

$$\boxed{\text{正弦波振荡器}} \longrightarrow u_o(t) = U_{om}\cos\omega_0 t$$

图 4.1　正弦波振荡器

振荡器和放大器一样，也是能量转换器。但它与放大器的区别在于，不需要外加激励信号，其输出信号的频率、幅度和波形仅仅由电路本身的参数决定。

按振荡器的组成原理，正弦波振荡器可分为反馈型振荡器和负阻型振荡器。反馈型振荡器是由基本放大器和具有选频作用的正反馈网络组成的，是目前应用最多的一类振荡器，也是本章主要讨论的内容；负阻振荡器是将具有负阻特性的二端有源器件直接接到谐振回路中，利用负阻器件的负电阻效应抵消回路中的损耗，从而产生等幅自由振荡，这类振荡器主要工作在微波波段。

反馈型正弦波振荡器的类型多种多样，常用的有 RC 振荡器、LC 振荡器、互感耦合振荡器和石英晶体振荡器等，并且集成电路化的振荡器也越来越多地被使用。

4.1.2 反馈型正弦波振荡器的振荡条件及振荡平衡的稳定条件

1. 反馈振荡原理

反馈型正弦波振荡器是由放大器和反馈网络组成的一个闭合环路,其原理框图如图 4.2 所示。

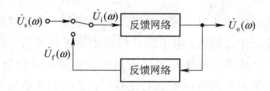

图 4.2 反馈型正弦波振荡器的原理框图

图 4.2 中,放大器必须是以某种选频网络作负载的调谐放大器,即由基本放大器和选频网络组成;反馈网络一般是由无源器件组成的线性网络。在接通电源的瞬间,电路内的各种电扰动信号被基本放大器放大、选频网络选频后,将其中频率为 ω_0 的信号反馈到基本放大器的输入端;经放大→反馈→放大→反馈的循环,频率为 ω_0 的信号幅度不断增大,振荡便由小到大建立起来;随着信号幅度的增大,基本放大器将进入非线性状态而使得电压增益下降,当反馈电压 $\dot{U}_f$ 正好等于输入电压 $\dot{U}_i$ 时,振荡幅度不再增大而进入平衡状态,这时便获得一个稳定的正弦波输出。

为后续讨论的方便,定义
放大器的电压增益为

$$A_u = \frac{\dot{U}_o}{\dot{U}_i} = |A_u| e^{j\varphi_A} \tag{4.1}$$

反馈网络的反馈系数为

$$F = \frac{\dot{U}_f}{\dot{U}_o} = |F| e^{j\varphi_F} \tag{4.2}$$

2. 反馈振荡的起振条件

在振荡形成的初期,信号的幅度应由弱小经一次次反馈、放大后不断增大,即要求振荡电路在起振阶段具有增幅振荡的特性,这时不仅要求 $\dot{U}_f$ 与 $\dot{U}_i$ 同相(即振荡器具有正反馈特性),且需满足 $U_f > U_i$。设在起振阶段放大器的电压增益为

$$A_{u0} = |A_{u0}| e^{j\varphi_A} \tag{4.3}$$

则反馈电压可以表示为

$$\dot{U}_f = F\dot{U}_o = FA_{u0}\dot{U}_i \tag{4.4}$$

其标量形式为

$$\dot{U}_f = |FA_{u0}|\dot{U}_i, \quad \varphi_f = \varphi_F + \varphi_A + \varphi_i \tag{4.5}$$

欲振荡器起振,需 $\dot{U}_f$ 与 $\dot{U}_i$ 同相,即 $\dot{U}_f$ 与 $\dot{U}_i$ 的相位差应为 2π 的整数倍,表示成数学

形式为

$$\varphi = \varphi_f - \varphi_i = \varphi_A + \varphi_F = 2n\pi \quad (n=0,\ 1,\ 2,\ \cdots) \tag{4.6}$$

称式(4.6)为振荡器的相位起振条件，其本质是要求电路具有正反馈特性。此外，振荡器能起振，还需满足 $U_f > U_i$，即振荡器的振幅起振条件为

$$|A_{u0}F| > 1 \tag{4.7}$$

将式(4.6)和式(4.7)结合，可得反馈型振荡器能够产生振荡的起振条件的矢量形式为

$$A_{u0}F > 1 \tag{4.8}$$

3. 反馈振荡的平衡条件

由于晶体管具有在小信号工作时是线性的、大信号工作时为非线性状态的特性，随着振荡电路中信号的不断增大最终导致晶体管工作于非线性状态，集电极电流产生失真，使得放大器的电压增益随信号电压幅值的增大而减小，直到 $\dot{U}_f$ 恰好取代 $\dot{U}_i$，电路处于等幅振荡状态。也就是说，振荡能够达到平衡，必然满足 $\dot{U}_f$ 与 $\dot{U}_i$ 同相且 $U_f = U_i$。设振荡电路达到平衡时放大器的电压增益为 $A_u = |A_u| e^{j\varphi_A}$，则振荡的平衡条件可用数学形式表示为

$$A_u F = 1 \tag{4.9}$$

将式(4.9)写成标量关系，即

$$\begin{aligned} |A_u F| &= 1 \\ \varphi &= \varphi_A + \varphi_F = 2n\pi \quad (n=0,\ 1,\ 2,\ \cdots) \end{aligned} \tag{4.10}$$

在平衡状态时(为大信号工作状态)基本放大器的电压增益为

$$|A_u| = \frac{U_{om}}{U_{im}} = \frac{I_{clm}R_p}{U_{im}} = \frac{I_{CM}\alpha_1(\theta_C)R_p}{U_{im}} = g_C(1-\cos\theta_C)\alpha_1(\theta_C)R_p \tag{4.11}$$

在振荡电路起振时，放大器为小信号工作状态，晶体管集电极电流的导通角 $\theta_C = 180°$。由式(4.11)可导得此时放大器的电压增益为

$$|A_{u0}| = g_C R_p \tag{4.12}$$

当振荡电路进入平衡状态时，应满足式(4.10)，因此，由式(4.11)可以导得

$$(1-\cos\theta_C)\alpha_1(\theta_C) = \frac{1}{|A_{u0}F|} \tag{4.13}$$

式(4.13)说明，振荡电路在起振时的环路增益值 $|A_{u0}F|$ 决定了其振荡平衡时的工作状态。例如：

① 当 $|A_{u0}F| = 2$ 时，$\theta_C = 90°$，说明振荡电路将平衡于乙类放大状态；

② 当 $|A_{u0}F| > 2$ 时，$\theta_C < 90°$，说明振荡电路将平衡于丙类放大状态；

③ 当 $1 < |A_{u0}F| < 2$ 时，$90° < \theta_C < 180°$，说明振荡电路将平衡于甲乙类放大状态。

4. 反馈振荡平衡状态的稳定条件

1) 稳定平衡

平衡状态有稳定平衡和不稳定平衡两种。例如在图 4.3(a)中，小球放置在一个抛物面形的碗底内就属于稳定平衡；而在图 4.3(b)中，小球放置在一个倒扣着的抛物面形的碗顶就属于不稳定平衡。

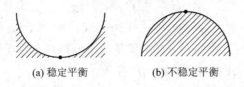

(a) 稳定平衡　　　　(b) 不稳定平衡

图 4.3　稳定平衡和不稳定平衡

振荡器工作时应处于稳定平衡状态，即在某一外因作用下，振荡的原平衡条件被破坏后，振荡器应具有能自动地在新的条件下建立新的平衡或自动地返回到原平衡状态的能力。

电源电压的波动、噪声、振动、温度和湿度等的变化都会破坏振荡器的振幅平衡和相位平衡，可能使振荡器偏离原来的平衡状态。若振荡器的平衡状态是不稳定的，则会使振荡器输出信号的幅度、频率（相角）变化，甚至停振。这种现象是必须要避免的。为此，下面分别讨论振荡器平衡状态的稳定条件，即振幅平衡的稳定条件和相位平衡的稳定条件。

2）振幅平衡的稳定条件

要使振幅稳定，振荡器在其平衡点必须具有阻止振幅变化的能力。具体来说，就是在平衡点附近，当不稳定因素使振幅增大时，增益应减小，从而使振幅减小。

已知反馈网络是由无源元件构成的，因此反馈系数 F 的值是与输入信号幅度 U_{im} 大小无关的常数（称 $1/F$-U_{im} 为反馈特性）。放大器的电压增益 $|A_u|$ 随输入信号幅度 U_{im} 的变化关系（称 $|A_u|$-U_{im} 为放大特性）有图 4.4 所示的两种类型。由于反馈特性曲线是一条水平线，当满足 $|A_{u0}F|>1$ 时，反馈特性曲线必定与放大特性曲线交于图中 Q 点和 B 点处，即 Q 点或 B 点均是振荡器的平衡工作点。只是在 Q 点处 $|A_u|$-U_{im} 曲线是单调减的，而在 B 点处 $|A_u|$-U_{im} 曲线是单调增的。

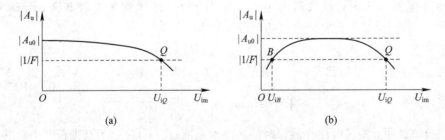

图 4.4　放大器的电压增益 A_u 随输入信号幅度 U_{im} 的变化关系

若振荡器的工作点为图 4.4 中的 Q 点，当某外因导致放大器的输入幅度变大时，即 $U_{im}>U_{iQ}$ 增大，由图 4.4 可知放大器的 $|A_u|$ 将减小，因而放大器的输出也减小，通过反馈环节送到放大器输入端的反馈信号幅度必将减小，即外因导致输入幅度 U_{im} 增大时内部电路特性将阻止输入幅度 U_{im} 增大，说明振荡器的这个平衡工作点是稳定的。

若振荡器的工作点为图 4.4 中的 B 点，当某外因导致 U_{im} 增大时，由图 4.4 可知放大器的 $|A_u|$ 将增大，因而放大器的输出也增大，通过反馈环节送到放大器输入端的信号也增大，即外因导致 U_{im} 增大时内部电路特性将使得 U_{im} 继续增大，说明振荡器的工作点将逐渐远离平衡状态而呈现不稳定状态。

综上所述，图 4.4 中的 Q 点是振荡器的稳定平衡工作点，即振荡器振幅平衡的稳定条

件就是放大器具有电压增益 $|A_u|$ 随输入信号幅度 U_{im} 的增大而减小的负斜率特性，即

$$\frac{\partial |A_u|}{\partial U_{im}}\bigg|_{U_{iQ}} < 0 \tag{4.14}$$

式(4.14)表示平衡点的振幅稳定条件。它表明，在反馈型振荡器中，放大器的电压增益随振荡幅度的增大而减小，振幅才能处于稳定平衡状态。工作于非线性状态的有源器件正好具有这一特性，因而它们具有稳定振幅的功能。

一般来说，只要偏置电路和反馈网络设计正确，则放大器 $|A_u|$-U_{im} 曲线具有图 4.4(a) 形式的单调减的曲线，且与 $|1/F|$ 只有一个交点。这就是振荡器的软自激状态，特点是无需外加激励，振荡便可自激。

如果晶体管的静态工作点取的太低，甚至为反向偏置，而且反馈系数值又较小，可能会出现图 4.4(b)形式的 $|A_u|$-U_{im} 曲线，这种振荡器是不能自行起振的。需在起振时外加一个大于 U_{iB} 的冲击信号，使其冲过 B 点才有可能激起稳定于 Q 点的平衡状态。这种工作方式称为硬自激。通常应避免硬自激。

3）相位平衡的稳定条件

相角的变化必然导致频率的变化。设某外因导致相角 φ 增加，即 $\Delta\varphi > 0$，说明反馈电压 $\dot{U}_f$ 比原来的输入电压 $\dot{U}_i$ 的相位超前了，相当于提前给回路补充能量，信号周期变短，振荡频率提高(即产生一个频率增量 $\Delta\omega < 0$)，如图 4.5 所示。反之，若 $\Delta\varphi < 0$，振荡频率就下降。

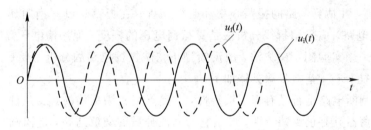

图 4.5　u_f 超前 u_i 导致振荡频率变高

因此，为了使振荡器的相位平衡状态具有稳定性，必须使得振荡器本身具有频率变化时产生相反方向相位变化的特性，补偿外因引起的相位变化，维持相位平衡。故振荡器相位平衡的稳定条件是

$$\frac{\partial\varphi}{\partial\omega}\bigg|_{\omega=\omega_0} < 0 \tag{4.15}$$

若晶体管正向传输导纳的相位为 φ_{fe}，选频回路的相位为 φ_Z，反馈网络的相位为 φ_F，则振荡器反馈电压 $\dot{U}_f$ 与输入电压 $\dot{U}_i$ 的相位差为

$$\varphi = \varphi_A + \varphi_F = \varphi_{fe} + \varphi_Z + \varphi_F \tag{4.16}$$

通常，φ_{fe} 和 φ_F 对于频率变化的敏感性远小于 φ_Z 对于频率变化的敏感性，即 $\left|\frac{\partial\varphi_{fe}}{\partial\omega}\right| \ll$ $\left|\frac{\partial\varphi_Z}{\partial\omega}\right|$ 和 $\left|\frac{\partial\varphi_F}{\partial\omega}\right| \ll \left|\frac{\partial\varphi_Z}{\partial\omega}\right|$，因此，振荡器相位平衡的稳定条件主要取决于选频回路的相频特性，式(4.15)可简化为

$$\left.\frac{\partial \varphi_Z}{\partial \omega}\right|_{\omega=\omega_0} < 0 \tag{4.17}$$

式(4.17)说明,欲使振荡器具有稳定的相位平衡,需选择相频特性在工作频率附近具有负斜率特性的选频回路,且相频特性曲线越陡峭(即品质因数高),系统的频率稳定性越高。显然,满足此要求的最简选频回路是 LC 并联谐振回路。

综上所述,一个反馈型振荡器能否正常工作,需满足以下几点基本条件:

(1)可变增益放大器件(三极管、场效应管或集成电路)应有正确的直流偏置,起振时应工作在甲类状态。

(2)环路必为正反馈。

(3)开始起振时,应满足 $|A_{u0}F|>1$。通常 $|F|<1$,故 $|A_{u0}|$ 必大于 1。一般的共发射极、共基极电路都可满足这一条件。为增大 $|A_{u0}|$,负载电阻不能太小。

(4)选频网络在振荡频率点附近应具有负频率的相频特性。

4.2　反馈型正弦波振荡电路的分析方法

反馈型正弦波振荡电路是含有电抗元件的非线性电路,采用严格的数学分析方法比较困难且无必要。工程实践中常采用建立在准线性理论基础上的近似分析法,即反馈型振荡器在起振时是小信号工作模式,属于线性电路,可按线性电路的分析方法(即小信号等效电路法)来处理,并估算电路的振荡频率和起振条件;在振荡达到平衡时属于大信号工作模式的非线性电路,应采用折线分析法估算振荡电压的幅度。但振荡电压幅度的工程计算比较困难,宜采用实验测定的方法。故反馈型正弦波振荡电路的分析主要是指对振荡电路在起振时的性能分析,基本步骤具体如下:

(1)首先判断电路是否具有正反馈特性,它是产生自激振荡的必要条件;

(2)若振荡器具有正反馈特性,画出它对基波分量的交流通路,进而画出 Y 参数等效电路(即建立振荡器在起振时的小信号等效电路);

(3)运用电路理论进行分析,获得放大器的电压增益、反馈环路的反馈系数等;

(4)根据相位平衡条件确定电路的振荡频率;

(5)根据振幅起振条件确定电路的起振条件。

4.3　电容反馈正弦波振荡电路

反馈型 LC 振荡电路是以 LC 谐振回路作为选频网络的振荡电路。按反馈耦合元件可分为电容反馈振荡器、电感反馈振荡器和互感耦合振荡器。电容反馈正弦波振荡电路中的 LC 谐振回路是由两个电容与一个电感组成,且通过三个端子与晶体管的三个电极相连,并用 LC 谐振回路中的两个电容来组成反馈环节,又称为电容三点式振荡器。

4.3.1　原理电路

电容反馈正弦波振荡电路的典型电路如图 4.6(a)所示,又称考毕兹振荡器。

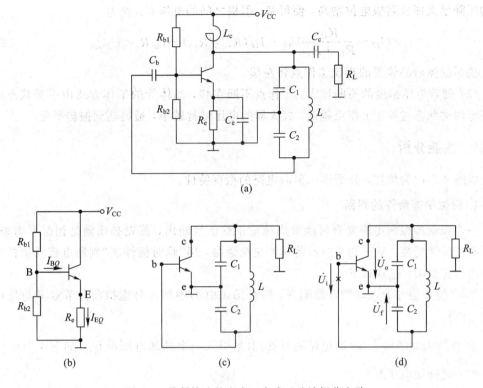

图 4.6　共射接法的电容三点式正弦波振荡电路

图 4.6(a)中，R_{b1}、R_{b2}、R_e 为直流偏置电阻，使晶体管在起振时能工作于甲类状态；C_e、C_c 与 C_b 是容量足够大的耦合(旁路)电容，起隔直流通交流的作用；L_c 为高频扼流圈，起隔交流通直流的作用，即给晶体管集电极提供直流通路并阻止高频信号通过；C_1、C_2 与 L 为工作电容、电感，它们组成 LC 并联谐振回路，实现选频功能；R_L 为负载电阻。因而，图 4.6(a)电路的直流通路如图 4.6(b)所示，对基波分量的交流通路如图 4.6(c)所示。由于 $R_{b1} /\!/ R_{b2}$ 比晶体管的输入电阻大很多，因而被视作对高频断路。

4.3.2　工作原理

由图 4.6(c)可知，基本放大器是共发射极接法的，其输入端口在 b、e 间，输出端口在 c、e 间；反馈环节由电容 C_1 与 C_2 实现，反馈环节送到放大环节输入端的电压 $\dot{U}_f$ 取自电容 C_2。

(1) 起振时，晶体管处于甲类状态，由图 4.6(b)可知，晶体管静态工作点处的直流偏压为

$$U_{BEQ} = \frac{R_{b2}}{R_{b1}+R_{b2}} V_{CC} - I_{BQ}(R_{b1} /\!/ R_{b2}) - I_{EQ}R_e \tag{4.18}$$

这时，基本放大器的增益较高。

(2) 起振后，随着电压幅度的不断增大，晶体管进入非线性区，导致集电极电流 i_C 正负半周不对称而使其平均分量 I_{C0}(即直流分量)增大，当 $I_{C0} \approx I_{E0} > I_{EQ}$ 时，发射极电阻 R_e

上的压降增大即发射极电位增高，使得基、射极之间的电压 U_{BE} 变为

$$U_{BE} = \frac{R_{b2}}{R_{b1} + R_{b2}} V_{CC} - I_{B0}(R_{b1} /\!/ R_{b2}) - I_{E0}R_e < U_{BEQ} \qquad (4.19)$$

说明起振后晶体管的直流工作点将左移。

（3）随着电压幅度的不断增大，工作点不断左移，晶体管的工作方式由甲类状态向乙类甚至丙类状态过渡。工作点越低，放大器的电压增益越小，最终达到振幅平衡。

4.3.3 性能分析

以图 4.6(c) 为依据，分析图 4.6(a) 电路的振荡特性。

1. 相位平衡条件的判断

一个反馈型振荡电路要有可能形成稳定正弦信号输出，首先必须满足相位平衡条件，即具有正反馈特性。基于图 4.6(c) 的基波交流通路，用"瞬时极性法"判断电容反馈振荡电路是否为正反馈，过程如下：

① 在放大器的输入端把电路断开，即在图 4.6(d) 中用×号虚拟断开节点 b 与反馈环节的连线；

② 在放大器的输入端（即电路断开处）对地引入一个外加电压源 $\dot{U}_i$，如图 4.6(d) 中节点 b 与 e 之间加电压源 $\dot{U}_i$。

③ 经过放大器输出的电压为 $\dot{U}_o$（即节点 c 的对地电压）就是反馈网络的输入电压。由对小信号谐振放大器的讨论可知，图 4.6(d) 中共射组态的放大器工作于谐振频率 ω_0 时输出 $\dot{U}_o$ 与输入 $\dot{U}_i$ 反相。

④ 观察 $\dot{U}_o$ 经反馈环节送到放大器输入端（即电路断开处）的反馈电压 $\dot{U}_f$ 是否与 $\dot{U}_i$ 同相。若同相，则必有某一个频率满足自激振荡的相位条件，电路有可能振荡。图 4.6(d) 中，$\dot{U}_f$ 是电容 C_2 的端电压，$\dot{U}_o$ 是电容 C_1 的端电压。对于频率 ω_0 成分，LC 并联回路处于谐振状态，满足 $\dfrac{\dot{U}_f}{j\omega_0 C_2} + \dfrac{\dot{U}_o}{j\omega_0 C_1} = 0$，即 $\dot{U}_f$ 与 $\dot{U}_o$ 反相；由③可知 $\dot{U}_o$ 与 $\dot{U}_i$ 反相，故 $\dot{U}_f$ 与 $\dot{U}_i$ 同相，即图 4.6(d) 电路对频率 ω_0 成分具有正反馈特性。

总之，电容反馈振荡电路在其固有谐振频率 ω_0 处具有严格的正反馈特性，满足相位平衡条件。

2. 起振阶段的电路特性

在起振时，振荡电路属于小信号工作状态，且外部反馈作用远大于内部反馈的，故晶体管的内部反向传输 y_{re} 的影响可忽略，图 4.6(c) 的小信号等效电路如图 4.7(a) 所示。进一步将晶体管的输入导纳 y_{ie}、输出导纳 y_{oe} 用电导 g_{ie}、g_{oe} 与电容 C_{ie}、C_{oe} 的并联来等效，电感线圈的损耗用并联电导 g_0 来等效，且 $g_L = 1/R_L$，得到图 4.7(b) 的等效电路；再将全部电导元件都折算到晶体管的集电极与发射极之间，即放大器的输出端 c 与 e 之间，并合并同类元件后得到最简等效电路，如图 4.7(c) 所示。

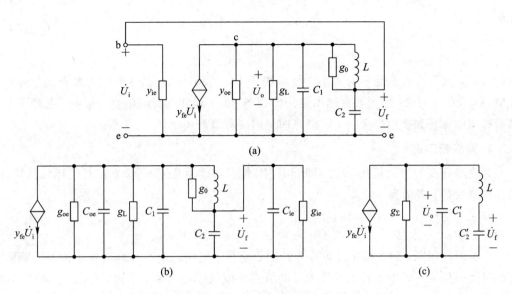

图 4.7　电容反馈振荡电路的小信号等效电路及其简化

图 4.7(c)中的相关参数为

$$C_1' = C_1 + C_{oe} \quad 和 \quad C_2' = C_2 + C_{ie} \tag{4.20}$$

$$p_1 = \frac{C_1' + C_2'}{C_2'} \quad 和 \quad p_2 = \frac{C_1'}{C_2'} \tag{4.21}$$

$$g_\Sigma = g_{oe} + p_1^2 g_0 + g_L + p_2^2 g_{ie} \tag{4.22}$$

如果忽略电流 i_c 对 u_i 的相移，y_{fe} 可以用跨导 g_m 表示，则起振时的基本放大器谐振电压增益值为

$$|A_{u0}| = \left| \frac{\dot{U}_o}{\dot{U}_i} \right| = \frac{|y_{fe}| U_{im} / g_\Sigma}{U_{im}} = \frac{|y_{fe}|}{g_\Sigma} = \frac{g_m}{g_\Sigma} \tag{4.23}$$

3. 反馈环节

电容反馈振荡电路的反馈环节是由电容 C_1 与 C_2 的串联分压实现的。基本放大器的输出电压 $\dot{U}_o$ 是反馈环节的输入，反馈环节的输出 $\dot{U}_f$ 应送到基本放大器的输入端。由图 4.6(d)可知，$\dot{U}_o$ 实际是电容 C_1' 的端电压，$\dot{U}_f$ 是电容 C_2' 的端电压。当电路具有正反馈特征时，L 与 C_1'、C_2' 处于谐振状态，C_1' 与 C_2' 相当于串联，于是振荡电路反馈环节的反馈系数值为

$$|F| = \frac{U_f}{U_o} = \frac{C_1'}{C_2'} = p_2 \tag{4.24}$$

4.3.4　主要技术指标估算

1. 振荡频率

由 4.3.3 节的分析可知，当振荡电路工作于谐振状态时具有正反馈特征，才有可能形成稳定的正弦波输出。由等效电路图 4.6(d)可知，振荡器输出稳定正弦波的角频率约为

$$\omega_0 = \sqrt{\frac{1}{LC_\Sigma}} \tag{4.25}$$

其中：

$$C_{\Sigma} = \frac{C_1' C_2'}{C_1' + C_2'} \tag{4.26}$$

可见，振荡器振荡频率的大小主要取决于 LC 回路，也与晶体管的参数有关。调节外接电容 C_2 或 C_1 的值，便可改变输出信号的频率。由于晶体管极间电容的影响，电容反馈振荡器的实际振荡频率值略高于 LC 谐振回路的固有谐振频率。

2. 频率稳定度

频率稳定度的定义是在一定时间间隔内，振荡器实际振荡频率 f 相对于标称值 f_0 的偏差的最大值，表示为

$$\frac{\Delta f_{\max}}{f_0}\bigg|_{时间间隔} = \frac{|f - f_0|_{\max}}{f_0}\bigg|_{时间间隔} \tag{4.27}$$

根据时间间隔，频率稳定度可分为长期稳定度、短期稳定度和瞬时稳定度。长期稳定度的时间间隔为一天以上乃至几个月，其值主要取决于晶体管、电阻、电容、电感等电路元件的老化特性，主要用于评价天文台或计量单位的高精度频率标准和计时设备的稳定指标；短期稳定度的时间间隔为一天以内，其数值大小主要与温度变化、电压变化和电路参数不稳定等外界因素有关，多用来评价测量仪器和通信设备中主振器的频率稳定指标；瞬时稳定度的时间间隔为秒或毫秒内，主要用于描述振荡器内部噪声引起的随机频率起伏，又称为振荡器的相位抖动。

由于振荡器的振荡频率基本上取决于回路的谐振频率，所以凡是能够引起回路谐振频率变化的因素都会引起振荡频率的变化。例如元件的机械变形，周围温度、湿度、气压等可能引起谐振回路 L 和 C 值变化的因素；振荡器的负载变化，电源电压或周围温度等会使晶体管参数变化的因素，都是造成振荡器频率不稳定的因素。一般 LC 振荡器的短期频率稳定度大约在 $10^{-2} \sim 10^{-3}$ 的数量级。

稳频的措施可以从以下三个方面着手：

（1）采用恒温、稳压电源、减振等各种措施，减小甚至消除外界因素的变化。

（2）采用各种措施以减小外界因素的变化对频率的影响。例如，采用射随器可隔离负载的变化，选用高品质的电路元件提高电路参数抗外因变化的能力等。

（3）利用各种因素之间的内部矛盾，使各种频率变化相互抵消。

所有这些都牵涉到振荡器的设计和元件的制造工艺等各方面的问题。用电感线圈和电容器做成的 LC 振荡器，由于受到谐振回路标准性的限制，采用一般稳频措施后，频率稳定度大约在 $10^{-3} \sim 10^{-4}$ 之间。

3. 振幅起振条件

将式（4.22）和式（4.23）带入振幅起振条件 $|A_{u0}F| > 1$，得图 4.6(a)电路的振幅起振条件为

$$g_m > (g_{oe} + p_1^2 g_0 + g_L)\frac{1}{|F|} + g_{ie}|F| \approx (g_{oe} + p_1^2 g_0 + g_L)\frac{C_2}{C_1} + g_{ie}\frac{C_1}{C_2} \tag{4.28}$$

由式（4.28）可以看出，从输出电导 g_{oe} 和等效负载电导 $p_1^2 g_0 + g_L$ 的影响看，$|F|$ 越大越易起振，而从输入电导 g_{ie} 看，$|F|$ 不能太大。为了使电容三点式振荡器易于起振，应选

择 g_m 大、g_{ie} 和 g_{oe} 小的晶体管；另外，$|F|$ 的大小还会影响振荡波形的好坏，$|F|$ 过大会产生较大的波形失真。兼顾两者，一般选取 $|F|$ 为 $1/8\sim1/2$ 且取得较小。在晶体管参数 g_m、g_{ie} 和 g_{oe} 一定的情况下，可以通过调节 g_L 或 F 来保证起振。

实践表明，如果选用特征频率大于振荡频率 5 倍以上的晶体管组成基本放大器，负载电阻不可太小，反馈系数选择得合理，式(4.28)就能得到满足。为保证振荡器有一定的幅度且波形失真小，通常取起振时的环路增益值 $|A_{u0}F|=3\sim5$。

4. 输出波形

电容反馈振荡器中负载电阻是与电容并联的，因此负载上的高次谐波分量小，波形比较接近正弦波。

4.3.5　电路特点

电容反馈振荡器的优点是：结构简单，易于起振；反馈由电容产生，高次谐波成分在电容上产生的反馈电压小，因而输出电压中高次谐波电压小，波形较好；晶体管的极间电容是与电容 C_1、C_2 并联的，频率变高也不会改变各并联体的容抗特性，因此工作频率可以做得较高(通常可达一百兆赫以上，在工作频率较高时，甚至可以只利用晶体管的极间电容作为谐振回路电容)。

电容反馈振荡器的缺点是调节 C_2 或 C_1 来改变振荡频率时，电路的反馈系数也将改变，且振荡频率的稳定性受三极管等效输入电容和输出电容的影响。

【**例 4.1**】 振荡电路如图 4.8(a)所示。图中，选频回路元件参量为 $C_1=100$ pF，$C_2=13200$ pF，$L_1=100$ μH，$L_2=300$ μH。要求：(1)画出基波交流通路；(2)估算振荡频率；(3)判断是否满足相位平衡；(4)求电压反馈系数。

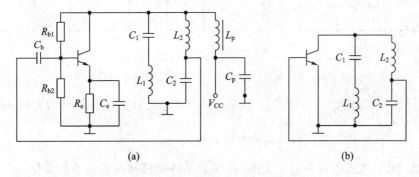

图 4.8　例 4.1 电路

解　(1)基波交流通路如图 4.8(b)所示。

(2)由题目可知，谐振回路的总电感为

$$L_\Sigma=L_1+L_2=400\ \mu H$$

总电容为

$$C_\Sigma=\cfrac{1}{\cfrac{1}{C_1}+\cfrac{1}{C_2}}=\frac{C_1C_2}{C_1+C_2}=99.25\ pF$$

故振荡频率为

$$\omega_0 = \sqrt{\frac{1}{L_\Sigma C_\Sigma}} = 5.02 \text{ Mrad/s}$$

（3）L_1 与 C_1 串联支路的固有谐振频率为

$$\omega_1 = \sqrt{\frac{1}{L_1 C_1}} = 100 \text{ Mrad/s} > \omega_0$$

在频率 ω_0 处，$L_1 C_1$ 串联支路呈现容性，故电路为电容反馈振荡电路，满足相位平衡条件，即该电路具有最高工作频率 100 Mrad/s。

（4）电压反馈系数为

$$F = \frac{\dfrac{1}{\omega C_2}}{\dfrac{1}{\omega C_1} - \omega L_1} = \frac{C_1 L_\Sigma C_\Sigma}{(C_\Sigma L_\Sigma - C_1 L_1) C_2} = 0.01$$

4.3.6　电路改进

针对电容反馈振荡器的缺点，在保留其优点的基础上，从电路结构上进行性能改善。

1. 晶体管极间电容的影响

在图 4.6(a) 电容反馈振荡电路中，晶体管的极间电容 C_{ie} 和 C_{oe} 分别与 LC 谐振回路电容 C_2 和 C_1 并联，如图 4.9(a) 所示。

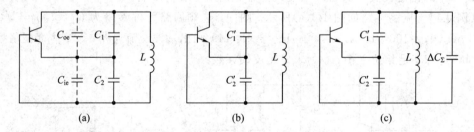

图 4.9　电容反馈振荡电路中晶体管的极间电容的影响

令 $C_1' = C_1 + C_{oe}$ 和 $C_2' = C_2 + C_{ie}$，则图 4.9(a) 可等效为图 4.9(b)，且 LC 谐振回路的总电容 $C_\Sigma = \dfrac{C_1' C_2'}{C_1' + C_2'}$，振荡器的振荡角频率可表示为 $\omega_0 = \sqrt{\dfrac{1}{L C_\Sigma}}$。

若环境温度、电源电压等出现变化，必引起晶体管极间电容的参数变化 ΔC_{ie} 和 ΔC_{oe}，相当于对电感并联了一个电容 ΔC_Σ（如图 4.9(c) 所示），即

$$\Delta C_\Sigma = p_{ce}^2 \Delta C_{oe} + p_{be}^2 \Delta C_{ie} \tag{4.29}$$

其中，将 ΔC_{ie} 和 ΔC_{oe} 折算到电感两端的接入系数分别为

$$p_{ce} = \frac{C_\Sigma}{C_1'} = \frac{C_2'}{C_1' + C_2'}, \quad p_{be} = \frac{C_\Sigma}{C_2'} = \frac{C_1'}{C_1' + C_2'} \tag{4.30}$$

因此，晶体管极间电容的变化导致振荡器的振荡频率变为

$$\omega_0' = \sqrt{\frac{1}{L(C_\Sigma + \Delta C_\Sigma)}} \neq \omega_0 \tag{4.31}$$

要减小 ΔC_{oe} 和 ΔC_{ie} 对振荡频率的影响，p_{ce} 和 p_{be} 要尽可能同时减小。由式(4.30)可

知，图 4.6(a)所示的一般电容反馈振荡电路的 p_{ce} 和 p_{be} 不可能同时减小，故频率稳定度不可能达到很高。

2. 克拉泼振荡器

克拉泼(Clapp)振荡器就是在电容反馈振荡器的基础上，将电感 L 支路串联了一个可变的小容量电容 C_3，即满足 $C_1 \gg C_3$，$C_2 \gg C_3$。此电路又称为克拉泼振荡器，结构如图 4.10(a)所示。克拉泼振荡器的基波交流通路如图 4.10(b)所示。显然，此电路仍是共射结构，反馈电压仍取自电容。由图 4.10(b)可知，当 LC_3 的串联支路呈现感性时，满足电容反馈相位平衡条件，说明该电路具有最低振荡角频率，即

$$\omega_{\min} = \sqrt{\frac{1}{LC_3}} \tag{4.32}$$

且 LC 谐振回路的总电容为

$$C_\Sigma = \frac{1}{\dfrac{1}{C_1'} + \dfrac{1}{C_2'} + \dfrac{1}{C_3}} \approx C_3,\ C_3 \ll C_1、C_2 \tag{4.33}$$

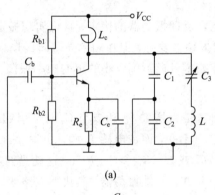

(a)

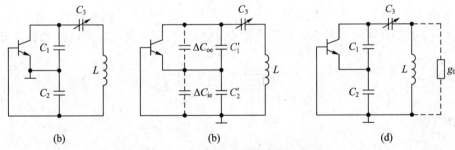

(b)　　　　　　　(b)　　　　　　　(d)

图 4.10　共射接法的克拉泼振荡电路

故克拉泼振荡电路的振荡角频率为

$$\omega_0 = \sqrt{\frac{1}{LC_\Sigma}} \approx \sqrt{\frac{1}{LC_3}} \tag{4.34}$$

可见，振荡角频率 ω_0 的大小主要取决于 L、C_3 的值，但此电路的反馈系数仍如式(4.24)中所示只取决于 C_1、C_2 的值。因此，通过调节 C_3 的值来调整振荡频率时不影响反馈系数值；而通过调整 C_1、C_2 的值来调节反馈系数时对振荡频率的影响很小，且 C_1、C_2 的值越大则影响越小。也就是说，克拉泼振荡电路可以实现振荡频率与反馈系数的独立

调节。

当晶体管参数出现变化 ΔC_{ie} 和 ΔC_{oe} 时（如图 4.10(c)所示），等效总电容的增量为 $\Delta C_{\Sigma}=p_{ce}^2\Delta C_{oe}+p_{be}^2\Delta C_{ie}$，其中的接入系数分别为

$$p_{ce}=\frac{C_{\Sigma}}{C_1'}\approx\frac{C_3}{C_1'},\ p_{be}=\frac{C_{\Sigma}}{C_2'}\approx\frac{C_3}{C_2'} \tag{4.35}$$

可见，即使晶体管极间电容值出现变化，由于 $C_3\ll C_1$ 或 C_2，因而 p_{ce} 和 p_{be} 的值很小，故 ΔC_{Σ} 很小，即克拉泼振荡电路的频率稳定度比一般电容反馈振荡电路要高，但是 C_3 的减小受到电路起振条件的限制，故短期频率稳定度只可提高到 10^{-4} 的数量级。

克拉泼振荡电路中，电感线圈的并联等效损耗电导（如图 4.10(d)所示 g_0）折算到放大器输出端 c、e 时的接入系数变为

$$p_1=\frac{C_1'}{C_{\Sigma}}\approx\frac{C_1}{C_3} \tag{4.36}$$

对比式(4.21)可知，p_1 变大。显然，由于小电容 C_3 的接入，使得电感线圈的等效损耗电导 $p_1^2 g_0$ 变大，振幅起振不等式(4.28)的右侧变大，说明克拉泼振荡电路的起振比较困难。

克拉拨振荡器继承了电容反馈振荡器的优点，且可实现振荡频率和反馈系数的独立调节，频率稳定度比电容反馈振荡器要好，但在频率高端起振较难，不适合用作波段振荡器，主要用作固定频率振荡器或频率可调范围较小的可变频率振荡器。

3. 西勒振荡器

克拉泼振荡器存在的问题是当增大 C_1 和减小 C_3 时会引起振荡幅度下降，难于起振。为解决这一矛盾，可以保持 C_3 不变，而在电感 L 两端并联一个小容量的可变电容 C_4，用以改变振荡频率，满足 $C_1\gg C_3$ 或 C_4，$C_2\gg C_3$ 或 C_4。这就是西勒(Seiler)振荡器，因为 C_4 与 L 并联，所以又称为并联型电容反馈振荡器。其典型电路如图 4.11(a)所示，图 4.11(b)为它的基波交流通路。显然，此电路仍是共射结构，反馈电压仍取自电容。当 L、C_4 并联后再与 C_3 的串联呈现为感性时，满足电容反馈相位平衡条件。即该电路的振荡频率应满足

$$\sqrt{\frac{1}{L(C_3+C_4)}}<\omega<\sqrt{\frac{1}{LC_4}} \tag{4.37}$$

总电容为

$$C_{\Sigma}=\frac{1}{\frac{1}{C_1'}+\frac{1}{C_2'}+\frac{1}{C_3}}+C_4\approx C_3+C_4 \tag{4.38}$$

振荡频率为

$$\omega_0=\sqrt{\frac{1}{LC_{\Sigma}}}\approx\sqrt{\frac{1}{L(C_3+C_4)}} \tag{4.39}$$

可见，振荡频率 ω_0 主要取决于 L、C_3 和 C_4 的值，但此电路的反馈系数仍如式(4.22)所示，只取决于 C_1、C_2 的值。因此，通过调节 C_3 或 C_4 的值来改变振荡频率时不影响反馈系数值；而改变 C_1、C_2 调节反馈系数时对振荡频率的影响较小，且 C_1、C_2 的值越大影响越小。即西勒振荡器具有频率和反馈系数可以独立调节的优点。

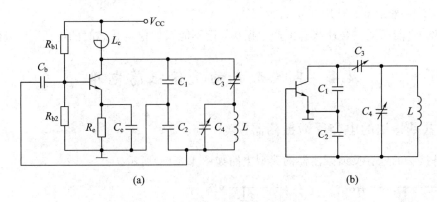

图 4.11　共射接法的西勒振荡电路

当晶体管参数变化 ΔC_{ie} 和 ΔC_{oe} 时，等效总电容增量 $\Delta C_\Sigma = p_{ce}^2 \Delta C_{oe} + p_{be}^2 \Delta C_{ie}$，其中的接入系数仍如式(4.35)所示很小，由于 C_3 很小，故 ΔC_Σ 很小，即西勒振荡器的频率稳定度比一般电容反馈振荡器要高。但 C_3 太小时，接入系数 p_1 较大，而总电导 g_Σ 较大，振幅起振不等式(4.28)的右侧较大，振幅平衡条件难以满足，电路不易起振，且输出的振荡幅度较小。C_3 过大时，频率稳定度又会下降。C_3 的选取应综合考虑波段覆盖系数、频率稳定度和起振，在保证起振的条件下，C_3 应选得小一点好。

西勒振荡器中电感线圈的并联等效损耗电导折算到放大器输出端 c、e 时的接入系数仍如式(4.36)所示，与 C_4 无关，故通过调节 C_4 来改变振荡频率时，LC 谐振回路的总电导不变，因而振幅起振不等式(4.28)的右侧不变，从而使振荡器的输出幅度在频率变化时基本稳定。因此，西勒振荡器可作为波段振荡器使用，其波段覆盖较宽，且工作频率较高(可达到数百兆赫)，在波段内幅度也较均匀，是一种性能较好的振荡器，实际应用较多。

所谓波段覆盖率，是指振荡器可正常连续工作的最高振荡频率与最低振荡频率之比，一般克拉泼振荡器的波段覆盖率约为 1.2～1.3，西勒振荡器的波段覆盖率约为 1.6～1.8。

4.3.7　振荡器及其元件选择

由于振荡器实际是一个具有反馈的非线性系统，精确计算很困难且不必要，因此，振荡器的设计通常是进行一些设计考虑和近似估算，选择合理的线路和工作点，确定元器件的数值，而工作状态和元器件的准确数值需要在调整、调试过程中最后确定。设计时一般应主要考虑以下问题：

(1) 根据工作频率范围、波段宽度及频率稳定度要求来选择振荡器的电路形式；

(2) 若振荡器的工作频率范围为 $[f_{0min}, f_{0max}]$，通常选用特征频率 $f_T > (3\sim10)f_{0max}$ 的晶体管(由于 f_T 较高，晶体管的内部相移较小，有利于稳频)。同时希望晶体管的电流放大系数大些，以利于起振。

(3) 将晶体管的静态工作点设置在线性放大区内的小电流区(这样，振荡器达稳定状态时在截止区)，电路应采用自偏压，且满足 $|A_{u0}F| = 3\sim5$。对于小功率晶体管，集电极静态电流 I_{CQ} 约为 0.8～4 mA，则 $g_m = I_{CQ}/(26\ \text{mA})$，取反馈系数 $|F| = 0.15\sim0.5$。

(4) 合理选择谐振回路的 L、C 元件。从稳频角度考虑，L 和 C 的值应尽可能大。但 C 过大则不利于波段工作，L 过大则体积大、分布电容大。在短波范围内，C 一般取几十至几百 pF，L 一般取 0.1 至几百 μH。

至此，只能保证在合理状态下产生振荡，而不能预期稳定状态时的电压、电流值。

4.4　其他形式的反馈振荡电路

4.4.1　共基接法的电容反馈振荡器

共基接法的电容反馈振荡器的典型电路如图 4.12(a)所示。

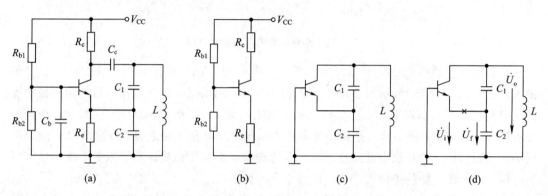

图 4.12　共基接法的电容反馈正弦波振荡电路

图 4.12(a)的电路中，R_{b1}、R_{b2}、R_e 为直流偏置电阻，使三极管在起振阶段工作于甲类状态；C_c 与 C_b 是容量足够大的耦合(旁路)电容，起隔直通交的作用；C_1、C_2 与 L 为工作电容、电感，组成 LC 并联谐振回路，实现选频。因而，图 4.12(a)电路的直流通路如图 4.12(b)所示，对基波分量的交流通路如图 4.12(c)所示。由图 4.12(c)可知，放大环节是共基极接法，输入端口在 e、b 间，输出端口在 c、b 间；反馈环节由电容 C_1 与 C_2 实现，反馈环节送到放大环节输入端的电压 $\dot{U}_f$ 取自电容 C_2。

仍采用"瞬时极性法"判断电路的反馈极性：在图 4.12(c)中用×号虚拟断开节点 e 与反馈环节的连线，如图 4.12(d)所示；在此处引入一个外加电压源 $\dot{U}_i$；经过共基放大器输出一个与 $\dot{U}_i$ 同相的电压 $\dot{U}_o$；$\dot{U}_o$ 经反馈环节送到放大环节的输入端，图 4.12(d)中 $\dot{U}_f$ 是电容 C_2 的端电压，对 LC 并联谐振回路的固有谐振频率 ω_0 成分，反馈最强，这时 $\dfrac{\dot{U}_f}{j\omega_0 C_2} = \dfrac{\dot{U}_o}{j\omega_0 C_\Sigma}$，即 $\dot{U}_f$ 与 $\dot{U}_o$ 同相；因而 $\dot{U}_f$ 与 $\dot{U}_i$ 同相，即图 4.11(c)所示电路对频率 ω_0 成分具有正反馈特性。

显然，共基接法电容反馈振荡器的交流通路(图 4.12(c)所示)与共射接法(图 4.6(c))的电路结构一致，故共基接法电容反馈振荡器的工作原理、分析方法与共射接法的相同，只是共基放大电路的工作上限频率较高，因而在振荡频率较高时大多采用共基接法的电容反馈振荡器。

【例 4.2】　分析图 4.13(a)所示的振荡电路，说明各元件的作用，画出交流等效电路，并估算振荡频率。

解 图 4.13(a)的电路中，R_{b1}、R_{b2}、R_e 和 R_c 为直流偏置电阻，为晶体管提供工作于甲类状态的初始静态工作点；0.1 μF 的大电容是旁路电容，起着隔直流通交流的作用；其余的电容、电感为工作电容、电感，组成 LC 并联谐振回路，实现选频、阻抗变换的功能；两个 200 pF 的电容组成反馈环节实现反馈功能。因而，图 4.13(a)电路的直流通路如图 4.13(b)所示，对基波分量的交流通路即交流等效电路如图 4.13(c)所示。

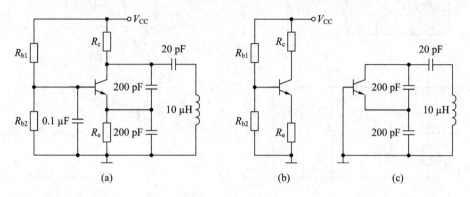

图 4.13 例 4.2 的电路

由图 4.13(c)可知，图 4.13(a)电路是一个共基接法的克拉泼型振荡电路，且电路中 LC 谐振回路的总电容为

$$C_{\Sigma} \approx \frac{1}{\dfrac{1}{200} + \dfrac{1}{200} + \dfrac{1}{20}} = \frac{100}{6} \text{pF}$$

因此，图 4.13(a)所示振荡器的振荡频率约为

$$f_0 = \frac{1}{2\pi\sqrt{LC_{\Sigma}}} \approx \frac{1}{2\pi\sqrt{10 \times 10^{-6} \times \dfrac{100}{6} \times 10^{-12}}} \approx 2.05 \times 10^7 \text{ Hz}$$

【例 4.3】 如图 4.14(a)所示是一电容反馈型振荡器的实际电路。已知部分元件的参数为 $C_1 = 50$ pF，$C_2 = 100$ pF，$C_3 = 10 \sim 260$ pF。要求系统工作在 $10 \sim 20$ MHz 的波段范围内，试计算电路中的电感 L 和电容 C_0 的参数值。设电感线圈 L 的空载品质因数为 $Q_0 = 100$，负载 $R_L = 1$ kΩ，晶体管的输入电阻 $R_i = 500$ Ω，若要求起振时的环路增益为 $|A_{u0}F| = 3$，则晶体管的跨导和静态工作电流多大？

解 图 4.14(a)所示电路的基波交流等效电路如图 4.14(b)所示，且 LC 谐振回路的总电容为

$$C_{\Sigma} = \frac{1}{\dfrac{1}{C_1} + \dfrac{1}{C_2}} + C_3 + C_0 = \begin{cases} 43.33 + C_0, & C_3 = 10 \text{ pF} \\ 293.33 + C_0, & C_3 = 260 \text{ pF} \end{cases}$$

因为振荡器的振荡频率为

$$f_0 = \frac{1}{2\pi}\sqrt{\frac{1}{LC_{\Sigma}}} = \begin{cases} 10 \text{ MHz}, & C_3 = 260 \text{ pF} \\ 20 \text{ MHz}, & C_3 = 10 \text{ pF} \end{cases}$$

解得 $L = 0.77$ μH，$C_0 = 40$ pF。

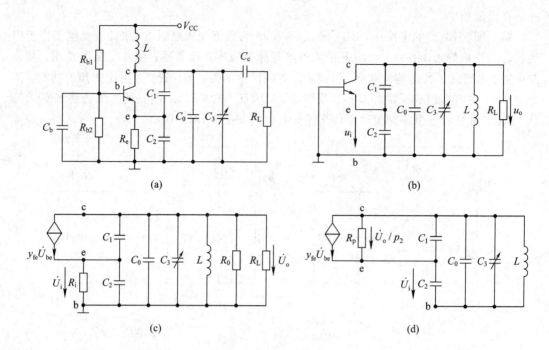

图 4.14　例 4.3 电路

起振时，图 4.14(a)电路的小信号等效电路如图 4.14(c)所示，将图中所有电导元件均折算到晶体管的 c、e 两端后，图 4.14(c)电路可简化为图 4.14(d)，这时回路的总电导为

$$g_{\mathrm{p}} = \frac{1}{R_{\mathrm{p}}} = p_1^2 \frac{1}{R_{\mathrm{i}}} + p_2^2 \left(\frac{1}{R_0} + \frac{1}{R_{\mathrm{L}}} \right), \quad p_1 = \frac{C_2}{C_1}, \quad p_2 = \frac{C_1 + C_2}{C_2}$$

由电路理论知

$$p_2^{-1} \dot{U}_{\mathrm{o}} = -y_{\mathrm{fe}} \dot{U}_{\mathrm{be}} R_{\mathrm{p}} = y_{\mathrm{fe}} \dot{U}_{\mathrm{i}} R_{\mathrm{p}}$$

则基本放大器在起振时的谐振电压增益为

$$|A_{\mathrm{u0}}| = \frac{U_{\mathrm{o}}}{U_{\mathrm{i}}} = \frac{|y_{\mathrm{fe}}| R_{\mathrm{p}} p_2 U_{\mathrm{i}}}{U_{\mathrm{i}}} = |y_{\mathrm{fe}}| R_{\mathrm{p}} p_2 = \frac{g_{\mathrm{m}}}{g_{\mathrm{p}}} p_2$$

此电路的反馈系数为

$$F = \frac{\dfrac{1}{\omega C_2}}{\dfrac{1}{\omega C_1} + \dfrac{1}{\omega C_2}} = \frac{C_1}{C_1 + C_2} = \frac{C_1}{C_2} p_2^{-1}$$

此电路起振时的环路增益为

$$|A_{\mathrm{u0}} F| = \frac{g_{\mathrm{m}}}{p_2 g_{\mathrm{p}}} \times \frac{C_1}{C_2} p_2 = \frac{g_{\mathrm{m}}}{g_{\mathrm{p}}} \times \frac{C_1}{C_2}$$

题目要求，起振时的环路增益为 $|A_{\mathrm{u0}} F| = 3$，将 $|A_{\mathrm{u0}}|$ 和 F 带入此关系，可导得三极管的跨导为

$$g_m = 3g_p \times \frac{C_2}{C_1} = \frac{3}{\dfrac{C_1}{C_2}}\left[\left(\frac{C_2}{C_1}\right)^2 \frac{1}{R_i} + \left(\frac{C_2}{C_1+C_2}\right)^{-2}\left(\frac{1}{R_L} + 2\pi f_0 L Q_0\right)\right]$$

$$= \begin{cases} 17.85 \text{ mS} & f_0 = 10 \text{ MHz}, \ C_3 = 260 \text{ pF} \\ 19.26 \text{ mS} & f_0 = 20 \text{ MHz}, \ C_3 = 10 \text{ pF} \end{cases}$$

为了保证振荡器在 $10 \sim 20$ MHz 波段内的所有频率处都能正常起振，选择晶体三极管的跨导应满足

$$g_m \geqslant 19.26 \text{ mS}$$

这时，晶体三极管的静态工作电流应满足

$$I_{CQ} = g_m \times 26 \times 10^{-3} = 19.26 \times 10^{-3} \times 26 \times 10^{-3} \geqslant 0.5 \text{ mA}$$

【例 4.4】 分析图 4.15(a)中所示的振荡电路，说明振荡电路中各元件的作用，画出其交流等效电路，并估算振荡频率。

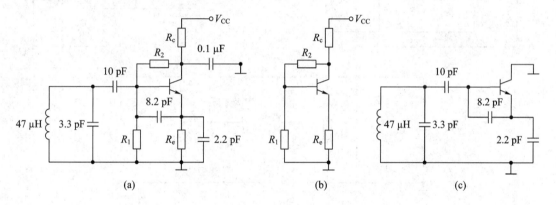

图 4.15 例 4.4 的电路

解 图 4.15(a)的电路中，R_1、R_2、R_e 和 R_c 为直流偏置电阻，确保晶体三极管在起振时能工作于甲类状态；0.1 μF 的电容是耦合电容，起隔直通交的作用；其余的电容、电感为工作电容、电感，组成 LC 并联谐振回路，实现选频、阻抗变换的功能；8.2 pF 与 2.2 pF 的电容组成反馈环节，实现反馈功能。因而，图 4.15(a)电路的直流通路如图 4.15(b)所示，交流等效电路如图 4.15(c)所示。显然，此电路是共集接法的西勒型振荡电路。图 4.15(c)中回路的总电容为

$$C_\Sigma = \frac{1}{\dfrac{1}{10} + \dfrac{1}{6.2} + \dfrac{1}{2.2}} + 3.3 \approx 4.70 \text{ pF}$$

因而，振荡器的振荡频率约为

$$f_0 = \frac{1}{2\pi\sqrt{LC_\Sigma}} \approx \frac{1}{2\pi\sqrt{47 \times 10^{-6} \times 4.7 \times 10^{-12}}} \approx 1.07 \times 10^7 \text{ Hz}$$

4.4.2 电感反馈正弦波振荡电路

电感反馈正弦波振荡电路是以 LC 谐振回路作为选频网络、谐振回路中的两个电感构成反馈环节的 LC 正弦波振荡器，又称哈特莱振荡器或电感反馈振荡电路，其典型电路如

图 4.16(a)所示。在高频交流通道中，电源 V_{CC} 处于高频地电位，旁路电容 C_e 的存在使得晶体管发射极也是高频地电位，因此，发射极与 L_1、L_2 的抽头是高频相连的，其基波交流通路如图 4.16(b)所示。同样，在图中忽略了大电阻 $R_{b1} /\!/ R_{b2}$ 的作用。显然，它是共射接法的，且结构与图 4.6 的共射接法电容反馈相似，只是反馈环节由电感 L_1 与 L_2 实现，反馈环节送到放大环节输入端的电压 $\dot{U}_f$ 取自电感 L_2，故分析过程相同。图 4.16(c)所示为它起振阶段的等效电路。

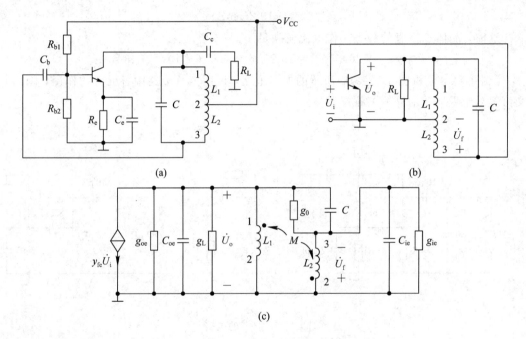

(a)　　　　　　　　　　　　　　　(b)

(c)

图 4.16　共射接法的电感反馈正弦波振荡电路

起振时，基本放大器的谐振电压增益为

$$|A_{u0}| = \frac{U_o}{U_i} = \frac{|y_{fe}|U_i/g_\Sigma}{U_i} = \frac{|y_{fe}|}{g_\Sigma} = \frac{g_m}{g_\Sigma} \tag{4.40}$$

式中，总电导为

$$g_\Sigma = g_{oe} + p_1^2 g_0 + g_L + p_2^2 g_{ie} \tag{4.41}$$

而接入系数为

$$p_1 = \frac{U_{13}}{U_{12}} = \frac{L_1' + L_2' + 2M}{L_1' + M} \quad \text{和} \quad p_2 = \frac{U_{23}}{U_{12}} = \frac{L_2' + M}{L_1' + M} \tag{4.42}$$

等效自感系数应满足

$$\frac{1}{j\omega_0 L_1'} = j\omega_0 C_{oe} + \frac{1}{j\omega_0 L_1} \quad \text{和} \quad \frac{1}{j\omega_0 L_2'} = j\omega_0 C_{ie} + \frac{1}{j\omega_0 L_2} \tag{4.43}$$

式(4.43)中谐振频率 ω_0 就是振荡器的振荡频率，用下式估算：

$$\omega_0 = \frac{1}{\sqrt{L_\Sigma C}}, \quad L_\Sigma = L_1' + L_2' + 2M \tag{4.44}$$

电路的反馈系数值为

$$|F| = \frac{U_f}{U_o} = \frac{U_{23}}{U_{12}} = \frac{L_2' + M}{L_1' + M} \tag{4.45}$$

同理，导得振荡器的振幅起振条件为

$$g_m > (g_{oe} + p_1^2 g_0 + g_L)\frac{1}{F} + g_{ie}F \tag{4.46}$$

对电感反馈正弦波振荡电路，应注意以下几点：

（1）当线圈绕在磁环上时，线圈两部分为紧耦合，这时

$$F = \frac{N_2}{N_1}, \; p_1 = \frac{N_1 + N_2}{N_1}, \; p_2 = \frac{N_2}{N_1} \tag{4.47}$$

（2）由于晶体三极管的极间电容是与电感并联的，只有在这个并联体呈感性时 LC 回路才可能实现谐振而使得振荡电路具备正反馈特性，即振荡电路的振荡频率需满足

$$\omega_0 < \min\left\{\frac{1}{\sqrt{C_{oe}L_1}}, \; \frac{1}{\sqrt{C_{ie}L_2}}\right\} \tag{4.48}$$

此式说明，电感反馈振荡器的振荡频率具有上限值，其能够振荡的最高频率较电容反馈的低。

（3）调节电容 C 的大小来改变振荡频率时，反馈系数不改变，这是电感反馈振荡器的优点。

（4）反馈由电感产生，高次谐波成分在电感上产生的反馈电压较大，因而输出电压中高次谐波电压较大，波形偏离正弦波即失真较大。故电感反馈振荡器的输出电压波形比电容反馈的要差。

（5）短期频率稳定度也在 $10^{-2} \sim 10^{-3}$ 的数量级。

电容反馈振荡器和电感反馈振荡器的交流通路具有相同的结构，它们的选频网络都是由三个电抗元件构成的，且选频网络的三个引出端分别与晶体管的三个电极相连，如图 4.17 所示，因此，将它们统称为 LC 三点式振荡器，即电容三点式振荡器和电感三点式振荡器。

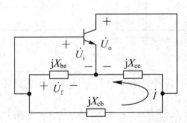

图 4.17　LC 三点式振荡器的原理结构

基于对电容三点式振荡器及其改进型和电感三点式振荡器的讨论，可以得出两点结论：

结论 1　欲实现正反馈，需图 4.17 中的电抗元件 X_{ce} 与 X_{be} 的电抗性质相同，X_{cb} 与 X_{ce}（或 X_{be}）电抗性质相反，即 LC 三点式振荡器的组成原则是"射同它异"。

结论 2　LC 振荡器的振荡频率十分接近 LC 选频回路的固有谐振频率，即振荡频率可由下式估算：

$$X_{ce} + X_{be} + X_{cb} = 0 \tag{4.49}$$

在实际应用中，电容三点式振荡器及其改进型的应用较为广泛。

4.4.3　互感耦合正弦波振荡电路

互感耦合正弦波振荡电路是以耦合互感作为反馈环节、LC 谐振回路作为选频网络的 LC 正弦波振荡器，又称为调谐型振荡器。

图 4.18(a)所示为一单管互感耦合正弦波振荡电路。图 4.18(a)电路在起振初期的直流通路如图 4.18(b)所示，而基波交流通路如图 4.18(c)所示。由图 4.18(c)可知，图 4.18(a)所示电路中的放大器是共射组态，谐振环节在基极电路，故又称为共射调基结构的互感耦合振荡器。并且，L_1 与 L_2 的互感耦合实现反馈，反馈的大小由互感 M 决定，反馈的性质由耦合线圈同名端的位置决定(仍然采用"瞬时极性法"来判断电路反馈的极性，如图 4.18(d)所示)，振荡频率值主要取决于 L_1C 的并联谐振回路。

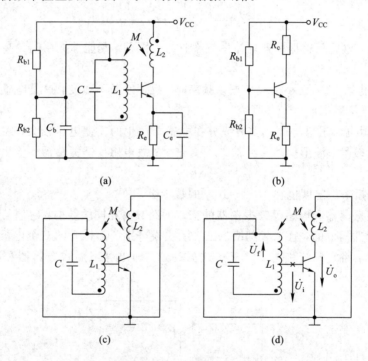

图 4.18　共基调集型单管互感耦合正弦波振荡电路

单管互感耦合振荡器还有其他形式，如图 4.19(a)所示的共基调集型(图 4.19(c)为其基波交流通路)、图 4.19(b)所示的共基调射型(图 4.19(d)为其基波交流通路)。

无论哪种形式，互感耦合线圈同名端的位置都必须满足振荡的相位条件，在此基础上适当调节反馈量 M 以满足振荡的振幅起振条件。其中，共基型电路内部反馈比较小，工作比较稳定，且截止频率较高，但功率增益较小，输入阻抗较低，所以难于起振。调集电路的输出幅度较大，谐波成分较少。

单管互感耦合振荡器的特点是：结构简单，易起振，输出信号的幅度大，调节方便，但频率稳定度不高，且由于互感耦合元件分布电容的存在，限制了振荡频率的提高，所以，只适用于频率不是很高的中、短波段场合。

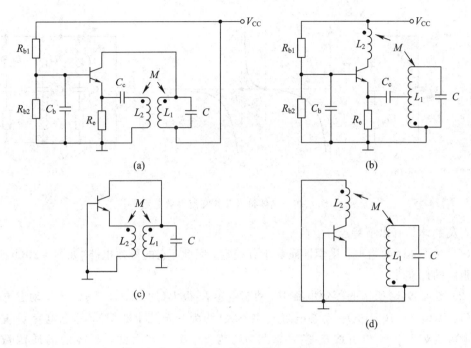

图 4.19　共基调集型、共基调射型单管互感耦合正弦波振荡电路

4.4.4　石英晶体振荡电路

随着电子技术的迅速发展，振荡器的应用日益广泛，特别是在电子对抗、制导、卫星跟踪、宇宙通信、频率计量等领域的应用中，对振荡器的频率稳定度提出了越来越高的要求。例如，电子手表若要求年差不超过 1 分钟，则要求振荡器的频率稳定度不劣于 1.5×10^{-5}；欲实现与火星的通信，则要求振荡器的频率稳定度不劣于 1.5×10^{-11}。而 LC 振荡器，即使采用一系列稳频措施，其频率稳定度也很难达到 10^{-5}。由石英晶体构成的正弦波振荡器可以获得很高的频率稳定度（约为 $10^{-5} \sim 10^{-11}$）。

1. 石英晶体特性

石英晶体是矿物质硅石的一种，其化学成分是 SiO_2，形状为结晶的六棱锥体。石英晶体是具有正压电效应和逆压电效应的一种谐振器件，它的基本结构大致是从一块石英晶体上按一定方位角切下的薄片（简称为晶片，它可以是正方形、矩形或圆形等），在它的两个对应面上涂敷银层作为电极，在每个电极上各焊一根引线接到管脚上，再加上封装外壳就构成了石英晶体谐振器，简称为石英晶体或晶体、晶振。其产品一般用金属外壳封装，也有用玻璃壳、陶瓷或塑料封装的。所谓正压电效应，是指当晶体在电轴或机械轴方向受到压力或张力作用时，会在垂直于电轴的两面上分别产生正、负电荷，呈现电压。逆压电效应是指当在垂直于电轴的两面上加交变电压时，晶体会沿电轴或机械轴产生弹性形变（伸张或压缩），即机械振动。当石英晶体薄片受到的外加交变电场的频率与石英晶体的固有频率相同时，振动便变得很强烈，这就是晶体谐振特性的反应。石英晶体的电路符号如图 4.20(a) 所示。

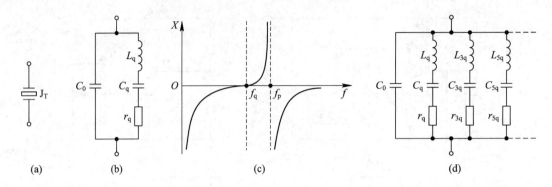

图 4.20　晶体符号及其交流等效电路

石英晶体具有以下特点。

(1) 石英晶体的物理、化学性质都十分稳定，因此，它的等效电路(如图 4.20(b)所示)具有很高的标准性。

(2) 图 4.20(b)所示的等效电路中，动态电感 L_q 很大(约为 $10^{-3}\sim10^2\,\mathrm{H}$)，动态电容 C_q 很小(约为 $10^{-4}\sim10^{-1}\,\mathrm{pF}$)，动态电阻 r_q 也不大(约为一至几十欧姆)，静态电容 C_0 是两敷银层电极、支架电容和引线电容的总和，约为 $2\sim5\ \mathrm{pF}$。因此，晶体的品质因数极高 ($10^5\sim10^6$)，与有源器件的接入系数很小 ($10^{-3}\sim10^{-4}$)。所以，外电路参数不稳定的影响很小，频率稳定度很高。

(3) 由图 4.20(b)知，晶体具有两个谐振频率，一个串联谐振频率和一个并联谐振频率。其中，串联谐振频率为

$$f_q=\frac{1}{2\pi\sqrt{L_qC_q}} \tag{4.50}$$

并联谐振频率为

$$f_p=\frac{1}{2\pi\sqrt{L_q\dfrac{C_0C_q}{C_0+C_q}}}=f_q\sqrt{1+\frac{C_q}{C_0}}>f_q \tag{4.51}$$

由于 $C_0\ll C_q$，故晶体的串、并联谐振频率的间距很小(约几十赫兹到几百赫兹)。

(4) 晶体的阻抗频率特性曲线如图 4.20(c)所示，从图中可以看出：

① 当 $f_q<f<f_p$ 时，晶体等效为一个变化率很大的非线性电感；

② 当 $f<f_q$ 或 $f>f_p$ 时，晶体等效为一个非线性电容；

③ 当 $f=f_q$ 时，晶体等效为短路元件。

(5) 晶体片实际上是一个具有分布参数的三维系统，从理论上来说，它有无限多个固有谐振频率(源于石英片振动的机械谐波，在数值上约为基频的奇数倍)，称之为泛音。考虑晶体片的泛音效果后其等效电路可用图 4.20(d)模拟。

利用石英晶体的特性，将它作为谐振回路的元件，可构成高频率稳定度的振荡器。

2. 并联型石英晶体振荡器

当石英晶体工作于串联谐振频率 f_q 和并联谐振频率 f_p 之间的狭窄频率范围内时，晶体等效于一个随频率增大而急剧增大的非线性电感。利用此特性，将晶体置于 LC 三点式

振荡电路中用作电感元件便构成并联型石英晶体振荡器。其典型电路如图 4.21(a)所示(又称皮尔斯振荡电路),它的基波交流通路如图 4.21(b)所示。它是将共基接法的电容三点式振荡电路中的电感线圈用石英晶体替换而得的,即选频网络是由石英晶体和电容 C_1、C_2 组成的。将石英晶体的等效电路用于图 4.21(b)中,得到如图 4.21(c)所示的交流等效电路,据此估算振荡电路的振荡频率为

$$f_0 \approx \frac{1}{2\pi\sqrt{L_q \dfrac{C_q(C_0+C_L)}{C_q+C_0+C_L}}} = f_q\sqrt{\frac{C_q+C_0+C_L}{C_0+C_L}} = \sqrt{1+\frac{C_q}{C_0+C_L}} \in (f_q,\ f_p) \quad (4.52)$$

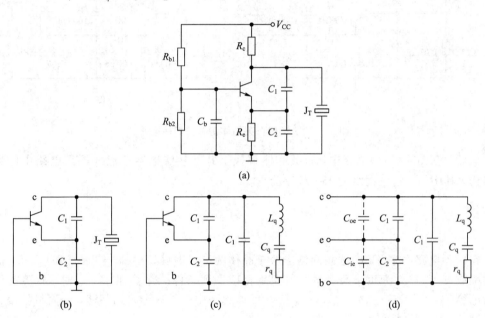

图 4.21　并联型石英晶体正弦波振荡电路

式(4.50)中并联在石英晶体两端的外电路电容为 $C_L = \dfrac{C_1 C_2}{C_1+C_2}$。由此式可知,并联型石英晶体振荡器的振荡频率一定在晶体的串联谐振频率 f_q 与并联谐振频率 f_p 之间,通常可用石英晶体的标称频率 f_N 表达。

特别注意:石英晶体产品的标称频率 f_N 一定介于 f_q 与 f_p 之间,它是指石英晶体两端并联规定的负载电容 C_L 时石英晶体的振荡频率。也就是说,欲振荡器输出信号的频率等于石英晶体的标称频率 f_N,需满足晶体两端的外电路电容 C_L 等于晶体厂家规定的负载电容。一般来说,高频晶体的 C_L 通常为 30 μF,而低频晶体的 C_L 通常为 100 pF,如果晶体上标有"∞",则不需要外接负载电容。

在并联型石英晶体振荡器中,由于石英晶体的等效串联电容 C_q 的容量很小,因此晶体三极管极间电容的不稳定量对振荡器总电容 C_Σ 的影响很小,使得并联型石英晶体振荡器的频率稳定度较高。

3. 串联型石英晶体振荡器

当石英晶体工作于串联谐振频率 f_q 时,晶体等效于一个短路元件。利用此特性,将晶

体用作短路元件串接在 LC 三点式振荡电路的反馈支路中便构成了串联型石英晶体振荡器。图 4.22(a)为一个 5 MHz 串联型晶体振荡电路，它的基波交流通路如图 4.22(b)所示。

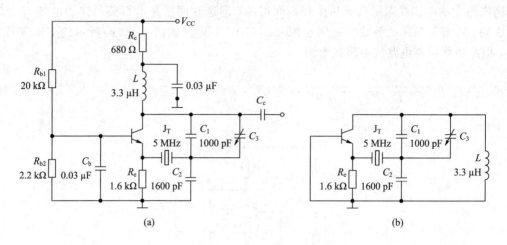

图 4.22　串联型石英晶体正弦波振荡电路

显然，在图 4.22(a)电路中，石英晶体替换了共基接法电容三点式振荡电路中的反馈短路线，其中 LC 选频网络的谐振频率为

$$f_0 \approx \frac{1}{2\pi\sqrt{L\dfrac{C_2(C_1+C_3)}{C_2+C_1+C_3}}} \tag{4.53}$$

在这种电路中，当 LC 选频网络谐振于晶体的串联谐振频率（即 $f_0=f_q$）时，石英晶体对频率成分 f_q 等效为短路而使振荡器满足相位平衡条件；当 f_0 偏离 f_q 时，石英晶体等效为电容（$f_0<f_q$）或电感（$f_0>f_q$），必在反馈支路中引入一个附加相移，从而将偏离频率调整到 f_q 上，确保有较高的频率稳定度。

图 4.23 为集成晶体振荡器 XK76 的内部电路。图中，VT_1 和 VT_2 与外接晶体构成正反馈放大器。VT_3 为共集电极放大器，VT_4 和 VT_5 为共发射极放大器。当晶体串联谐振等效为短路元件时，不仅满足相位平衡条件，而且反馈也最强，满足振幅起振条件，因而振荡器在频率 f_q 处起振。若频率偏离 f_q，晶体将呈现容性或感性，必引入附加相移且阻抗值急剧增大而使反馈量显著减小，破坏相位平衡及振幅平衡，即 XK76 集成晶体振荡器的振荡频率取决于晶体，具有很高的频率稳定度。

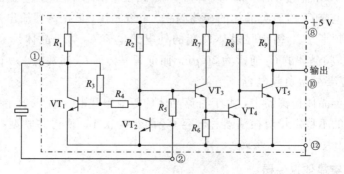

图 4.23　XK76 集成晶体振荡器

4. 泛音石英晶体振荡电路

由于晶体的厚度与其振动频率是成反比的，工作频率越高，晶体基片越薄，晶体基片的加工越困难。利用晶体的泛音振动（泛音晶体）可获得更高振荡频率的正弦波输出。这时，在石英晶体振荡电路的基础上，将谐振回路中的某一个电抗元件用一选频回路替换，使这一支路的电抗性质在基频和低次泛音时不满足相位平衡条件（不构成正反馈），而在所需泛音频率上达到相位平衡条件。图 4.24(a)为一个并联型的泛音晶体振荡电路，图 4.24(b)为它的交流等效电路。其中的泛音晶体是五次泛音，标称频率值为 5 MHz。

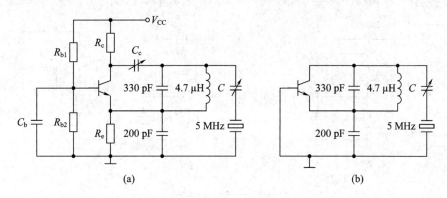

图 4.24　泛音石英晶体正弦波振荡电路

图 4.24(a)电路中由 4.7 μH 电感与 330 pF 电容所组成的并联回路的固有谐振频率为

$$f_0 = \frac{1}{2\pi\sqrt{4.7\times330\times10^{-18}}} = 4.04 \text{ MHz} \in (3,5)\text{MHz}$$

这说明，在泛音晶体的基频 1 MHz 和三次泛音 3 MHz 时，4.7 μH 电感与 330 pF 电容所组成的并联回路呈感性，电路不满足 LC 三点式振荡电路的组成原则而不能形成振荡；在工作频率为五次泛音 5 MHz 时，这个并联回路呈现容性而使得电路能形成有效振荡；在七次及以上的泛音时，这个并联回路虽也呈现容性，但等效容抗很小，不能满足振幅起振条件，因而振荡器也不能在这些高次泛音处产生振荡。

通常，晶体振荡器的频率在 20 MHz 以下时采用基频晶体，大于 20 MHz 时采用泛音晶体。由于晶体在高次泛音振动时，接入系数将降低而使等效到晶体管输出端的负载阻值减小，基本放大器的电压增益下降，有可能使振荡器停振，故泛音晶体振荡器工作的泛音频率不能太高，一般为三、五、七次。

在利用石英晶体构造高频率稳定度的正弦波振荡器时，还应注意以下三点：

(1) 石英晶体谐振器的激励电平应在规定范围内。

(2) 晶体振荡器中一块晶体只能稳定一个频率，当要求在波段中得到可选择的许多频率时，就要采取别的电路措施，如频率合成器，它是用一块晶体得到许多稳定频率（频率合成器的有关内容可参阅其他教材）。

(3) 若采用稳压电源、恒温装置等稳频措施，可进一步提高石英晶体振荡器的频率稳定度。在常温情况下，一般的石英晶体振荡器的短期频率稳定度可达到 10^{-5} 数量级，采用相应的稳频措施后可将短期频率稳定度提高到 10^{-11}。

从本质上讲，石英晶体振荡器相当于一个高 Q 值的 LC 电路。当要求正弦波振荡电路具有很高的频率稳定性时，可以采用石英晶体振荡器。石英谐振器具有体积小、重量轻、可靠性高、频率稳定度高等优点，被广泛应用于时钟信号发生器、通信网络、无线数据传输、高速数字数据传输、无线电综合测试仪、高档频率计数器、家用电器等。

【例 4.5】 电路如图 4.25(a)所示，要求：(1) 画出交流通路，指出是何种类型的电路；(2) 估算振荡频率；(3) 解释晶体在电路中的作用。

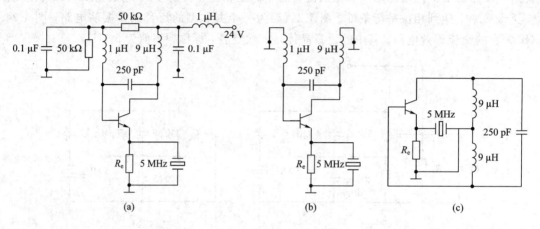

图 4.25　例 4.5 电路

解 （1）交流通路如图 4.25(b)所示，它可改画成如图 4.25(c)所示的形式，由图可以判断出电路是串联型晶体振荡电路；

（2）振荡器的振荡频率为 5 MHz；

（3）晶体用作选频短路元件。

【例 4.6】 检查图 4.26 所示的振荡器电路，指出有哪些错误并加以改正。

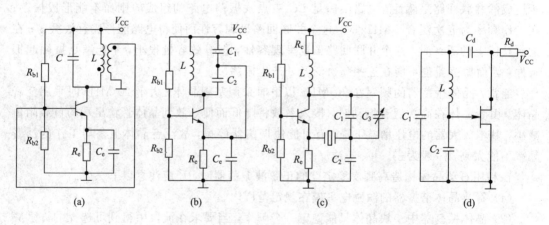

图 4.26　例 4.6 电路

解 对于图 4.26(a)电路，画出其交流通路，如图 4.27(a)所示，显然，这是一个共射调集的互感耦合振荡电路，但反馈类型是负反馈，故应改变同名端。画出图 4.26(a)电路的直流通路，如图 4.27(b)所示，基极直流电位被短路接地，故应加隔直电容。改正后的电路如图 4.28(a)所示。

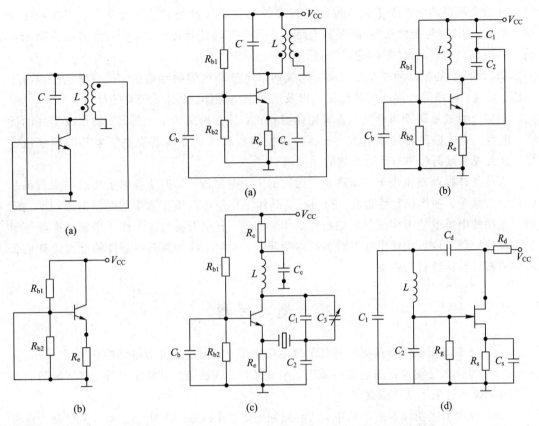

图 4.27　图 4.26(a)电路的　　　图 4.28　例 4.6 的正确电路图
　　　　交流、直流通路

对于图 4.26(b)电路，检查其交流通路，这应是一个电容三点式振荡电路，但基极悬空，而发射极由于旁路电容 C_e 存在而短路接地，导致工作电容 C_1 被短路掉，故应去掉 C_e，并给基极增加一个旁路电容 C_b。检查图 4.26(a)电路的直流通路，直流通路正确。改正后的电路如图 4.28(b)所示。

图 4.26(c)电路应是一个串联型石英晶体振荡电路，检查其交流通路，发现基极悬空，且工作电感 L 与集电极电阻 R_c 串联，将导致 LC 回路的品质因数下降，故给基极增加一个旁路电容 C_b，并给 R_c 引入一个旁路电容 C_c。检查直流通路，直流通路正确。改正后的电路如图 4.28(c)所示。

图 4.26(d)电路应是一个场效应管的三点式振荡电路，交流通路正确。检查直流通路时发现，栅极无直流偏置，故应加直流偏置电路，所加的直流偏置电路应保证起振时工作在线性放大状态。改正后的电路如图 4.28(d)所示。

在高频电子电路中，直流要有直流通路，交流要有交流通路，这是必须遵守的。

本 章 小 结

反馈型正弦波振荡器主要由谐振放大器和反馈网络组成。其特点是无交流输入信号，在起振时放大器应处于甲类工作状态。

反馈型振荡器能产生正弦波振荡的首要条件是必须满足相位平衡条件，即实现正反馈。通常采用"瞬时极性法"判断振荡电路是否具有正反馈特性。对 LC 三点式振荡器而言就是其组成结构要满足"射同它异"的原则。

LC 振荡器的振荡频率主要取决于选频网络电感和电容的参数值，频率稳定性取决于温度、湿度、电压等外界环境的稳定性以及选频网络元件、晶体三极管的品质。

电容三点式振荡器与电感三点式振荡器相比，具有振荡频率上限高、输出波形好的优点。电容三点式振荡器的改进型——克拉泼振荡器和西勒振荡器提高了电路的频率稳定度，且实现了振荡频率与反馈系数的独立调节。

石英晶体振荡器相当于一个高品质因数的 LC 振荡器。其振荡频率主要取决于石英晶体的固有频率，频率稳定性很高。利用石英晶体工作于串联谐振频率与并联谐振频率之间时所呈现的电感效应可构成并联型石英晶体振荡器，利用石英晶体工作于串联谐振频率时所呈现的短路效应可构成串联型石英晶体振荡器，利用电路抑制石英晶体的低次泛音成分可构成石英晶体泛音振荡器。

思考题与习题

4.1 反馈型正弦波振荡器由哪几部分电路组成？试简述各部分电路的作用。

4.2 为什么反馈型振荡电路必须满足平衡条件、起振条件和稳定条件？试从振荡的物理过程来说明这三个条件的含义。

4.3 反馈型正弦波振荡电路中，从起振到平衡，晶体管的工作点会有什么变化？这种变化对振荡器最终维持等幅振荡有什么意义？

4.4 试从相位条件出发，判断题 4.4 图所示的反馈型振荡器高频等效电路中，哪些可能产生振荡？哪些不可能产生振荡？哪些在什么条件下才可能产生振荡？指出可能产生振荡的电路属于哪种类型。

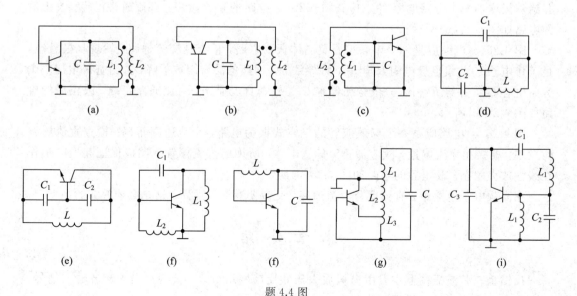

题 4.4 图

4.5　LC 振荡器的工作频率是严格等于调谐回路的谐振频率吗？为什么？

4.6　引起 LC 振荡器的频率不稳的原因是什么？提高其频率稳定度的常用措施有哪些？

4.7　解释在晶体振荡器中晶体的作用及其稳频原理。

4.8　一个振荡器，因为某种原因，使反馈电压 u_f 比输入信号 u_s 滞后了 350°，试问：该振荡器还能否振荡？若能振荡，则振荡频率与原来相比是变大了还是变小了？

4.9　振荡电路如题 4.9 图所示。图中，$L_2 = 140\ \mu H$，$C_1 = 12 \sim 270\ pF$，$C_2 = 20\ pF$，$C_3 = 360\ pF$。要求：

(1) 试画出该电路的交流等效电路；

(2) 为使电路满足振荡的相位条件，给电感线圈标出正确的同名端；

(3) 说明该电路属于什么类型的振荡电路。

(4) 求振荡器振荡频率的可调范围。

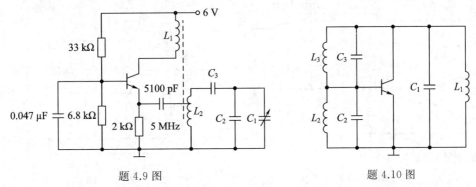

题 4.9 图　　　　　　　　　　　　　　　　　　题 4.10 图

4.10　题 4.10 图是一种三回路正弦波振荡器的交流通路。假设电路的参数有如下四种情况：① $L_1C_1 > L_2C_2 > L_3C_3$；② $L_1C_1 < L_2C_2 < L_3C_3$；③ $L_1C_1 = L_2C_2 > L_3C_3$；④ $L_1C_1 < L_2C_2 = L_3C_3$。试分析：

(1) 上述四种情况中，哪几种情况可能形成振荡？哪几种不能形成振荡？

(2) 如能形成振荡，设振荡频率为 f_0，说明属于哪种振荡电路，需要什么条件。

4.11　振荡器电路如题 4.11 图所示。

(1) 画出交流等效电路（C_{c1}、C_{c2}、C_e 均视为对交流短路），判断其属于何种反馈电路。

(2) 分析电路应满足什么条件才能振荡。

4.12　题 4.12 图所示是一个正弦波振荡电路。

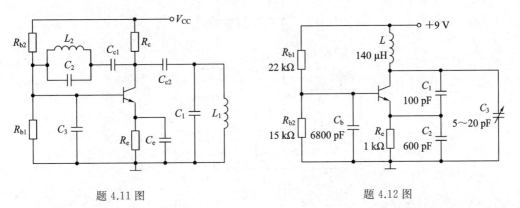

题 4.11 图　　　　　　　　　　　　　　　　　　题 4.12 图

(1) 画出振荡器交流等效电路，指出它属于哪种类型。

(2) 估算振荡频率 f_0 及反馈系数。

(3) 为保证电路能起振，电路增益至少为多少？

4.13 振荡电路如题 4.13 图所示。图中 C_b、C_e、C_{D1} 和 C_{D2} 均视为对高频短路；L_C、L_D 为高频扼流圈。已知电路中，$L_1 = 200\ \mu H$，$L_2 = 10\ \mu H$，$C_1 = 0.001 \mu F$、$C_2 = 300\ pF$。要求：

(1) 画出交流等效电路，指出它属于哪种电路形式。

(2) 估算振荡频率 f_0（忽略互感系数 M）。

(3) 分析电路是否能满足振荡的相位条件。

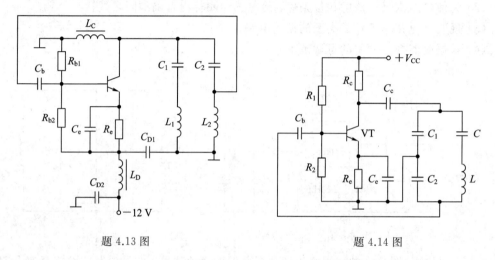

题 4.13 图　　　　　　　　　　　　题 4.14 图

4.14 题 4.14 图所示是一个克拉泼振荡电路。电路中 $R_1 = 15\ k\Omega$，$R_2 = 7.5\ k\Omega$，$R_c = 2.7\ k\Omega$，$R_e = 2\ k\Omega$，$C_1 = 510\ pF$，$C_2 = 1000\ pF$，$C = 30\ pF$，$L = 2.5\ \mu H$，$Q_0 = 100$，晶体管在工作点的参数为 $g_{ie} = 2860\ \mu S$，$C_{ie} = 18\ pF$，$g_{oe} = 200\ \mu S$，$C_{oe} = 7\ pF$，$|y_{fe}| = 45\ mS$。试求：

(1) 电路的振荡频率 f_0；

(2) 电路的反馈系数 F；

(3) 分析讨论此电路能否满足起振条件 $A_{u0}F > 1$。

4.15 在题 4.15 图所示的电容反馈振荡器中，设晶体管极间电容的变化量为 $\Delta C_{ce} = \Delta C_{be} = 1\ pF$，试计算因极间电容产生的频率相对变化 $\Delta\omega_0/\omega_0$。

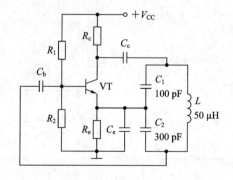

题 4.15 图

4.16　某电视机高频调谐器中的本机振荡电路如题 4.16 图所示。要求：

(1) 画出其交流等效电路，指出它属于哪种电路形式？

(2) 当工作频率在 90～280 MHz 时，回路电感 L 的可调范围为多少？

4.17　某振荡电路如题 4.17 图所示。图中已知可调电容 $C=15\sim47$ pF，L_c 为高频扼流圈。要求：

(1) 画出其交流等效电路，指出它属于哪种电路形式。

(2) 估算振荡频率可调范围 $f_{0\min}\sim f_{0\max}$。

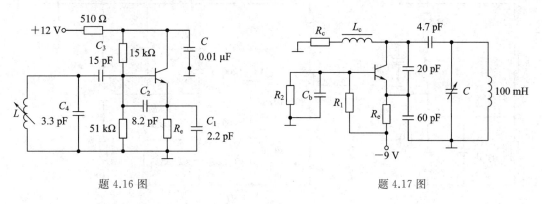

题 4.16 图　　　　　　　　　　　　　题 4.17 图

4.18　晶体振荡电路如题 4.18 图所示。要求：

(1) 画出该电路的交流等效电路；说明石英晶体在电路中的作用，并指出该电路属于哪种类型。

(2) 若石英晶振器频率为 f_0，L_1C_1、L_2C_2 回路的谐振频率分别为 f_{01}、f_{02}，试分析三个频率之间具备什么关系时，电路才能产生振荡。

4.19　10 MHz 晶体振荡器如题 4.19 图所示。图中，L_c 为高频扼流圈。要求：

(1) 画出交流等效电路，指出该晶振电路属于哪种类型。

(2) 说明晶体及 C、C_3 在电路中的作用。

(3) 计算反馈系数 F，求出电路能维持振荡的最小增益 A_u。

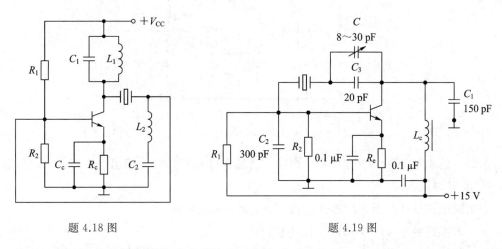

题 4.18 图　　　　　　　　　　　　　题 4.19 图

4.20　10 MHz 晶体振荡电路如题 4.20 图所示，要求：

(1) 画出交流等效电路，指出晶振电路的类型及晶体在电路中的作用。

（2）估算反馈系数 F 及维持振荡的最小电压增益 A_u。

（3）求电感线圈的自感系数 L。

4.21　晶体振荡电路如题 4.21 图所示，要求：

（1）画出交流等效电路，并指出晶振电路的类型及晶体在电路中的作用。

（2）说明 LC 回路及晶体管 VT_2 的作用。

（3）若图中石英晶体的基频为 1.67 MHz，求振荡器工作频率 f_0。

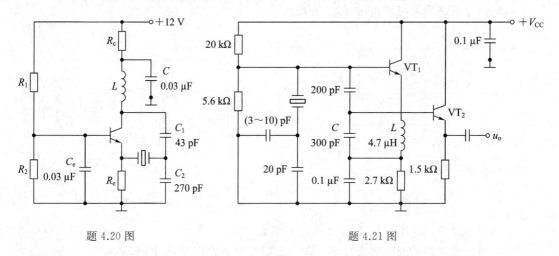

题 4.20 图　　　　　　　　　　题 4.21 图

4.22　某收音机中的本机振荡电路如题 4.22 图所示。

（1）在振荡线圈的初、次级标出同名端，以满足相位起振条件。

（2）试计算当 $L_{13}=100\ \mu H$，$C_2=10\ pF$ 时，在可变电容 $C_1=12\sim250\ pF$ 的变化范围内，电路的振荡频率可调范围。

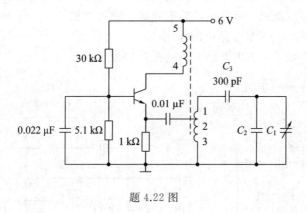

题 4.22 图

4.23　题 4.23 图所示振荡电路，设晶体管输入电容 $C_i\ll C_2$，输出电容 $C_o\ll C_1$，可忽略 C_i、C_o 的影响。

（1）该电路是什么形式的振荡电路，画出高频等效电路。

（2）若振荡频率 $f_0=1$ MHz，L 为何值？

（3）计算反馈系数 F，在不改变振荡频率的条件下，把 F 值减小到 $F'=F/2$，应如何修改电路元件参数？

（4）R_c 的作用是什么？若将 R_c 改变为高频扼流圈，电路是否仍能正常工作？为什么？

（5）电路中的耦合电容 C_3 和 C_4 能否省去一个？能全部省去吗？为什么？

（6）若输出线圈的匝数比 $N_1/N_2 \gg 1$，从 2—2′ 端用频率计测得振荡频率为 1 MHz，而从 1 端到地之间测得的振荡频率却小于 1 MHz，这是为什么？哪个结果正确？

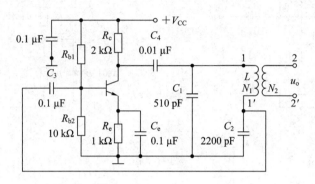

题 4.23 图

4.24　检查题 4.24 图中各振荡器电路的错误，并加以改正。

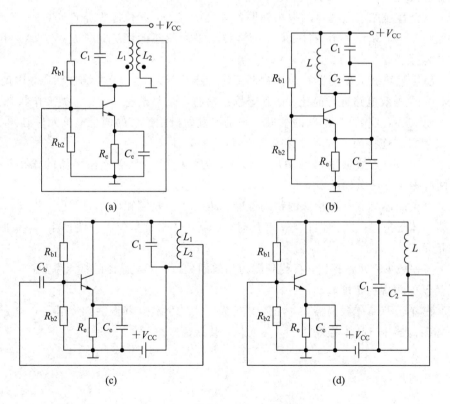

题 4.24 图

4.25　在题 4.25 图所示的电路中，晶体均为泛音晶体。

（1）若（a）电路中晶体的基频为 2 MHz，试求电路的振荡频率。

（2）画出（b）电路的交流通路，若要求环路的反馈系数 $F=0.2$，试求 C_1 和 C_2 的数值。

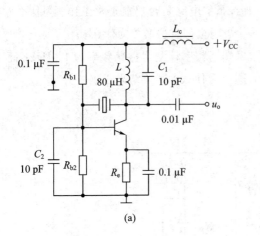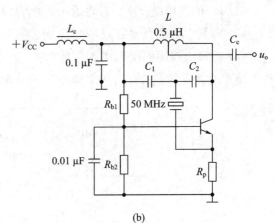

(a)　　　　　　　　　　　　　　(b)

题 4.25 图

4.26　填空题。

(1) 振荡器是一个能自动地将（　　）能量转换成一定波形的（　　）能量的转换电路，所以说振荡器是一个（　　）转换器。

(2) 反馈型正弦波振荡器的振幅起振条件是（　　），相位起振条件是（　　），振幅平衡条件是（　　），相位平衡条件是（　　），振幅平衡状态的稳定条件是（　　），相位平衡状态的稳定条件是（　　）。

(3) 反馈型正弦波振荡器在起振初期工作在小信号的（　　）类线性状态，因此晶体管可以用（　　）等效电路进行简化，达到等幅振荡时，放大器进入（　　）类工作状态。

(4) LC 三点式振荡器电路的组成原则是与发射极相连接的两个电抗元件必须（　　），而不与发射极相连接的电抗元件必须与前者（　　），即（　　）。

(5)（　　）三点式振荡器的输出波形比较好，（　　）三点式振荡器的输出波形比较差，这两种振荡器的共同缺点是（　　）。

(6) 石英晶体具有一种特殊的物理性能，即（　　）效应和（　　）效应。当 $f_q < f < f_p$ 时，石英晶体阻抗呈（　　）性；当 $f = f_q$ 时，石英晶体阻抗呈（　　）性；当 $f > f_p$ 时，石英晶体阻抗呈（　　）性。

(7) 与一般 LC 回路相比，石英晶体的品质因数（　　），晶体的接入系数（　　），所以晶体振荡器的频率稳定度高。

(8) 在并联型晶体振荡器中，晶体等效为（　　）元件，其振荡频率满足（　　）；在串联型晶体振荡器中，晶体等效为（　　）元件，其振荡频率为（　　）。

第 5 章　振幅调制与解调电路

如前所述,非电物理信息转换成的电信号,其频谱分布在低频端,不适合直接以电磁波的形式进行传输。通常是采用调制技术,将低频信号加载到高频振荡信号上,使信息从低频端搬移到高频端,便于信号的传送或实现不同信号源、不同系统的频分复用。解调是调制的逆过程。无论是调制电路还是解调电路都属于频率变换电路,而振幅调制与解调电路是将输入信号的频谱在频率轴上进行不失真的线性搬移,即线性频率变换电路。本章从认识振幅调制信号的波形、频谱等特性出发,讨论产生振幅调制信号电路和对调幅信号进行解调电路的组成、工作条件、工程近似分析方法及指标估算等,并简要介绍了混频电路。

5.1　振幅调制与解调概述

5.1.1　振幅调制与解调的基本概念

在调制过程中,将需传输的非电物理信息所转换成的电信号称为调制信号(或基带信号),携带信息的高频振荡信号称为载波信号,调制后的信号称为已调信号。本书只讨论载波为正弦波、调制信号为模拟信号的调制方式。

振幅调制常用于长波、中波、短波和超短波的无线电广播、通信、电视、雷达等系统。这种调制方式是用调制信号去控制高频载波信号的幅度,使其幅度的变化量随调制信号成线性变化,并保持载波频率不变。经过幅度调制后的高频振荡波称为幅度调制波(简称调幅波)。根据频谱结构的不同调幅波可分为普通调幅波(AM),抑制载波的双边带调幅波(DSB)和抑制载波的单边带调幅波(SSB)。由于它们的波形、频谱结构不同,因而信号的产生方法也不同。

从调幅波中解调出原调制信号的过程称作检波,它是调制的逆过程。

无论是调制电路还是解调电路,都需要根据输入信号、输出信号的特点进行电路设计。因此,首先要掌握在调制中所生成的已调波的特性。

5.1.2　振幅调制信号的基本特性

令载波信号电压表示为 $u_c(t)=U_{cm}\cos\omega_c t$,调制信号电压记为 $u_\Omega(t)$,且载波频率 ω_c 远大于调制信号频率 Ω,即 $\omega_c \gg \Omega$。

1. 普通调幅波

普通调幅是一种相对便宜、质量不高的调制方式,主要用于音频和视频的商业广播以及双向移动无线通信等领域。

1)数学表达式和波形

根据振幅调制的定义,高频调幅信号应具有以下形式

$$u(t) = U(t)\cos\omega_c t \tag{5.1}$$

若已调波的瞬时振幅变化量与调制信号成正比，即 $u(t)$ 的准振幅（也就是 $u(t)$ 的包络函数）$U(t)$ 可表达为

$$U(t) = U_{cm} + k_a u_\Omega(t) = U_{cm}\left[1 + m_a\frac{u_\Omega(t)}{u_\Omega(t)\mid_{max}}\right] = U_{cm}[1 + m_a\overline{u}_\Omega(t)] \geqslant 0 \tag{5.2}$$

则称此种振幅调制方式为普通调幅（简称 AM），普通调幅波的数学表达式为

$$u_{AM}(t) = U_{cm}[1 + m_a\overline{u}_\Omega(t)]\cos\omega_c t \tag{5.3}$$

式中，$m_a = \dfrac{k_a\mid u_\Omega(t)\mid_{max}}{U_{cm}}$，称为普通调幅波的调幅系数（或调制指数），反映了调幅波振幅的改变量，在数值上等于调幅波幅度的最大变化量与载波振幅之比，即幅度变化量的最大值，且满足 $\mid m_a\mid \leqslant 1$。称 $\overline{u}_\Omega(t) = \dfrac{u_\Omega(t)}{\mid u_\Omega(t)\mid_{max}}$ 为归一化的调制信号。

例如，单音调制时，即调制信号电压为 $u_\Omega(t) = U_{\Omega m}\cos\Omega t$，普通调幅波的数学表达式为

$$u_{AM}(t) = (U_{cm} + k_a U_{\Omega m}\cos\Omega t)\cos\omega_c t = U_{cm}(1 + m_a\cos\Omega t)\cos\omega_c t \tag{5.4}$$

此时，调幅指数（调幅度）$m_a = \dfrac{k_a U_{\Omega m}}{U_{cm}}$。图 5.1 中画出了 $m_a = 0.5$、$m_a = 1$ 和 $m_a = 1.5$ 三种情况下的普通调幅信号的波形。

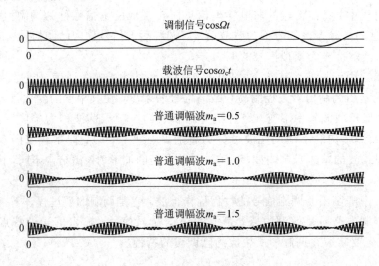

图 5.1　普通调幅时的信号波形

显然，普通调幅波的波形为变振幅的高频振荡形式。当 $\mid m_a\mid \leqslant 1$ 时，普通调幅波包络的形状与调制信号 $u_\Omega(t)$ 波形一致；$\mid m_a\mid > 1$ 时，包络的形状与调制信号 $u_\Omega(t)$ 不具有线性关系而产生失真。普通调幅中，$m_a = 1$ 时称为 100% 调幅，$\mid m_a\mid > 1$ 时为过量调幅。

2）频谱与带宽

若调制信号电压含有 N 个频率成分，即 $u_\Omega(t) = \displaystyle\sum_{n=1}^{N} U_{nm}\cos\Omega_n t$，利用三角函数的和、差关系可将式(5.3)展开为

$$u_{\text{AM}}(t)=U_{\text{cm}}\cos\omega_c t+k_a u_\Omega(t)\cos\omega_c t=U_{\text{cm}}\cos\omega_c t+k_a\sum_{n=1}^{N}U_{nm}\cos\Omega_n t\cos\omega_c t$$

$$=U_{\text{cm}}\cos\omega_c t+0.5k_a\sum_{n=1}^{N}U_{nm}\cos(\omega_c+\Omega_n)t+0.5k_a\sum_{n=1}^{N}U_{nm}\cos(\omega_c-\Omega_n)t \qquad (5.5)$$

此式说明，普通调幅波中包含的频率成分有载波频率 ω_c、上边带 $\omega_c+\Omega_n$ 和下边带 $\omega_c-\Omega_n$，上边带中各频率成分的分布与调制信号的频谱相同，并且下边带与上边带关于载波频率是镜像对称的。图 5.2 中画出了含有 5 个频率成分的调制信号的波形及其频谱，和在此调制信号控制下的普通调幅信号的波形及其频谱。

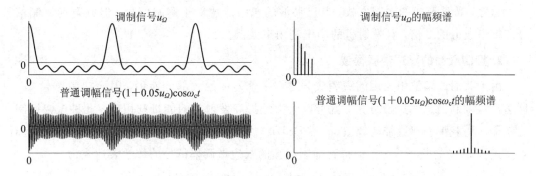

图 5.2　调制信号与普通调幅信号的波形及其频谱

由式(5.5)可知，若调制信号的最高频率成分记作 $\Omega_{\max}(=2\pi F_{\max})$，则普通调幅波的中心频率为载波频率 ω_c，占据的频带宽度为

$$B_{\text{AM}}=2F_{\max} \qquad (5.6)$$

并且，载波分量的振幅与调制信号无关，而各个边频成分的相对幅度与调制信号的各频率成分的相对幅度一致。

3) 功率分配

若将式(5.5)所示的普通调幅信号作用在负载电阻 R_{L} 上，可得到普通调幅信号中各频率成分的平均功率。

载频 ω_c 的平均功率为

$$P_c=\frac{1}{2}\frac{U_{\text{cm}}^2}{R_{\text{L}}} \qquad (5.7)$$

边频成分 $\omega_c+\Omega_n$ 的功率为

$$P_{Hn}=\left(0.5k_a\frac{U_{nm}}{\sqrt{2}}\right)^2\frac{1}{R_{\text{L}}}=\left(k_a\frac{U_{nm}}{U_{\text{cm}}}\right)^2\frac{U_{\text{cm}}^2}{8R_{\text{L}}}=\left(k_a\frac{U_{nm}}{U_{\text{cm}}}\right)^2\frac{P_c}{4} \qquad (5.8)$$

上边带中所有频率成分产生的总平均功率为

$$P_H=\sum_{n=1}^{N}P_{Hn}=\sum_{n=1}^{N}\left(k_a\frac{U_{nm}}{U_{\text{cm}}}\right)^2\frac{P_c}{4}\leqslant\frac{P_c}{4} \qquad (5.9)$$

同理，下边带所有成分产生的总平均功率为

$$P_L=P_H=\sum_{n=1}^{N}\left(k_a\frac{U_{nm}}{U_{\text{cm}}}\right)^2\frac{P_c}{4} \qquad (5.10)$$

因而，普通调幅信号的总平均功率为

$$P_{av} = P_c + P_H + P_L \leqslant (1 + \frac{1}{2})P_c \qquad (5.11)$$

因此，在普通调幅方式中，载频与边频一起传送，而调制信息只携带在边带内，两个边带功率的占比为

$$\frac{P_H + P_L}{P_{av}} \leqslant \frac{1}{3} \qquad (5.12)$$

此式说明，传送普通调幅波时，含调制信息的边带功率太小，传送能量浪费太大。

总之，普通调幅的调制方式，其已调波的包络成比例于调制信号，但频宽为调制信号最高频率成分的 2 倍，且发射机的功率利用率太低。

2. 抑制载频的双边带调幅波

由于普通调幅波中无用的载频成分占据了信号的绝大部分能量，因而抑制掉载频、只传送含有调制信息的边带分量，就可以大大地提高发射机的能量利用率。此种振幅调制方式就是抑制载频的双边带调幅波(简称 DSB)。如果是单音调制(即 $u_\Omega(t) = U_{\Omega m}\cos\Omega t$)时，去掉式(5.4)中的载频成分后，得到抑制载频的双边带调幅信号的数学表达式为

$$u_{DSB}(t) = 0.5m_a U_{cm}\cos(\omega_c - \Omega)t + 0.5m_a U_{cm}\cos(\omega_c + \Omega)t = m_a U_{cm}\cos\omega_c t\cos\Omega t$$

$$= k_a u_c(t) u_\Omega(t) \qquad (5.13)$$

此式说明，抑制载频的双边带调幅信号可以用调制信号 $u_\Omega(t)$ 与载波信号 $u_c(t)$ 直接相乘得到。显然，$u_{DSB}(t)$ 的包络是成比例于调制信号的模值 $|u_\Omega(t)|$ 的，已不再反映调制信号 $u_\Omega(t)$ 波形的变化；它的频谱相当于从普通调幅波的频谱中去掉了载频分量，频宽仍为调制信号最高频率成分的 2 倍；且当调制电压 $u_\Omega(t)$ 正负交替地过零点时，$u_{DSB}(t)$ 的相位必突变 $180°$。

3. 单边带调幅波

将双边带调幅信号中的任何一个边带取出，即构成单边带调幅信号(简称 SSB)。在单音调制(即 $u_\Omega(t) = U_{\Omega m}\cos\Omega t$)时，由式(5.13)所示的双边带调幅波的表达式，可得单边带调幅信号的数学表达式为

上边带： $$u_{SSBH}(t) = 0.5m_a U_{cm}\cos(\omega_c + \Omega)t \qquad (5.14)$$

下边带： $$u_{SSBL}(t) = 0.5m_a U_{cm}\cos(\omega_c - \Omega)t \qquad (5.15)$$

显然，单边带调幅信号的频谱结构应与调制信号的频谱结构一致，具有频谱线性搬移的特性，并且频带宽度就是调制信号的频带宽度。相对于普通调幅波和双边带调幅波，单边带调幅波具有频带利用率高、发射机能量利用率高的优势，已成为目前短波通信中的一种重要调制方式。图 5.3 中画出了单音调制时三种振幅调制方式获得的调幅信号波形及其频谱，图 5.4 中画出了多音调制时三种振幅调制方式获得的调幅信号波形及其频谱。

由图 5.3 和图 5.4 可以看出，从时域波形看，只有普通调幅波的包络能反映调制信号的变化；从频谱结构看，调幅波的频谱结构相当于将调制信号的频谱由低频端线性搬移到载波频率附近。

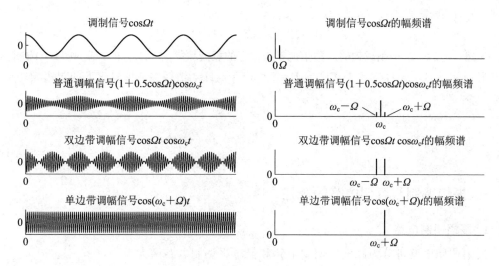

图 5.3　单音调幅时的波形及其频谱

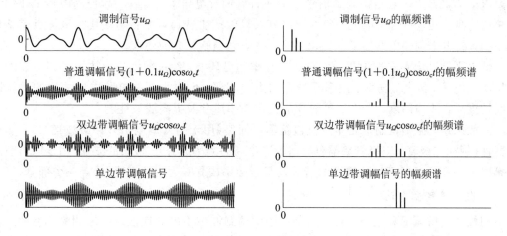

图 5.4　多音调幅时的波形及其频谱

【例 5.1】　两个已调波电压分别为 $u_1(t)=2\cos(100\pi t)+0.1\cos(99\pi t)+0.1\cos(101\pi t)$ V 和 $u_2(t)=0.1\cos(99\pi t)+0.1\cos(101\pi t)$ V。(1) 判断 $u_1(t)$ 与 $u_2(t)$ 分别为何种已调波；(2) 它们的载波频率、调制信号频率各为多大？(3) 计算它们的频谱宽度；(4) 分别计算它们消耗在单位电阻上边频功率及信号的平均功率。

解　$u_1(t)$ 的表达式可以变换为

$$u_1(t)=2\left[1+0.1\cos(\pi t)\right]\cos(100\pi t)\text{ V}$$

可见，这是一个单音调制的普通调幅波，它的载波频率为 $100\pi\text{rad/s}$ 或 50 Hz，调制信号频率为 $\pi\text{rad/s}$ 或 0.5 Hz，频谱宽度为 $B=2\times0.5=1$ Hz，消耗在单位电阻上的双边频功率为

$$P_{\text{b}}=2\times\left(\frac{0.1}{\sqrt{2}}\right)^2=0.01\text{ W}$$

信号的平均功率为

$$P_{\text{av}}=P_{\text{b}}+\left(\frac{2}{\sqrt{2}}\right)^2=2.01\text{ W}$$

同理，$u_2(t)$ 的表达式可以变换为

$$u_2(t)=0.2\cos(\pi t)\cos(100\pi t)\ \text{V}$$

显然，它是一个抑制载频的双边带调幅波，它的载波频率为 $100\pi\text{rad/s}$ 或 50 Hz，调制信号频率为 $\pi\text{rad/s}$ 或 0.5 Hz，频谱宽度为 $B=2\times0.5=1$ Hz，消耗在单位电阻上的双边频功率为

$$P_b=2\times\left(\frac{0.1}{\sqrt{2}}\right)^2=0.01\text{W}$$

信号的平均功率为

$$P_{av}=P_b=0.01\text{W}$$

5.1.3　振幅调制与解调电路的概述

1. 振幅调制电路

振幅调制电路可分为高电平调制电路和低电平调制电路两大类。

高电平振幅调制电路是在功率电平较高的情况下进行调制，可直接产生发射机输出功率要求的已调波。一般是将调制信号叠加在直流偏置电压上，二者一起控制丙类工作的谐振功放实现高电平调幅，因此，此种调幅方式只能产生普通调幅信号。其突出优点是整机效率高。高电平调幅电路需兼顾输出功率、效率和调制线性的要求。

低电平调幅电路在发射机前级产生小功率的已调波，经过线性功率放大达到所需的发射机功率电平。因此，功率、效率不是它的主要问题。低电平调幅电路主要关注的是调制的线性度、载波抑制度、产生尽可能少的无用频率成分及提高滤波性能。

一般来讲，振幅调制电路至少应包括输入回路（用于引入调制信号和载波信号）、非线性器件（例如二极管、三极管等器件，用于产生新的频率成分）、带通滤波器（用于取出载波频率附近的有用频段而滤除载频的谐波及组合频率成分等无用频率成分）等三个部分。

2. 调幅波解调电路

调幅波的解调简称检波，其作用是从幅度调制波中不失真地恢复出原调制信号来。从频谱上看，就是将幅度调制波的边带不失真地搬回到零频附近。常用的检波电路有包络检波和同步检波等两类。

输出电压直接反映高频调幅包络变化规律的检波电路，称为包络检波电路，它只适用于普通调幅波的解调。

同步检波电路又称相干检波电路，主要用于解调双边带和单边带调幅信号，有时也用于普通调幅波的解调。

对调幅波的检波电路而言，主要关注的是检波效率要高，失真小，并具有较高的输入电阻。

5.2　二极管平衡调幅电路

调幅过程是把调制信号的频谱从低频端线性搬移到载频的两侧，而上、下边频分量的产生是利用调制信号与载波信号相乘而得的，故振幅调制电路是以乘法器为核心的频谱线性搬移电路。二极管平衡调幅电路就是一个具有乘法运算功能的频谱线性搬移电路，属于低电平调幅电路。

5.2.1　原理电路

图 5.5(a)是二极管平衡调幅的原理电路。图中，两个二极管的性能一致，变压器 T_1 与 T_2 均为中心抽头，变压器 T_1 与 T_3 引入低频调制信号 $u_\Omega(t)$ 和高频载波信号 $u_c(t)$、T_2 引入负载电阻 R_L。电路的上、下部分完全对称。电容 C 与变压器 T_2 的原边线圈组成带通滤波器。要求 $u_c(t)$ 的幅度大于 0.5 V(即 $U_{cm} > 0.5$ V)，而 $u_\Omega(t)$ 的幅度远小于 $u_c(t)$ 的幅度，即 $u_c(t)$ 为大信号，$u_\Omega(t)$ 为小信号。

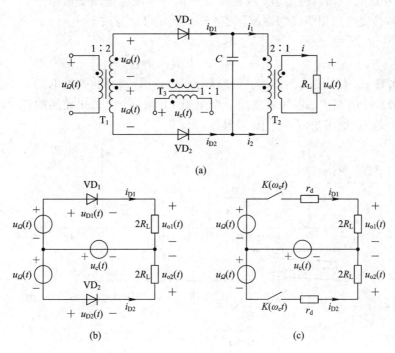

图 5.5　二极管平衡调幅电路

5.2.2　工作原理

在大信号高频载波信号 $u_c(t)$ 的控制下，二极管工作于开关状态(即二极管在导通和截止两种状态之间转换)，于是流过每个二极管的电流成为与 $u_c(t)$ 同频的尖顶脉冲，且脉冲幅度随调制电压 $u_\Omega(t)$ 的变化而变化。也就是说，流过二极管的电流中包含有以载波频率及其谐波为中心的多种频率组合，利用带通滤波器从中选出以载波频率为中心的频率组合即可获得调幅信号。

由于调制电路的上、下部分是对称的，加在两个二极管上的载波电压是同相的而调制电压是反相的，使得流过上、下两个二极管电流的幅度变化方向相反但幅度变化量相同(即包络反相)，流过负载的电流成比例于这两个二极管电流的差值而使有用频率成分相加并抵消一些无用频率成分。

5.2.3　性能分析——开关函数分析法

在图 5.5(a)电路中，高频载波电压为 $u_c(t) = U_{cm}\cos\omega_c t$，调制电压为 $u_\Omega(t)$，满足

$U_{cm} > 0.5$ V 且 $U_{cm} \gg |u_{\Omega}(t)|_{max}$。在不考虑带通滤波器的作用(即忽略电容 C)时,可建立图 5.5(a)电路的等效电路如图 5.5(b)所示。

1. 二极管的大信号工作模型

实际二极管的伏安特性如图 5.6(a)中的曲线①所示,由于加在它两端的电压 $u_D(t)$ 是大信号,导致它主要工作在截止区和导通区,因此可以将实际二极管伏安特性曲线①进行分段线性化处理成为曲线②的形式,称 U_{BZ} 为二极管的导通电压(又称阈值电压)。一般情况下,U_{BZ} 较小($U_{BZ} \ll |u_D(t)|_{max}$),或在电路中加一个固定电压抵消掉 U_{BZ},这种情况下,二极管伏安特性就可以用曲线③表示,其数学表达式可以写成

$$i_D = \begin{cases} g_d u_D & u_D \geqslant 0 \\ 0 & u_D < 0 \end{cases} \tag{5.16}$$

式(5.16)中参数 g_d 为曲线③的斜率,可理解为二极管导通时的等效电阻 $r_d = 1/g_d$。也就是说,大信号工作的晶体二极管可以用一个电阻 r_d 与一个受电压控制的开关相串联所构成的线性时变电阻(如图 5.6(a)所示)来等效。

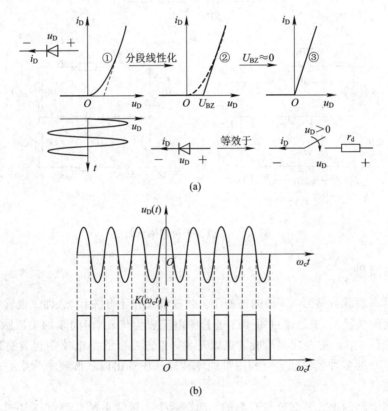

(a)

(b)

图 5.6 大信号工作时二极管伏安特性的近似及其等效电路

若 $u_D(t) = U_{Dm}\cos\omega_c t$,则二极管的伏安特性可以表达为

$$i_D = \begin{cases} g_d u_D(t) & \cos\omega_c t \geqslant 0 \\ 0 & \cos\omega_c t < 0 \end{cases} = g_d u_D(t) K(\omega_c t) \tag{5.17}$$

式中,称 $K(\omega_c t)$ 为开关函数,在图 5.6(b)中绘出了二极管控制电压 $u_D(t)$ 与开关函数 $K(\omega_c t)$ 的波形关系。$K(\omega_c t)$ 的值可以表达为

$$K(\omega_c t) = \begin{cases} 1 & \cos(\omega_c t) \geqslant 0 \\ 0 & \cos(\omega_c t) < 0 \end{cases} \tag{5.18}$$

对式(5.18)进行傅里叶级数展开,得

$$K(\omega_c t) = \frac{1}{2} + \frac{2}{\pi}\cos\omega_c t - \frac{2}{3\pi}\cos3\omega_c t + \frac{2}{5\pi}\cos5\omega_c t - \cdots +$$

$$(-1)^{n+1}\frac{2}{(2n-1)\pi}\cos(2n-1)\omega_c t + \cdots$$

此式说明,由于二极管的时变特性使得二极管的电流中包含了直流、基波 ω_c、高次谐波 $(2n-1)\omega_c(n>1)$ 等许多的频率成分。

2. 不考虑电容 C 时的电路分析

在不考虑电容 C 时,图 5.5(a)的等效电路为图 5.5(b),且 $i_1 = i_{D1}$ 和 $i_2 = i_{D2}$。图中,高频载波电压 $u_c(t) = U_{cm}\cos\omega_c t$ 为大信号,而 $U_{cm} \gg |u_\Omega(t)|_{max}$,故二极管的工作状态主要取决于 $u_c(t)$,因而呈现开关状态。于是,图 5.5(b)的电路可以等效为图 5.5(c)所示的线性时变电路,其电路方程为

$$\begin{cases} i_{D1}(t) = \dfrac{u_c(t) + u_\Omega(t)}{r_d + 2R_L}K(\omega_c t) \\ i_{D2}(t) = \dfrac{u_c(t) - u_\Omega(t)}{r_d + 2R_L}K(\omega_c t) \end{cases} \tag{5.19}$$

由图 5.5(a)可知,在不考虑电容 C 的作用时通过的电流为

$$i(t) = i_{D1}(t) - i_{D2}(t) = \frac{2u_\Omega(t)}{r_d + 2R_L}K(\omega_c t)$$

$$= \frac{2u_\Omega(t)}{r_d + 2R_L}\left(\frac{1}{2} + \frac{2}{\pi}\cos\omega_c t - \frac{2}{3\pi}\cos3\omega_c t + \frac{2}{5\pi}\cos5\omega_c t - \cdots\right) \tag{5.20}$$

最简单的情况下,低频调制信号为 $u_\Omega(t) = U_{\Omega m}\cos\Omega t$,则上式可以表达为

$$i(t) = \frac{2U_{\Omega m}\cos\Omega t}{r_d + 2R_L}\left(\frac{1}{2} + \frac{2}{\pi}\cos\omega_c t - \frac{2}{3\pi}\cos3\omega_c t + \frac{2}{5\pi}\cos5\omega_c t - \cdots\right) \tag{5.21}$$

式(5.21)说明通过负载的电流 $i(t)$ 中包含的频率成分有:① 调制频率 Ω 成分;② 载波频率的奇次谐波成分与调制频率的组合成分,即 $(2n-1)\omega_c + \Omega$ 和 $(2n-1)\omega_c - \Omega$。

3. 考虑电容 C 时的电路分析

通过前面的分析可知,若调制信号 u_Ω 的幅频谱如图 5.7 中 $|U_\Omega(j\omega)| - \omega$ 所示,则不考虑电容 C 时图 5.5(a)电路中电流 $i(t)$ 的幅频谱将如图 5.7 中 $|I(j\omega)| - \omega$ 所示。若图 5.5(a)电路中电容 C 与变压器 T_2 的原边线圈组成带通滤波器,且此带通滤波器的通带中心频率位于载波频率处、通带宽度为调制信号最高频率的 2 倍,即带通滤波器的幅频谱如图 5.7 中 $|H(j\omega)| - \omega$ 所示,则电流 $i(t)$ 中只有载波频率与调制频率的组合成分 $\omega_c + \Omega$ 和 $\omega_c - \Omega$ 的电流分量能流过负载。

若带通滤波器的通带幅度为 A,则 R_L 上建立的输出电压为

$$u_o(t) = [i_1(t) - i_2(t)]R_L = \frac{4R_L u_\Omega(t)}{(r_d + 2R_L)\pi}A\cos\omega_c t \tag{5.22}$$

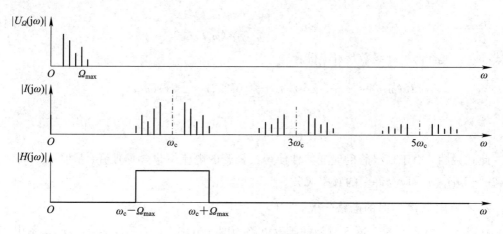

图 5.7　调制信号 u_Ω、电流 i 和带通滤波器的幅频谱

显然，这是一个抑制载频的双边带调幅波。

总之，二极管平衡调幅电路能实现 DSB 调幅信号的调制，具有电路简单、噪声低、组合频率成分少、工作频带宽等优点，是常用的低电平调幅电路。缺点是电路无增益，输出信号较小。

5.2.4　主要技术指标

二极管平衡调制器主要利用电路结构的对称来抑制输出信号中的载波成分并抵消一部分无用频率成分，而调制的线性度主要取决于带通滤波器通带的平坦特性。

由于电子器件特性不可能完全相同，所用变压器也难以做到完全对称，因此会造成载波漏到输出中去。定义载漏为

$$G = 20 \lg \frac{U'_{cm}}{U_{om}} \tag{5.23}$$

式中，U'_{cm} 为泄漏至输出电压中的载波电压值，U_{om} 为输出信号电压值。一般来说，要求输出端的残留载波电压要小，即载漏应比有用边带信号低 20 dB 以上。

5.2.5　电路元件的选择

图 5.5(a)电路能正常工作的重要条件是电路结构的对称性并确保二极管工作在理想开关状态。为此，在电路元件的选择中要注意以下四点：

（1）尽可能选用特性相同的二极管；用小电阻与二极管串联，使二极管等效的正、反向电阻彼此接近。此处所串接电阻的阻值不能太大，一般为 10～1000 Ω。

（2）选用开关特性好的二极管，如热载流子二极管，并且控制二极管通、断的载波电压要比调制信号电压大 10 倍以上，确保二极管工作在理想的开关状态。

（3）可采用双线并绕法绕制变压器，在中心抽头处加平衡电阻，同时注意两线圈对地分布电容的对称性，以确保变压器中心抽头的准确对称。

（4）对线圈采取屏蔽措施，以防止杂散电磁耦合影响变压器的对称性。

5.2.6 平衡调幅器的其他电路形式

图 5.8(a)为一实用的二极管平衡调幅电路。相对于图 5.5(a)所示的基本平衡调幅电路，调制电压 $u_\Omega(t)$ 和高频载波电压 $u_c(t)$ 的位置交换了，但两个特性一致的二极管的方向是反向的，仍然是 $u_c(t)$ 同相、$u_\Omega(t)$ 反相地加在两个二极管上，流经负载 R_L 的电流仍然是流经两个二极管的电流之差，所以它的工作原理与图 5.5(a)所示的基本平衡调幅电路相同。图 5.8(a)中，电容 C_3 对高频短路、对低频断路，因此输入变压器次级的中心抽头为高频地电位；电容 C_1 和 C_2 用于平衡反向工作时两个二极管的结电容；电阻 R_3 和 R_2 与二极管串联，同时用并联可调电阻 R_1 来使两个二极管的正向等效电阻相等；单端输出已调信号，省去了中心抽头低频变压器和输出变压器。

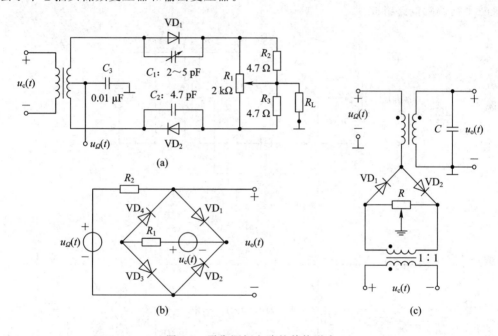

图 5.8 平衡调幅电路的其他形式

将四个特性一致的二极管组成电桥可构成图 5.8(b)所示的调幅电路。图中，在大信号载波 $u_c(t) \geqslant 0$ 时，四个二极管同时导通，输出电压 $u_o(t) = 0$；在 $u_c(t) < 0$ 时，四个二极管均截止，$u_o(t) = u_\Omega(t)$。总之，$u_o(t) = u_\Omega(t)[1 - K(\omega_c t)]$。显然，在输出端口，通过一个带通滤波器便可获得双边带调幅信号，其调幅原理与图 5.5(a)所示电路相同。

图 5.8(c)所示的电路中，在大信号载波 $u_c(t) \geqslant 0$ 时，两个特性一致的二极管同时导通，变压器原边的下端为地电位，调制信号 $u_\Omega(t)$ 作用在变压器的原边而有电流流过，则在变压器的次级就有电压，若变压器的变比为 $1:1$，则输出电压 $u_o(t) = u_\Omega(t)$；在 $u_c(t) < 0$ 时，两个二极管均截止，变压器原边的下端呈现断开状态，调制信号不能作用在变压器的原边上，因而输出电压 $u_o(t) = 0$。若不考虑电容 C 的作用，$u_o(t) = u_\Omega(t) K(\omega_c t)$。由于电容 C 与变压器副边线圈组成了带通滤波器，若这个带通滤波器的通带中心频率为 ω_c，则可获得双边带调幅信号的输出。电路中，可调电阻 R 的作用是与两个二极管构成桥式电路，改变中间抽头可调节桥路的平衡。

5.3　其他调幅电路

5.3.1　二极管环形调幅电路

将四个对称二极管接成图 5.9(a) 所示的二极管环形调幅电路，也是常用的低电平调幅电路。图中，四个二极管的性能一致，变压器为中心抽头。输入的高频载波信号 $u_c(t)$ 为大信号，而低频调制信号 $u_\Omega(t)$ 为小信号。电容 C 与输出变压器的副边线圈组成带通滤波器。在 $u_c(t) \geqslant 0$ 时，二极管 VD_1、VD_2 导通，VD_3、VD_4 截止；在 $u_c(t) < 0$ 时，二极管 VD_3、VD_4 导通，VD_1、VD_2 截止。故图 5.9(a) 所示的电路可以等效为由图 5.9(b) 和图 5.9(c) 两个二极管平衡调幅电路组成。

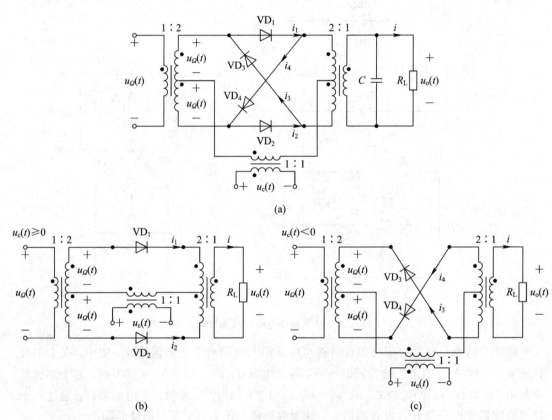

图 5.9　二极管环形调幅电路

在不考虑电容 C 的滤波作用时，流过负载的电流为

$$i(t) = [i_1(t) - i_2(t)]K(\omega_c t) + [i_3(t) - i_4(t)][1 - K(\omega_c t)] = \frac{2u_\Omega(t)}{r_d + 2R_L}[2K(\omega_c t) - 1]$$

$$= \frac{4u_\Omega(t)}{r_d + 2R_L}\left(\frac{2}{\pi}\cos\omega_c t - \frac{2}{3\pi}\cos3\omega_c t + \frac{2}{5\pi}\cos5\omega_c t - \cdots\right) \tag{5.24}$$

显然，$i(t)$ 中没有了低频成分，且高频分量的振幅也提高了一倍。考虑电容 C 的滤波（中心频率为 ω_c）处理后，二极管环形调幅电路输出的电压为抑制载频的双边带调幅信号、

数值是二极管平衡调幅电路输出值的 2 倍，且性能更接近于理想乘法器。

5.3.2　模拟乘法器调幅

用模拟乘法器也可以实现调幅。图 5.10(a)所示是双差分对管模拟乘法器原理电路。它由两个对称的单差分对管电路 VT_1、VT_2、VT_5 和 VT_3、VT_4、VT_6 组成。高频载波信号 $u_c(t)$ 加在两个单差分对管电路的输入端，低频调制信号 $u_\Omega(t)$ 加在 VT_5 和 VT_6 的输入端。若设每一个晶体三极管的集电极电流与发射极电流相等(即 $i_{cl}(t)=i_{el}(t)$，$l=1,2,\cdots,6$)，则三极管的集电极电流与基射电压的关系为

$$i_{cl}(t)=I_s\exp\frac{u_{bel}}{U_T},\ l=1,\ 2,\ \cdots,\ 6 \tag{5.25}$$

式中，$U_T=kT/q$，k 为玻耳兹曼常数，T 为凯尔文温标，q 为电子电量。在室温条件下，$T=300$，$U_T=26\ \text{mV}$，所以在线性范围内 u_{bel} 的最大值约为 $26\ \text{mV}$。结合电路分析可导出，双端输出时的输出电流为

$$i(t)=i_A(t)-i_B(t)=[i_1(t)+i_3(t)]-[i_2(t)+i_4(t)]$$
$$=[i_5(t)-i_6(t)]\text{th}\left(\frac{qu_c(t)}{2kT}\right)=I_0\text{th}\left(\frac{qu_\Omega(t)}{2kT}\right)\text{th}\left(\frac{qu_c(t)}{2kT}\right)$$

即双端输出时的输出电流为

$$i(t)=I_0\text{th}\left(\frac{qu_\Omega(t)}{2kT}\right)\text{th}\left(\frac{qu_c(t)}{2kT}\right) \tag{5.26}$$

当 $|u_c(t)|<26\ \text{mV}$ 且 $|u_\Omega(t)|<26\ \text{mV}$ 时，式(5.26)可近似为

$$i(t)\approx I_0\times\frac{qu_c(t)}{2kT}\times\frac{qu_\Omega(t)}{2kT}\propto I_0 u_c(t)u_\Omega(t) \tag{5.27}$$

说明在 $|u_c(t)|<26\ \text{mV}$ 且 $|u_\Omega(t)|<26\ \text{mV}$ 条件下，图 5.10(a)所示电路可实现抑制载频的双边带调幅信号输出，且输出信号的幅度成比例于恒流源 I_0。

为扩大调制信号 $u_\Omega(t)$ 的线性动态范围，可在 VT_5 与 VT_6 的发射极之间接入负反馈电阻 R_y，并将恒流源 I_0 分为两个 $0.5I_0$ 的恒流源，如图 5.10(b)所示。当 R_y 足够大，满足深度负反馈条件，即

$$0.5(i_{e5}-i_{e6})R_y\gg U_T\ln\frac{i_{e5}}{i_{e6}} \tag{5.28}$$

这时

$$u_\Omega(t)\approx0.5(i_{e5}-i_{e6})R_y=0.5(i_5-i_6)R_y \tag{5.29}$$

此式说明，差分对管 VT_5 与 VT_6 的差分输出电流 i_5-i_6 近似与调制信号 $u_\Omega(t)$ 成正比而与 I_0 的大小无关。由于 $i_{e5}+i_{e6}=I_0$，i_{e5} 与 i_{e6} 均为正值，故 $u_\Omega(t)$ 的最大动态范围是

$$-0.5I_0R_y\leqslant u_\Omega(t)\leqslant0.5I_0R_y \tag{5.30}$$

若在图 5.10(a)电路中 VT_5 与 VT_6 的发射极之间接入负反馈电阻 R_y，将式(5.29)代入式(5.26)，双端输出时的输出电流可近似为

$$i(t)\propto\frac{2u_\Omega(t)}{R_y}\text{th}\left(\frac{qu_c(t)}{2kT}\right) \tag{5.31}$$

若载波信号 $|u_c(t)| < 26$ mV，则双端输出时的输出电流是一个抑制载频的双边带调幅信号。

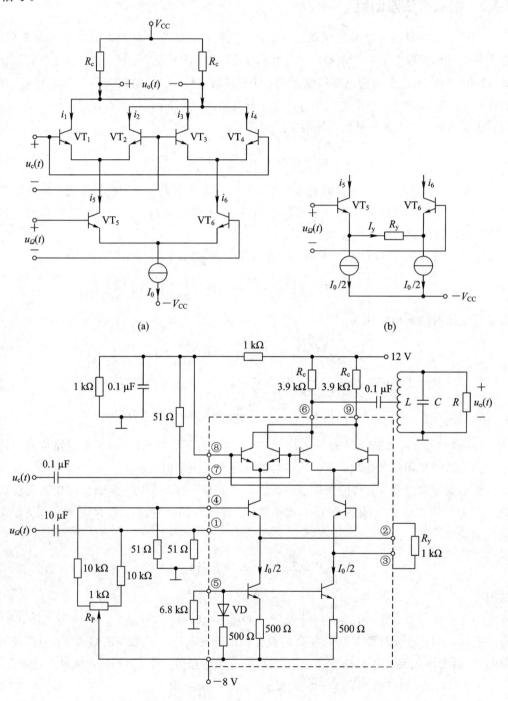

图 5.10 双差分对管电路、改进及应用

若载波信号 $u_c(t) = U_{cm}\cos\omega_c t$ 是一个大信号，即 $U_{cm} \gg 2kT/q$ 时，双曲正切函数具有如下的开关函数形式

$$\mathrm{th}\left(\frac{qu_\mathrm{c}(t)}{2kT}\right)=\begin{cases}1 & \cos(\omega_\mathrm{c}t)\geqslant0\\-1 & \cos(\omega_\mathrm{c}t)<0\end{cases}$$

$$=\frac{4}{\pi}\cos\omega_\mathrm{c}t-\frac{4}{3\pi}\cos3\omega_\mathrm{c}t+\frac{4}{5\pi}\cos5\omega_\mathrm{c}t-\cdots \tag{5.32}$$

这时，只要在输出端接入一个中心频率为 ω_c、带宽为调制信号频宽的 2 倍的带通滤波器。经带通滤波器处理后负载可获得的电流将为

$$i_\mathrm{L}(t)\propto\frac{8}{\pi R_\mathrm{y}}u_\Omega(t)\cos\omega_\mathrm{c}t \tag{5.33}$$

显然，这是一个抑制载频的双边带调幅信号。

以图 5.10(a) 的差分放大器为核心可以制成集成模拟乘法器芯片。例如图 5.10(c) 为一双边带调幅电路，其中虚线框内为 MC1596 芯片的内部电路结构。图中，采用单端输出，集电极电阻 R_c 对电流取样，输出电压为

$$u_\mathrm{o1}(t)=0.5i(t)R_\mathrm{c}\propto\frac{R_\mathrm{c}u_\Omega(t)}{R_\mathrm{y}}\mathrm{th}\left(\frac{qu_\mathrm{c}(t)}{2kT}\right) \tag{5.34}$$

若带通滤波器通带内的电压传输系数为 A_BP，则经滤波后的输出电压为

$$u_\mathrm{o}(t)\propto A_\mathrm{BP}\frac{4R_\mathrm{c}}{\pi R_\mathrm{y}}u_\Omega(t)\cos\omega_\mathrm{c}t \tag{5.35}$$

这是一个抑制载频的双边带调幅波。图中，可调电阻 R_P 用于将④和①端的直流电位差调节为零，以确保输出载波的泄漏量为零；接在⑤端的 6.8 kΩ 电阻用来控制电流源电路的电流值 I_o。当然，若④和①端的直流电位差为某恰当值时，此电路也可用于产生普通调幅波。

5.3.3 高电平调幅电路

高电平调幅就是在功率电平较高的一级电路中完成调幅过程。这个过程通常是利用丙类高频谐振功率放大电路的集电极调制特性或基极调制特性来实现的。

1. 集电极调幅电路

利用调制信号来改变丙类高频谐振功率放大器的集电极直流电源电压就构成了集电极调幅电路，其原理电路如图 5.11(a) 所示。图中，高频载波信号 $u_\mathrm{c}(t)$ 通过高频变压器输入到丙类功率放大器的基极，低频调制信号 $u_\Omega(t)$ 通过低频变压器加到三极管的集电极回路中并与集电极直流电源 V_CT 相串联，使得功放电路的等效集电极直流电源为

$$V_\mathrm{CC}=V_\mathrm{CT}+u_\Omega(t)=V_\mathrm{CT}[1+m_\mathrm{a}\overline{u}_\Omega(t)],\ m_\mathrm{a}=|u_\Omega(t)|_\mathrm{max}/V_\mathrm{CT}$$

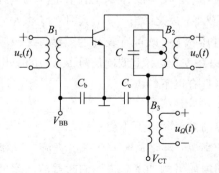

(a)

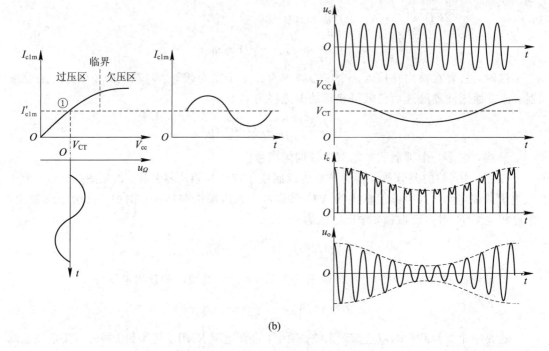

(b)

图 5.11　集电极调幅的原理电路及波形

由丙类高频谐振功率放大电路的分析可知,当电路工作于过压状态时,集电极电流基波分量的幅值 I_{c1m} 近似成比例于 V_{CC} 而随 $u_\Omega(t)$ 变化,如图 5.11(b)中的曲线①所示,即

$$I_{c1m} = I'_{c1m}[1 + m_a \overline{u}_\Omega(t)] \tag{5.36}$$

式中,I'_{c1m} 是电路未加低频调制信号时的集电极电流基波分量的幅值。若电路输入高频载波为 $u_c(t) = U_{cm}\cos\omega_c t$,则集电极回路所输出的高频电压必可以表达为

$$u_o(t) = I_{c1m} R_p \cos\omega_c t = I'_{c1m} R_p[1 + m_a \overline{u}_\Omega(t)]\cos\omega_c t \tag{5.37}$$

显然,这是一个普通调幅波。在图 5.11(b)中画出了载波电压 $u_c(t)$、准直流电源电压 V_{CC}、集电极电流 i_c 和输出电压 u_o 的波形。

通常,在集电极调幅电路中采用图 3.19(c)形式的基极自给偏置电路。基极电流脉冲的直流分量 I_{B0} 在电阻 R_b 上产生自给偏压 V_B。当电路工作于过压区时,I_{B0} 将随集电极有效直流电压 V_{CC} 的减小而增大(这是因为晶体管工作在饱和状态,基极电流很大),从而使 $u_{BEmax} = -I_{B0}R_b + U_{cm}$ 的值减小;反之,当 V_{CC} 增大时,I_{B0} 减小,u_{BEmax} 增大。这样就可以控制放大电路始终保持在弱过压状态,既可有较高的效率,又改善了调制特性的线性。只是 R_b 的旁路电容不宜过大,以防 V_B 跟不上调制信号 $u_\Omega(t)$ 的变化。

总之,集电极调幅电路具有以下特点:

(1) 必须工作于过压区;

(2) 调制过程可保持在高效率状态下不变;

(3) 调制信号源应是功率源,电路总输入功率由直流电源和调制信号源提供;

(4) 在调制信号一周期内的平均功率是未调制时载波功率的 $1 + 0.5m_a^2$ 倍;

(5) 集电极平均损耗功率是未调制时集电极损耗功率的 $1 + 0.5m_a^2$ 倍。

2. 基极调幅电路

利用调制信号来改变丙类高频谐振功率放大器的基极直流电源电压就构成了基极调幅电路，其原理电路如图 5.12(a)所示。图中，高频载波信号 $u_c(t)$ 通过高频变压器输入到功放电路输入端口的基极与发射极之间，低频调制信号 $u_\Omega(t)$ 通过低频变压器加到基极回路中并与基极直流电源 V_{BT} 相串联，使得功放电路的等效基极直流电源电压为

$$V_{BB}=V_{BT}+u_\Omega(t)=V_{BT}[1+m_a\overline{u}_\Omega(t)],\ m_a=|u_\Omega(t)|_{max}/V_{BT}$$

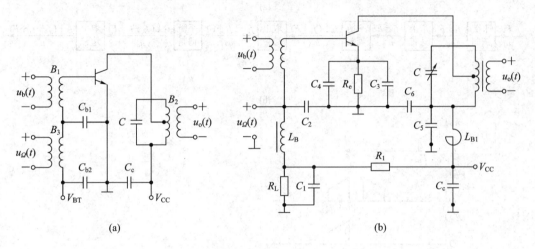

图 5.12　基极调幅电路

由丙类高频谐振功率放大电路的分析可知，当丙类功放电路工作在欠压状态时，集电极电流基波分量的幅值 I_{c1m} 与 V_{BB} 近似成线性关系而随 $u_\Omega(t)$ 变化，通过集电极选频回路把这部分频谱选取出来，就可在输出端获得 AM 调幅信号。

图 5.12(b)所示为一实用电路，其中，L_{B1} 是高频扼流圈，L_B 是低频扼流圈，C_1、C_3、C_5 是低频旁路电容，C_2、C_4、C_6 是高频旁路电容，且放大器的基极准直流电源电压为

$$V_{BB}=\frac{R_L}{R_1+R_L}V_{CC}+u_\Omega(t)=\frac{R_L}{R_1+R_L}V_{CC}[1+m_a\overline{u}_\Omega(t)] \tag{5.38}$$

式中调幅指数 $m_a=R_L\left(1+\dfrac{R_1}{R_L}\right)\dfrac{|u_\Omega(t)|_{max}}{V_{CC}}$。

基极调幅电路具有以下特点：
(1) 必须工作于欠压区；
(2) 调制过程中效率是变化的，即集电极效率较低；
(3) 调制信号源不必是功率源，输出信号的载波功率、边频功率均由直流电源 V_{CC} 提供；
(4) 调制线性范围小。

5.3.4　单边带调幅信号的产生电路

单边带调幅信号是滤除双边带调幅信号中的一个边带后形成的。根据滤除方法的不同，单边带调幅信号的产生方法不同，常用的是滤波法和移相法。

1. 滤波法

在平衡调制器后面加上合适的边带滤波器，将不需要的边带滤除，只让一个边带输

出，如图 5.13(a)所示，此为产生单边带调幅信号的滤波法。此法原理简单，但要求边带滤波器具有陡峭的衰减特性，故此法的关键是边带滤波器的制作。

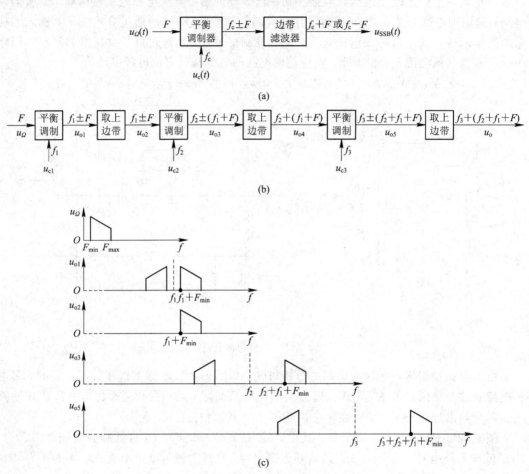

图 5.13 滤波法的原理框图及其改进

在载波频率远大于调制信号的最低频率（即 $f_c \gg F_{min}$）时，要求边带滤波器的过渡带宽度应小于 $2F_{min}$，使得相对带宽 $2F_{min}/f_c$ 很小，即边带滤波器制作难度很大。为此可采用多次平衡调幅-滤波的方法来降低对边带滤波器的要求。例如，采用图 5.13(b)所示的 3 次平衡调幅-滤波，最终形成单边带调幅信号的载波频率 $f_c = f_1 + f_2 + f_3$，且满足 $f_1 < f_2 < f_3$，调幅过程的频谱变化如图 5.13(c)所示。这样，第一级用到的边带滤波器应具有的相对带宽为 $2F_{min}/f_1$；对第二级调幅而言，调制信号的频率为 $f_1 + F$，这一级边带滤波器的相对带宽为 $2(f_1 + F_{min})/f_2$；第三级平衡调制器的调制信号频率为 $f_2 + f_1 + F$，这一级边带滤波器的相对带宽为 $2(f_2 + f_1 + F_{min})/f_3$。显然，有

$$\frac{2(f_2 + f_1 + F_{min})}{f_3} > \frac{2(f_1 + F_{min})}{f_2} > \frac{2F_{min}}{f_1} > \frac{2F_{min}}{f_c}$$

此式说明，第一级边带滤波器的制作要求最高，但它的制作难度也比一次平衡调幅-滤波时大大降低了。通常，第一级滤波器可采用石英晶体滤波器、陶瓷滤波器、表面声波滤波器等。第二、三级滤波器，采用 LC 调谐回路即可。

由于滤波器的性能稳定、可靠，且经济，此法仍是干线通信所采用的标准形式。

2. 移相法

利用移相的方法将平衡调制器输出的双边带调幅信号中不需要的边带滤除，只输出一个边带，如图 5.14(a)所示，此为产生单边带调幅信号的移相法。此法原则上能把相距很近的两个边带分开。但当调制信号为多频信号时，低频移相网络必须能对调制信号中的所有频率成分均保证精确的 $90°$ 相移。这是任何无源相移网络都很难做到的。

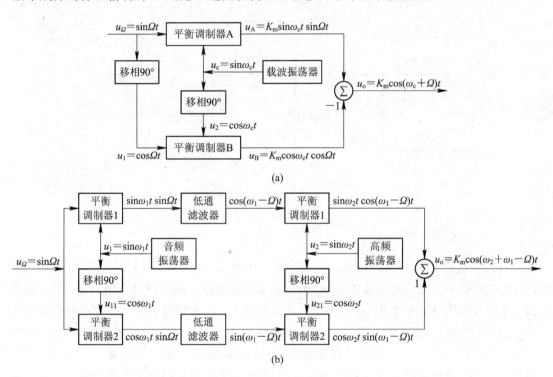

图 5.14　相移法的原理框图及其改进

针对多频调制信号可采用图 5.14(b)所示的改进移相法产生单边带调幅信号，这里所用的相移网络都工作于固定频率 ω_1 和 ω_2 处，且输出调幅信号的载频为 $\omega_c = \omega_2 + \omega_1$，且满足 $\omega_2 > \omega_1 \gg \Omega$。

此法具有制造和维护都比较简单的优点，适用于小型轻便设备。

5.4　二极管大信号包络检波电路

检波器的目的是从调幅波中不失真地解调出原调制信号。二极管大信号包络检波器又称为峰值包络检波器，主要用于解调振幅大于 0.5 V 的普通调幅波，利用二极管的单向导电性控制电容的充放电过程，使电路的输出跟随输入信号包络的变化而实现检波。

5.4.1　原理电路

图 5.15(a)所示电路为二极管大信号包络检波器的原理电路。图中，输入信号应为振幅大

于 0.5 V 的普通调幅信号（通常在 1 V 左右）；检波二极管工作于大信号状态；电容 C 与电阻 R 组成低通滤波器；大容量 C_c 为耦合电容，起到对低频信号短路的作用；R_L 是负载。

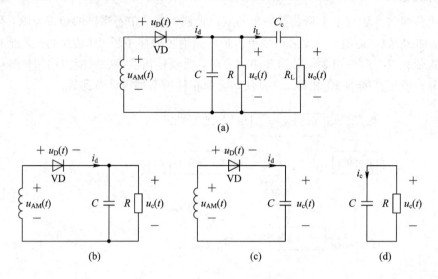

(a)

(b)　　　　　　　　(c)　　　　　　(d)

图 5.15　二极管大信号包络检波原理电路

5.4.2　工作原理

检波二极管 VD 的工作状态取决于其两端的电压 $u_D(t)=u_{AM}(t)-u_c(t)$，且负载电流 i_L 只是二极管电流 i_d 中的准直流成分，故可建立等效电路如图 5.15(b)所示(此图中，信号源、非线性器件二极管及 RC 滤波网络为串联结构，故此类检波器又称作二极管串联型大信号包络检波器)。由于输入信号 $u_{AM}(t)$ 为振幅大于 0.5 V 的普通调幅信号，二极管 VD 呈单向导电性，即 $u_D(t)\geqslant 0$ 时二极管导通(导通电阻为 r_d)，输入信号通过二极管 VD 对电容 C 充电，充电电路如图 5.15(c)所示，且由于 r_d 很小而使得充电速度较快；$u_D(t)<0$ 时二极管截止，电容 C 通过电阻 R 放电，放电电路如图 5.15(d)所示，且放电时间常数 RC 远大于高频电压的周期而使得放电速度很慢。充电、放电过程不断地循环反复，低通滤波器 RC 两端的电压 $u_c(t)$ 就跟随输入信号振幅的变化而变化，其波形如图 5.16 所示。

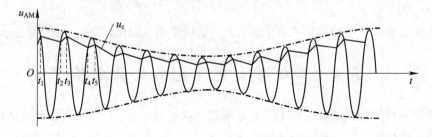

图 5.16　二极管大信号包络检波电路的波形图

在图 5.16 中：

① 在 $0\sim t_1$ 时间段内，$u_{AM}(t)>u_c(t)$，二极管导通，$u_{AM}(t)$ 对电容 C 充电，$u_c(t)$ 上升很快；

② 在 $t_1 \sim t_2$ 时间段内，$u_{AM}(t) < u_c(t)$，二极管截止，电容 C 向电阻 R 放电，$u_c(t)$ 下降较慢；

③ 在 $t_2 \sim t_3$ 时间段内，$u_{AM}(t) > u_c(t)$，二极管又导通，$u_{AM}(t)$ 又对 C 充电，$u_c(t)$ 又快速上升；

④ 在 $t_3 \sim t_4$ 时间段内，$u_{AM}(t) < u_c(t)$，二极管又截止，C 又向 R 放电，$u_c(t)$ 又缓慢下降。

由图可以看出，充电→放电→充电→……不断地循环，$u_c(t)$ 的波形跟随 $u_{AM}(t)$ 的包络呈现出锯齿状。由于 $u_{AM}(t)$ 的频率很高，且在 $u_{AM}(t)$ 载波一周期内，二极管导通时间又很短，放电时间常数又远大于高频电压的周期，所以电压 $u_c(t)$ 的起伏是很小的，可看成是与输入调幅波包络基本一致。

再经电容 C_c 的隔直流处理使得负载 R_L 获得的电压 $u_o(t)$ 与原调制信号 $u_\Omega(t)$ 成比例，即实现调幅信号的解调。

5.4.3　性能分析

图 5.15(a) 电路中，输入信号为 $u_{AM}(t) = U_{cm}[1 + m_a \overline{u}_\Omega(t)]\cos\omega_c t$。由于调制信号的频率远小于载波频率，则在载波一周期内可将调制信号的大小视作常数，即 $u_{AM}(t)$ 的包络

$$U'_{cm} = U_{cm}[1 + m_a \overline{u}_\Omega(t)] \tag{5.39}$$

可视为常数（称为准振幅）。又 $u_{AM}(t)$ 为大信号，检波二极管两端电压为

$$u_D(t) = u_{AM}(t) - u_c(t) = U'_{cm}\cos\omega_c t - u_c(t) \tag{5.40}$$

则二极管的伏安特性可简化为

$$i_d(t) = \begin{cases} g_d u_D(t) & u_D(t) \geqslant 0 \\ 0 & u_D(t) < 0 \end{cases} \tag{5.41}$$

故流过二极管的电流 i_d 是如图 5.17 所示的重复频率为 ω_c 的尖顶余弦脉冲。设二极管电流的导通角为 θ_C，电流 i_d 的振幅为 I_{dm}，则流过二极管的电流可以表达为

$$i_d(t) = I_0 + I_{1m}\cos\omega_c t + I_{2m}\cos 2\omega_c t + \cdots \tag{5.42}$$

式中，$I_0 = I_{dm}\alpha_0(\theta_C)$ 是流经二极管电流的准直流分量，$I_{1m} = I_{dm}\alpha_1(\theta_C)$ 是载波分量，$I_{nm} = I_{dm}\alpha_n(\theta_C)$ 是 n 次谐波分量。

由于

$$i_d\big|_{\omega_c t = \theta_C} = g_d[U'_{cm}\cos\omega_c t - u_c(t)]_{\omega_c t = \theta_C} = 0 \tag{5.43}$$

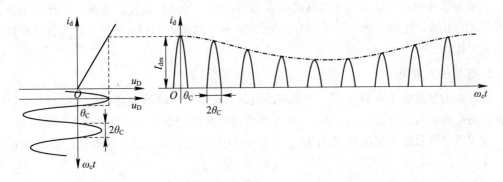

图 5.17　检波二极管电流波形

解得

$$u_c(t) = U'_{cm}\cos(\theta_C) = U_{cm}[1 + m_a\overline{u}_\Omega(t)]\cos\theta_C \tag{5.44}$$

再由

$$i_d\big|_{\omega_c t=0} = g_d[U'_{cm}\cos\omega_c t - u_c(t)]_{\omega_c t=0} = I_{dm} \tag{5.45}$$

和式(5.44)解得

$$I_{dm} = g_d U'_{cm}(1 - \cos\theta_C) = g_d U_{cm}[1 + m_a\overline{u}_\Omega(t)](1 - \cos\theta_C) \tag{5.46}$$

考虑到电容 C 将 i_d 中的高频成分短路，因而有

$$u_c(t) = I_0 R = I_{dm}\alpha_0(\theta_C)R \tag{5.47}$$

由于放电时间常数 RC 远大于输入信号载波周期 $T_c = 2\pi/\omega_c$，使得二极管负极总是处于正的较高电位，导致二极管只在输入电压的峰值附近才导通，即导通角 θ_C 很小。工程实践中 $\theta_C < \pi/6$，再联立式(5.44)、(5.47)及尖顶余弦脉冲分解系数 $\alpha_0(\theta_C)$，可解得

$$\theta_C \approx \left(\frac{3\pi}{Rg_d}\right)^{1/3} \tag{5.48}$$

此式说明，检波二极管的导通角 θ_C 的大小与输入信号无关，只取决于电路元件的参数（即二极管的导通电导 g_d 和电阻 R）。将式(5.39)代入(5.44)，得

$$u_c(t) = U_{cm}[1 + m_a\overline{u}_\Omega(t)]\cos\theta_C = U_{cm}\cos\theta_C + m_a U_{cm}\cos\theta_C\,\overline{u}_\Omega(t) \tag{5.49}$$

图 5.15(a)所示电路中的电容 C_c 对低频短路、对直流断路，使得负载电阻 R_L 上得到的电压为

$$u_o(t) = m_a U_{cm}\cos\theta_C\,\overline{u}_\Omega(t) \propto u_\Omega(t) \tag{5.50}$$

说明图 5.15(a)所示电路实现了对普通调幅波的解调。

5.4.4　主要技术指标

1. 电压传输系数

检波器的电压传输系数又称作检波效率或检波系数，是用来描述检波器对输入已调信号的解调能力的一个物理量。它的定义为检波器的低频输出电压振幅与输入高频调幅波包络变化的振幅之比。结合上一节的分析，图 5.15(a)所示电路的电压传输系数为

$$K_d = \frac{m_a U_{cm}\cos\theta_C}{m_a U_{cm}} = \cos\theta_C \tag{5.51}$$

说明大信号包络检波电路的电压传输系数是不随信号电压变化的常数。由导通角的计算式(5.48)可知，当 $Rg_d \gg 1$，即 $R \gg 1/g_d$ 时，$\theta_C \to 0$，因而 $K_d \to 1$，这是大信号包络检波电路的主要优点。

2. 等效输入电阻

检波器的等效输入电阻是前一级电路的负载，直接并于前级电路的输出回路中，影响着回路的品质因数、阻抗等。显然，为减小检波器对前级的影响，应增大输入电阻的值。

检波器的等效输入电阻定义为输入已调信号中载波振幅与二极管电流的基波振幅之比。即

$$R_{id} = \frac{U_{cm}}{I_{1m}} \tag{5.52}$$

由于 $I_{1m} = I_{dm}\alpha_1(\theta_C)$，$I_{dm} = g_d U_{cm}(1-\cos\theta_C)$，$\alpha_1(\theta_C) = \dfrac{1}{\pi}\dfrac{\theta_C-\sin\theta_C\cos\theta_C}{1-\cos\theta_C}$，并且，当 $\theta_C < \dfrac{\pi}{6}$ 时，$\tan\theta_C \approx \theta_C + \dfrac{1}{3}\theta_C^3$，可解得检波器的等效输入电阻为

$$R_{id} \approx \frac{1}{2}R \tag{5.53}$$

此式说明，检波器的等效输入电阻的大小主要取决于检波器的直流电阻 R 的大小，R 越大则 R_{id} 越大。

3. 失真

理想情况下，检波器输出信号的波形应与输入普通调幅波的包络形状完全一致，但实际上二者之间是有差别的，即检波器的输出信号有些失真，可能存在的失真现象有频率失真、惰性失真和负峰切割失真。

1）频率失真

在图 5.15(a)所示电路中，输入普通调幅波中的调制信号包含多个频率成分 $\Omega_{\min} \sim \Omega_{\max}$。电路中电容 C 主要用于滤除调幅波中的载波频率分量及高次谐波分量，为此应满足

$$\frac{1}{\omega_c C} \ll R \tag{5.54}$$

当 C 过大时也会对调制信号的不同频率成分产生不同的旁路作用而引起输出信号的频率失真。为减小此类频率失真的影响，应满足

$$\frac{1}{\Omega_{\max} C} \gg R \tag{5.55}$$

耦合电容 C_c 对调制信号的不同频率成分产生不同的分压也会引起输出信号的频率失真。为减小此类频率失真的影响，应满足

$$\frac{1}{\Omega_{\min} C_c} \ll R_L \tag{5.56}$$

2）惰性失真

惰性失真又称对角线失真，其表现为电容 C 两端的电压 $u_c(t)$ 呈现图 5.18 所示的形状。造成此现象的原因是，放电时间常数 RC 过大，而电容 C 的放电速度太慢，使得在 $t_p \sim t_s$（图 5.18 中）时间段内检波二极管一直处于截止状态，导致 $u_c(t)$ 跟不上输入普通调幅波包络的变化而形成了惰性失真。

为避免出现惰性失真，要求电容 C 的放电速度（即电压变化的速度）比普通调幅波振幅的下降速度快，即不产生惰性失真的条件是

$$\left|\frac{\mathrm{d}u_c}{\mathrm{d}t}\right| \geqslant \left|\frac{\mathrm{d}U'_{cm}}{\mathrm{d}t}\right| \tag{5.57}$$

由于 $U'_{cm} = U_{cm}[1 + m_a \bar{u}_\Omega(t)]$，可得

$$\left|\frac{\mathrm{d}U'_{cm}}{\mathrm{d}t}\right| = m_a U_{cm}\left|\frac{\mathrm{d}\bar{u}_\Omega(t)}{\mathrm{d}t}\right| \tag{5.58}$$

由图 5.15(d)所示的放电回路可知

$$i_c = -\frac{u_c}{R} \tag{5.59}$$

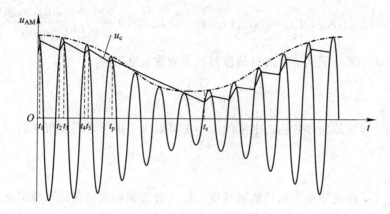

图 5.18　检波器出现惰性失真时的波形

将电容的伏安关系 $i_c = C\dfrac{\mathrm{d}u_c}{\mathrm{d}t}$ 和式(5.44)代入式(5.59)中可得

$$\frac{\mathrm{d}u_c}{\mathrm{d}t} = -\frac{u_c}{RC} = -\frac{U'_{cm}}{RC}\cos\theta_C = -\frac{U_{cm}}{RC}[1 + m_a\overline{u}_\Omega(t)]\cos\theta_C \tag{5.60}$$

于是,不出现惰性失真的条件式(5.57)可以表示为

$$\left|\frac{1 + m_a\overline{u}_\Omega(t)}{RC}\right|\cos\theta_C \geqslant m_a\left|\frac{\mathrm{d}\overline{u}_\Omega(t)}{\mathrm{d}t}\right| \tag{5.61}$$

　　由于大信号检波器的导通角很小,其电压传输系数 $K_d = \cos\theta_C \approx 1$。在单音调制时,$u_\Omega(t) = U_{\Omega m}\cos\Omega t$,图 5.15(a)所示电路不出现惰性失真的条件可以表示为

$$RC \leqslant \frac{\sqrt{1 - m_a^2}}{\Omega m_a} \tag{5.62}$$

　　若输入普通调幅波为多频调制,调制信号的第 i 个频率成分的调幅指数为 m_{ai},且 $m_{amax} = \max\{m_{ai}\}$。对每一调制频率成分均不产生惰性失真,需满足

$$RC \leqslant \frac{\sqrt{1 - m_{amax}^2}}{\Omega_{max} m_{amax}} \tag{5.63}$$

　　此式说明,调幅指数和调制信号的频率越高,输入信号包络下降的速度越快,不产生惰性失真所要求的放电时间常数就越小。

　　3) 负峰切割失真

　　负峰切割失真的表现为电容 C 两端的电压 $u_c(t)$ 呈现图 5.19 所示的形状。

　　在图 5.15(a)所示电路中,耦合电容 C_c 起到隔直流、对低频信号短路的作用。由式(5.49)可知,C_c 两端的直流电压为 $U_{Cc} = U_{cm}\cos\theta_C$。由于 C_c 的容量较大,可以认为 U_{Cc} 在调制信号的一周期内保持不变。这个电压通过电阻 R 与 R_L 的分压,将在电阻 R 上建立一个直流电压 $U_R = \dfrac{R}{R + R_L}U_{Cc}$。对检波二极管来说,$U_R$ 就是一个反偏电压。造成负峰切割失真的原因是,当输入普通调幅信号包络的最小值附近均小于 U_R,将导致检波二极管进入截止状态而使电压 $u_c(t)$ 的值呈现为常数 U_R。显然,它是切割了输入信号包络的底部。

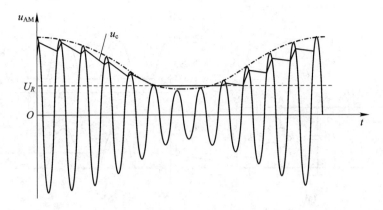

图 5.19　检波器出现负峰切割失真时的波形

为避免负峰切割失真的出现，应确保输入普通调幅波包络的最小值大于或等于 U_R。即应满足

$$U_{cm}(1-m_a) \geqslant \frac{R}{R+R_L}U_{cm}\cos\theta_C \tag{5.64}$$

取 $\cos\theta_C=1$，则不产生负峰切割失真的条件可以表达为

$$m_a \leqslant \frac{R_L}{R+R_L} = \frac{RR_L}{R+R_L}\frac{1}{R} = \frac{R_\Omega}{R}$$

即图 5.15(a)电路不产生负峰切割失真的条件为

$$m_a \leqslant \frac{R_\Omega}{R} \tag{5.65}$$

式中，R 为检波器的直流负载，$R_\Omega=R /\!/ R_L$ 为低频交流负载。此式说明，负峰切割失真的产生与频率无关。当输入信号的调幅度 m_a 一定时，交流负载与直流负载的大小越接近，越不易产生负峰切割失真。也就是说，负峰切割失真本质上是由于检波器的交、直流负载不等而引起。

【例 5.2】　图 5.20(a)所示的电路中，检波二极管的导通电阻 $r_d=80\ \Omega$，阈值电压可视为 $U_{BZ}=0$、检波电阻 $R=5\ \text{k}\Omega$、检波电容 $C=0.01\ \mu\text{F}$、负载电阻 $R_L=10\ \text{k}\Omega$、耦合电容 $C_c=20\ \mu\text{F}$。若电路的输入信号为 $u_i(t)=1.5[1+0.7\cos(4\pi\times10^3 t)]\cos(2\pi\times465\times10^3 t)\text{V}$。试求：(1) 电路的等效输入电阻 R_{id}；(2) 判断电路是否存在惰性失真或负峰切割失真；(3) 写出电路中节点 A、B 的电压表达式并画出它们的波形。

解　由于输入信号的幅度较大，故图 5.20(a)所示电路应为大信号包络检波器。

(1) 等效输入电阻为

$$R_{id} \approx 0.5R = 2.5\ \text{k}\Omega$$

(2) 不产生惰性失真的条件是 $RC \leqslant \dfrac{\sqrt{1-m_a^2}}{\Omega m_a}$，由题知，$m_a=0.7$，$\Omega=4\pi\times10^3\ \text{rad/s}$，并与其他已知参数一起代入计算得

$$RC=5\times10^3\times0.01\times10^{-6}=5\times10^{-5}$$

$$\frac{\sqrt{1-m_a^2}}{\Omega m_a}=\frac{\sqrt{1-0.7^2}}{4\pi\times10^3\times0.7}\approx7.478\times10^{-5}$$

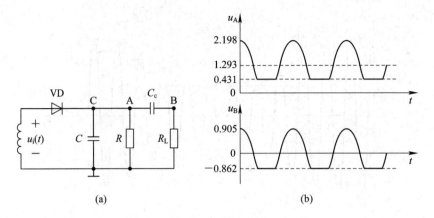

图 5.20　例 5.2 图

显然，不产生惰性失真的条件得到满足，说明电路不存在惰性失真。

不产生负峰切割失真的条件是 $m_a \leqslant \dfrac{R_\Omega}{R}$。由于

$$R_\Omega = R /\!/ R_L = \frac{RR_L}{R+R_L} = 3.33 \text{ k}\Omega$$

$$\frac{R_\Omega}{R} = \frac{3.33}{5} = = 0.667 < 0.7 = m_a$$

显然，不满足不产生负峰切割失真的条件，说明此检波电路中存在负峰切割失真现象。

（3）由题知，检波二极管的导通角为

$$\theta_C = \sqrt[3]{\frac{3\pi r_d}{R}} = \sqrt[3]{\frac{3\pi \times 80}{5 \times 10^3}} = 0.532 \text{ rad}$$

则电压传输系数为

$$K_d = \cos\theta_C = 0.862$$

在理想情况下（不存在频率失真、惰性失真和负峰切割失真），节点 A 的电压表达式应为

$$u_A(t) = 1.5[1+0.7\cos(4\pi \times 10^3 t)]\cos\theta_C = 1.293 + 0.905\cos(4\pi \times 10^3 t) \text{ V}$$

耦合电容 C_c 上的直流电压在检波电阻 R 上的分压为

$$U_R = \frac{R}{R+R_L} \times 1.5 \times 0.862 = 0.431 \text{ V}$$

由于检波电路中存在负峰切割失真现象，则节点 A 的实际电压表达式应为

$$u_A(t) = \begin{cases} 1.293 + 0.905\cos(4\pi \times 10^3 t) \text{ V}, & 1.293+0.905\cos(4\pi \times 10^3 t) \geqslant 0.431 \\ 0.431 \text{ V}, & \text{其他} \end{cases}$$

节点 B 的实际电压表达式应为

$$u_B(t) = \begin{cases} 0.905\cos(4\pi \times 10^3 t) \text{ V}, & 1.293+0.905\cos(4\pi \times 10^3 t) \geqslant 0.431 \\ (-1.293+0.431) \text{ V}, & \text{其他} \end{cases}$$

将电路中节点 A、B 的电压波形画在图 5.20(b) 中。

【例 5.3】　图 5.21 所示电路中，待解调信号先通过小信号谐振放大器放大后再送入检波器

进行解调。已知小信号谐振放大器的谐振频率 $f_0=10.7$ MHz，电感线圈的参数 $L_{13}=4$ μH、$Q_0=80$、$N_{13}=10$、$N_{12}=4$、$N_{45}=5$，晶体管的参数 $g_{ie}=2860$ μS、$C_{ie}=18$ pF、$g_{oe}=200$ μS、$C_{oe}=7$ pF、$|y_{fe}|=45$ mS、$\varphi_{fe}=45°$、$y_{re}=0$，二极管的参数 $r_d=100$ Ω、$U_{BZ}=0$，其余参数如图 5.21 所示。若待解调信号为 $u_i(t)=0.1[1+0.3\cos(2\pi\times10^3 t)]\cos(2\pi\times10.7\times10^6 t)$ V，试求电路的输出电压 $u_o(t)$。

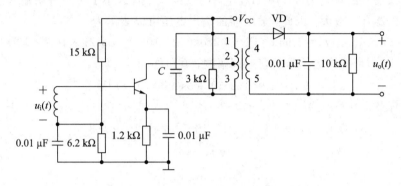

图 5.21　例 5.3 图

解　小信号谐振放大器的交流通路如图 5.22(a)所示，其中，R_{id} 为检波器的等效输入电阻，大小为 $R_{id}\approx0.5\times10$ kΩ。因此，放大器的小信号等效电路如图 5.22(b)所示。

其中，接入系数为

$$p_1=\frac{N_{12}}{N_{13}}=0.4，\quad p_2=\frac{N_{45}}{N_{13}}=0.5$$

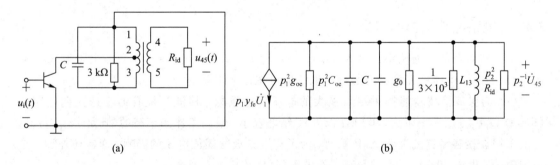

(a)　　　　　　　　　　　(b)

图 5.22　例 5.3 电路的等效电路

电感线圈的空载损耗电导为

$$g_0=\frac{1}{2\pi f_0 L_{13}Q_0}=\frac{1}{2\pi\times10.7\times10^6\times4\times10^{-6}\times80}=46.5\ \mu S$$

因而，总电导为

$$g_\Sigma=p_1^2 g_{oe}+g_0+\frac{1}{3\times10^3}+p_2^2\frac{1}{R_{id}}$$

$$=\left(0.4^2\times200\times10^{-6}+46.5\times10^{-6}+333.3\times10^{-6}+\frac{0.5^2}{5\times10^3}\right)=461.8\ \mu S$$

放大器的谐振电压增益为

$$|A_{u0}| = \frac{p_1 p_2 |y_{fe}|}{g_\Sigma} = \frac{0.4 \times 0.5 \times 45 \times 10^{-3}}{461.8 \times 10^{-6}} = 19.49$$

3 dB 通频带宽度为

$$2\Delta f_{0.7} = \frac{f_0}{Q_L} = 2\pi f_0^2 L_{13} g_\Sigma = 2\pi \times 10.7^2 \times 10^{12} \times 4 \times 10^{-6} \times 461.8 \times 10^{-6} = 1.329 \text{ MHz}$$

由于输入信号的频宽为 2×10^3 Hz，它小于 $2\Delta f_{0.7}$、且远小于 f_0，说明输入信号可视作窄带而被放大器有效放大。因此，放大器的输出电压可以表示为

$$u_{45}(t) = A_{u0} u_i(t) = 1.949 \times [1 + 0.3\cos(2\pi \times 10^3 t)]\cos(2\pi \times 10.7 \times 10^6 t) \text{ V}$$

显然，$u_{45}(t)$ 可视作大信号的普通调幅波，其包络为

$$U_{45} = 1.949[1 + 0.3\cos(2\pi \times 10^3 t)] \text{ V}$$

在检波环节，由于

$$\frac{RC\Omega m_a}{\sqrt{1 - m_a^2}} = \frac{10 \times 10^3 \times 0.01 \times 10^{-6} \times 2\pi \times 10^3 \times 0.3}{\sqrt{1 - 0.3^2}} \approx 0.2 < 1$$

且

$$0.3 \leqslant \frac{R_\Omega}{R} = \frac{R}{R} = 1$$

说明在检波过程中不会出现惰性失真和负峰切割失真。又，检波器的电压传输系数为

$$K_d = \cos\sqrt[3]{\frac{3\pi r_d}{R}} = \cos\sqrt[3]{\frac{3\pi \times 100}{10 \times 10^3}} = \cos(0.455) = 0.898$$

则图 5.21 电路的输出电压为

$$u_o(t) = K_d U_{45} = 1.750 \times [1 + 0.3\cos(2\pi \times 10^3 t)] \text{ V}$$

5.4.5　电路元件选择的考虑

由于待解调的普通调幅信号为 $u_{AM}(t) = U_{cm}[1 + m_a \overline{u}_\Omega(t)]\cos\omega_c t$，负载电阻为 R_L，则图 5.15(a)所示电路中元器件参数的选取一般可按以下步骤进行。

(1) 为保证检波器能提供尽可能大的电压传输系数，检波二极管通常选正向电阻小 (500 Ω 以下)、反向电阻大(500 kΩ 以上)、结电容小、最高工作频率高的(满足 $f_{max} \gg f_c$)。一般多用点接触型锗二极管 2AP 系列。为了克服二极管阈值电压的影响，通常还外加一个正向偏压，提供 20～50 μA 的静态工作电流(具体数值由实验确定)。

(2) 检波电阻 R、检波电容 C 的选取应综合考虑，需同时满足以下条件：

① 从提高检波系数、减小输出波纹考虑，RC 应尽可能大。

② C 对载频信号应近似短路，故应有 $\frac{1}{\omega_c C} \ll R$，工程实际中取 $RC \geqslant \frac{5 \sim 10}{\omega_c}$。

③ 为避免惰性失真，应满足 $RC \leqslant \frac{\sqrt{1 - m_a^2}}{m_a \Omega_{max}}$。

④ 为避免负峰切割失真，应满足 $m_a \leqslant \frac{R_\Omega}{R} = \frac{R /\!/ R_L}{R}$，即 $R \leqslant \frac{(1 - m_a) R_L}{m_a}$。

⑤ 检波器的输入电阻 R_{id} 是前一级电路的负载，直接影响着前级输出回路的品质因数、阻抗等，且 $R_{id} \approx 0.5R$，所以检波电阻 R 应尽可能取得大一些。

⑥ R 选定后，可按 RC 的值求得值，但应使

$$C > 10C_j \tag{5.66}$$

式中 C_j 为检波二极管的结电容。由于输入高频调幅信号通过 C_j 和 C 分压后加到二极管两端，满足式(5.66)时，才可保证输入高频信号能有效地加到二极管上，以提高检波器的电压传输系数。

（3）耦合电容 C_c 的取值应使低频调制信号能有效地耦合到负载电阻 R_L 上，需满足 $\dfrac{1}{\Omega_{\min}C_c} \ll R_L$。

5.4.6　改进

在图 5.15(a)所示电路中，通过合理选择电路元器件的参数值，可减小频率失真，并避免惰性失真和负峰切割失真的出现。但待解调普通调幅信号的调幅度较大时，如 $m_a = 0.8 \sim 0.9$，这时需要交流负载 R_Ω 和直流负载 R 的差别不能超过 $10\% \sim 20\%$。R 愈大，这个条件愈难满足。为此，可采用如下方法对电路进行改进。

方法一：在 R 和 R_L 之间插入高输入阻抗的射极跟随器，如图 5.23(a)所示，这时 $R_\Omega = R$。

方法二：将检波电容 C、检波电阻 R 分解成两部分，以减小 R_Ω 与 R 的差别，结构如图 5.23(b)所示。这时，$R = R_1 + R_2$，$R_\Omega = R_1 + R_2 /\!/ R_L$。显然，当 R 一定时，R_1 越大，R_Ω 与 R 的差值越小，允许的调幅度 m_a 就比较大，但输出电压减小。为兼顾二者，通常取 $R_1 = (0.1 \sim 0.2)R_2$。这时电路的放电时间常数按式(5.67)估算，即

$$RC = (R_1 + R_2)C_1 + R_2 C_2 \tag{5.67}$$

通常取 $C_1 = C_2$。

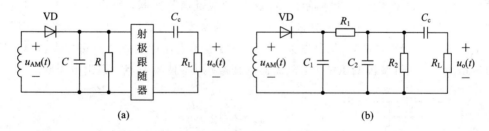

(a)　　　　　　　　　　　　　　(b)

图 5.23　改进型包络检波电路

【例 5.4】　已知待解调普通调幅信号的载频 $f_c = 465\ \text{kHz}$，调幅度 $m_a = 0.3$，调制信号频率范围为 $300 \sim 3400\ \text{Hz}$。采用图 5.24 所示二极管峰值包络检波器进行检波，其中负载 $R_L = 10\ \text{k}\Omega$。确定电路中有关元器件的参数。

解　（1）检波二极管通常选正向电阻小（500 Ω 以下）、反向电阻大（500 kΩ 以上）、结电容小的点接触型锗二极管，注意最高工作频率应满足要求。

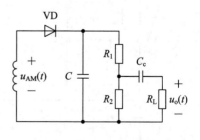

图 5.24　例 5.4 电路图

（2）为避免惰性失真并实现电容 C 对载频信号近似短路，时间常数应满足

$$\frac{5\sim10}{\omega_c}\leqslant RC\leqslant\frac{\sqrt{1-m_a^2}}{m_a\Omega_{max}}$$

代入已知条件，可得

$$(1.7\sim3.4)\times10^{-6}\leqslant RC\leqslant0.15\times10^{-3}$$

（3）设 $\dfrac{R_1}{R_2}=0.2$，则 $R_1=\dfrac{R}{6}$，$R_2=\dfrac{5R}{6}$。为避免负峰切割失真，应有

$$m_a\leqslant\frac{R_\Omega}{R}=\frac{R_1+\dfrac{R_2R_L}{R_2+R_L}}{R}=\frac{\dfrac{R}{6}+\dfrac{(5R/6)R_L}{5R/6+R_L}}{R}$$

解得 $R\leqslant63$ kΩ。

若取 $R=6$ kΩ，$C=0.01\ \mu$F，这样，$RC=0.06\times10^{-3}$，满足（2）中对时间常数的要求。这时，$R_1=1$ kΩ，$R_2=5$ kΩ。

（4）C_c 的取值需满足 $\dfrac{1}{\Omega_{min}C_c}\ll R_L$，即

$$C_c\gg\frac{1}{\Omega_{min}R_L}=5.3\times10^{-8}\text{F}$$

取标称值 $C_c=47\ \mu$F。

图 5.25 所示为调幅收音机常用的检波电路之一。图中，三极管 VT_1 及各引脚的元件组成放大器（由 R_4、R_6 及 R_2 组成分压电路，给 VT_1 提供一定的偏压及合适的静态工作点电流，一般调整在 $20\sim50\ \mu$A）。放大后的调幅信号由变压器初级电感 L_1 耦合到 L_2，作为二极管包络检波器的输入信号，且采用分段直流负载以避免负峰切割失真，R_2 电位器可实现输出电压大小的调节（称作音量控制）。R_6 及 C_7 组成低通滤波器，滤除 R_2 两端输出电压的低频分量，取出其中输出的直流分量加到放大管的基极作为偏压，以便自动控制该级放大器的电压增益。显然，当输入信号增强时，R_2 两端输出电压中的直流分量加大，C_7 上的直流电压增大，放大管基极偏压增大，放大器的增益减小，使检波器的输出电压回落。

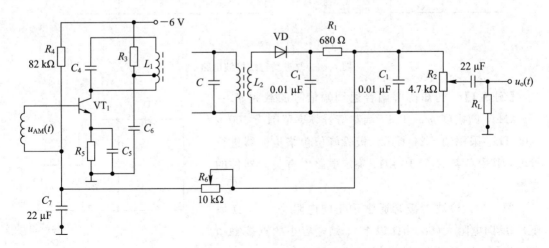

图 5.25　检波器的实际电路

5.5　其他调幅信号的解调电路

5.5.1　并联型二极管包络检波器

有些情况下，需要在中频放大器和检波器之间接入隔直流电容，以防止放大器的集电极馈电电压加到检波器上，为此可以采用图 5.26(a) 所示的并联型二极管包络检波器。图中，C 是负载电容，并兼做隔直流电容；R 是负载电阻，与二极管 VD 并联，为二极管电路中的平均分量提供通路。由于负载电阻与是二极管并联的，所以称为并联型二极管包络检波器。其工作原理与图 5.15(b) 的串联型相似。

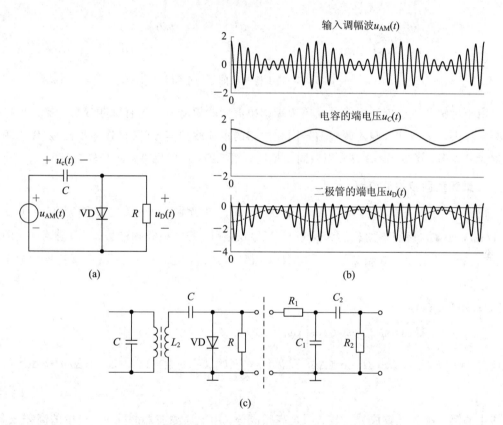

图 5.26　并联型二极管包络检波器及其工作波形

在图 5.26(a) 所示电路中，电阻 R 远大于二极管导通电阻 r_d，故二极管导通时输入信号 $u_{AM}(t)$ 向 C 充电(充电时间常数为 $r_d C$)，二极管截止时 C 通过 R 放电(放电时间常数为 RC)达到动态平衡后，C 两端电压 $u_c(t)$ 呈现出跟随输入信号包络变化的锯齿状波形，实际加到二极管上的电压为 $u_D(t) = u_{AM}(t) - u_c(t)$，其波形如图 5.26(b) 所示。由于电容 C 不能起到滤除高频的作用，因此，$u_D(t)$ 中不仅含有平均分量，还含有高频分量，需如图 5.26(c) 所示，在电路中接入隔直电容 C_2 和由 R_1 与 C_2 组成的低通滤波电路才能获得所需的低频分量。

显然，二极管的导通角 θ_C 也可按式(5.48)估算，且电压传输系数接近于 1。但由于输入信号源直接加在电阻 R 上，R 将消耗高频功率，故输入等效电阻比图 5.15(a)电路的小，约为 $R_{id} \approx R/3$。

5.5.2 同步检波器

同步检波又称作相干检波，主要用于对双边带调幅信号和单边带调幅信号的解调，其电路的基本组成框图如图 5.27 所示。

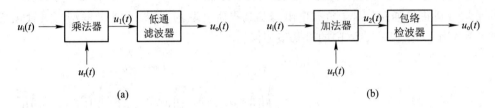

图 5.27 同步检波器的原理框图

由于待解调双边带调幅信号或单边带调幅信号的频谱中不含有载频成分，要实现检波就必须提供一个与待解调的调幅信号同频同相的本地载频信号(又称作同步信号)作为频谱搬移时的参考，图 5.27(a)为乘积型同步检波，图 5.27(b)为叠加型同步检波。

1. 乘积型同步检波电路

设图 5.27(a)中待解调信号是载频为 ω_i、单音调制的双边带调幅波 $u_i(t) = U_{im}\cos\omega_i t \cos\Omega t$(调制端的载波为 $u_c(t) = U_{cm}\cos\omega_i t$)，若本地载频信号 $u_r(t)$ 与调制端的载波 $u_c(t)$ 存在频差 $\Delta\omega$ 和相差 $\Delta\varphi$，即 $u_r(t) = U_{rm}\cos[(\omega_i + \Delta\omega)t + \Delta\varphi]$，则乘法器的输出可以表达为

$$
\begin{aligned}
u_1(t) &= Ku_i(t)u_r(t) \\
&= KU_{im}U_{rm}\cos\omega_i t \cos\Omega t \cos[(\omega_i + \Delta\omega)t + \Delta\varphi] \\
&= \frac{1}{2}KU_{im}U_{om}\cos\Omega t \cos(\Delta\omega t + \Delta\varphi) + \frac{1}{2}KU_{im}U_{om}\cos\Omega t \cos[(2\omega_i + \Delta\omega)t + \Delta\varphi]
\end{aligned}
$$

$$(5.68)$$

上式中的第一项为低频成分，第二项是高频成分。用低通滤波器滤除 $u_1(t)$ 中的高频成分、保留低频成分，可获得的输出电压为

$$
u_o(t) = \frac{1}{2}KU_{im}U_{rm}\cos\Omega t \cos(\Delta\omega t + \Delta\varphi) \tag{5.69}
$$

(1) 理想情况下，$u_c(t)$ 与 $u_r(t)$ 同步，即 $\Delta\omega = 0$，$\Delta\varphi = 0$，这时，检波器的输出为

$$
u_o(t) = \frac{1}{2}KU_{im}U_{rm}\cos\Omega t \propto u_\Omega(t) \tag{5.70}
$$

说明，在 $u_c(t)$ 与 $u_r(t)$ 同步的条件下可实现理想检波。

(2) $u_c(t)$ 与 $u_r(t)$ 同频不同相，即 $\Delta\omega = 0$，$\Delta\varphi \neq 0$ 时，检波器的输出为

$$u_o(t) = \frac{1}{2}KU_{im}U_{rm}\cos\Omega t\cos(\Delta\varphi) \qquad (5.71)$$

显然，在 $u_c(t)$ 与 $u_r(t)$ 同频的条件下，若它们的差 $\Delta\varphi$ 为一常数时，系统解调输出的信号仍与原调制信号成正比，只是幅度有所减小，且在 $\Delta\varphi = \pm\pi/2$ 时，将无解调输出。

（3）$u_c(t)$ 与 $u_r(t)$ 不同频，即 $\Delta\omega \neq 0$ 时，检波器的输出为

$$u_o(t) = \frac{1}{4}KU_{im}U_{rm}\cos[(\Omega+\Delta\omega)t+\Delta\varphi] + \frac{1}{4}KU_{im}U_{rm}\cos[(\Omega-\Delta\omega)t-\Delta\varphi] \qquad (5.72)$$

上式表明，在 $u_c(t)$ 与 $u_r(t)$ 不同频时，系统解调输出的信号具有双边带调幅信号的特征。由于频差 $\Delta\omega$ 一定是个小量，则解调输出信号的幅度以 $\Delta\omega$ 为频率、缓慢且周期性地变化，即输出不再与原调制信号呈线性关系，产生了频率失真。

图 5.27(a) 所示的系统也可用于单边带调幅波或普通调幅波的解调，解调的质量取决于 $u_c(t)$ 与 $u_r(t)$ 的频率关系。

同步检波器检波无失真的关键问题是要提供一个与调制端的载波信号 $u_c(t)$ 同频的本地载频信号 $u_r(t)$。如果 $u_c(t)$ 与 $u_r(t)$ 不同步，将引起输出低频信号的频率偏移，而且会引起相位偏移。实验证明，在语音通信时，当频率差 $\Delta f = \Delta\omega/(2\pi)$ 达 20 Hz 时就会察觉到声音的不自然，当 Δf 达 200 Hz 时语音的可懂度明显下降。

为提高同步检波的质量，常用以下方法获取本地载频信号 $u_r(t)$：

（1）解调 AM 波时，可先将信号 $u_{AM}(t)$ 放大，再经限幅器将其削为频率 ω_c 的方波，由带通滤波器选出其中的基波成分 ω_c 作为同步检波时的 $u_r(t)$，此过程如图 5.28(a) 所示。

（2）解调 DSB 波时，可先将信号 $u_{DSB}(t)$ 取平方，再由带通滤波器选出 $2\omega_c$ 成分，最后由二次分频即可得到 $u_r(t)$，此过程如图 5.28(b) 所示。

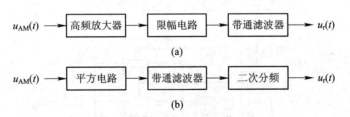

图 5.28　载波恢复电路的原理框图

（3）解调 SSB 或 DSB 波时，可在发送端发射 SSB 波或 DSB 波的同时附带发射一个小功率的载波信号（称为导频信号），在接收端采用高选择性的窄带滤波器从接收到的信号中取出此导频信号，再将它适当放大后作为 $u_r(t)$。

（4）采用相同的频率稳定度很高的晶体振荡器来产生调制时的载波信号 $u_c(t)$ 和解调时的 $u_r(t)$，将 $u_c(t)$ 与 $u_r(t)$ 的频率差控制在允许的范围内。

如图所示 5.29 是用 MC1595 组成的实用同步检波电路，$VT_1 \sim VT_3$ 构成限幅器，集成乘法器 MC1595 和集成运算放大器 F007 构成单端输出的乘法器，C_{c1} 和 C_{c2} 作为隔直电容，R_f 和 C_f 组成低通滤波器。

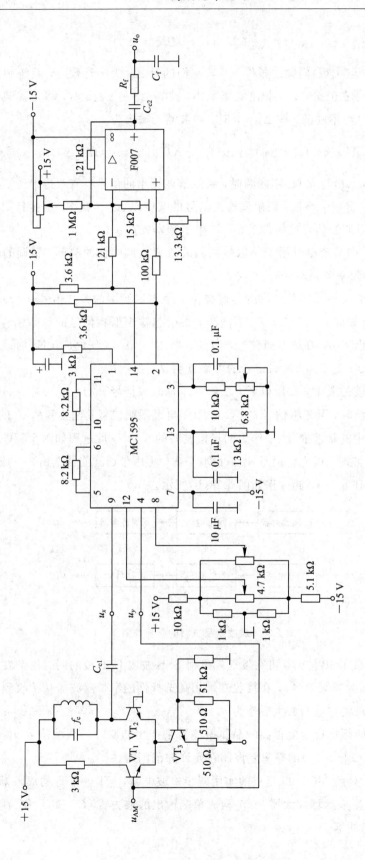

图5. 29　MC1595组成的同步检波电路

【**例 5.5**】　图 5.30 示出了某电器的原理方框图、及相关子电路系统的幅频谱。已知，开关函数为

$$K(\omega_c t)=\frac{1}{2}+\frac{2}{\pi}\cos\omega_c t-\frac{2}{3\pi}\cos3\omega_c t+\frac{2}{5\pi}\cos5\omega_c t-\cdots$$

且 $\omega_c\gg\Omega$。试写出图中各模块的输出电压 $u_A(t)$、$u_B(t)$、$u_C(t)$ 和 $u_o(t)$ 的电压表示式，并画出它们的波形。

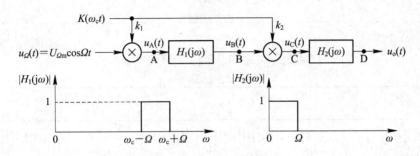

图 5.30　例题 5.5 的图

解　第一模块为乘法器，它的输出为

$$u_A(t)=k_1 u_\Omega(t)K(\omega_c t)=k_1 U_{\Omega m}\cos\Omega t\left[\frac{1}{2}+\frac{2}{\pi}\cos\omega_c t-\frac{2}{3\pi}\cos3\omega_c t+\cdots\right]$$

$$=k_1 U_{\Omega m}\left[\frac{1}{2}\cos\Omega t+\frac{1}{\pi}\cos(\omega_c+\Omega)t+\frac{1}{\pi}\cos(\omega_c-\Omega)t-\frac{1}{3\pi}\cos(3\omega_c+\Omega)t-\right.$$

$$\left.\frac{1}{3\pi}\cos(3\omega_c-\Omega)t+\cdots\right\}$$

由幅频谱知，第二模块的功能是带通滤波，它的通带中心频率为 ω_c，通频带宽度为 2Ω，则 $u_A(t)$ 经过此滤波器处理后变为

$$u_B(t)=\frac{1}{\pi}k_1 U_{\Omega m}\left[\cos(\omega_c+\Omega)t+\cos(\omega_c-\Omega)t\right]=\frac{2}{\pi}k_1 U_{\Omega m}\cos\Omega t\ \cos\omega_c t$$

第三模块为乘法器，它的输出为

$$u_C(t)=k_2 u_B(t)K(\omega_c t)=\frac{2}{\pi}k_1 k_2 U_{\Omega m}\cos\Omega t\ \cos\omega_c t\times\left[\frac{1}{2}+\frac{2}{\pi}\cos\omega_c t-\frac{2}{3\pi}\cos3\omega_c t+\cdots\right]$$

$$=k_1 k_2 U_{\Omega m}\left[\frac{1}{\pi}\cos\Omega t\ \cos\omega_c t+\frac{4}{\pi^2}\cos\Omega t\ \cos^2\omega_c t-\frac{4}{3\pi^2}\cos3\omega_c t\ \cos\Omega t\ \cos\omega_c t\cdots\right]$$

$$=k_1 k_2 U_{\Omega m}\left[\frac{1}{\pi}\cos\Omega t\ \cos\omega_c t+\frac{4}{\pi^2}\cos\Omega t\ \frac{1+\cos2\omega_c t}{2}-\frac{4}{3\pi^2}\cos\Omega t\ \frac{\cos4\omega_c t+\cos\omega_c t}{2}\cdots\right]$$

第四模块是低通滤波器，它的通带截止频率为 Ω，则 $u_C(t)$ 经过此滤波器处理后变为

$$u_o(t)=k_1 k_2 U_{\Omega m}\cos\Omega t\times\frac{2}{\pi^2}$$

设输入调制信号的波形为

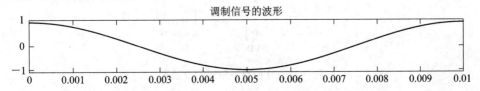

调制信号的波形

开关函数的波形为

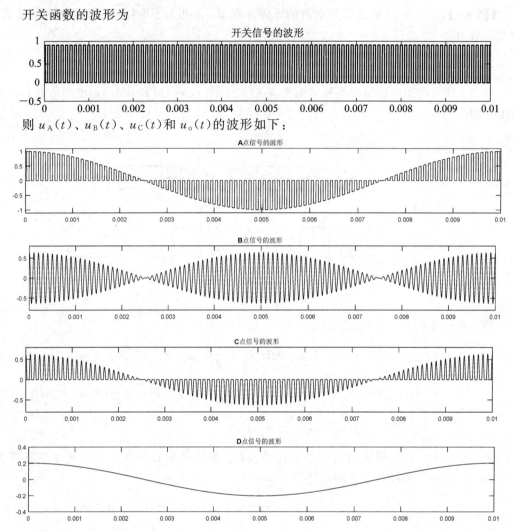

则 $u_A(t)$、$u_B(t)$、$u_C(t)$ 和 $u_o(t)$ 的波形如下：

2. 叠加型同步检波电路

在图 5.27(b)的叠加型同步检波系统中，通过加法器在待解调的 DSB 或 SSB 信号中插入载频而形成 AM 信号，再利用包络检波器将调制信号恢复出来。图 5.31 为二极管平衡式叠加型同步检波电路。其中，本地载频信号 $u_r(t)$ 为大信号，待解调的 DSB 或 SSB 信号 $u_i(t)$ 为小信号，上、下两个对称的包络检波构成平衡电路，抵消输出电压的直流成分、减小非线性失真。

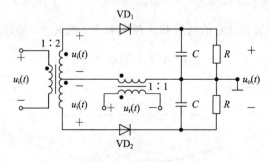

图 5.31　叠加型平衡同步检波器

5.6　混　频　器

在保持调制类型、规律和调制参数不变的情况下，将已调波的载频由高频 ω_c 变为固定中频 ω_I 的过程称为混频。以普通调幅信号为例，混频器的输入 $u_i(t)$、输出 $u_o(t)$ 的波形及它们的幅频谱如图 5.32(a)所示，电路组成如图 5.32(b)所示，其中称 $u_L(t)$ 为本地振荡信号。

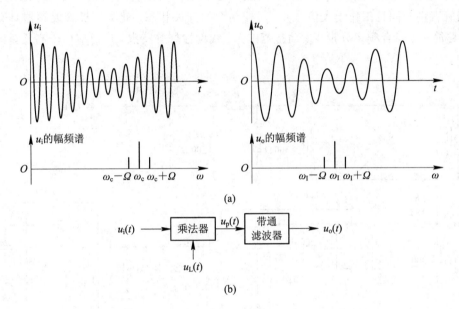

图 5.32　混频器的输入 $u_i(t)$、输出 $u_o(t)$ 波形及其幅频谱

设图 5.32(b)系统的输入信号为

$$u_i(t)=U_{cm}[1+m_a\bar{u}_\Omega(t)]\cos\omega_c t \,,\ u_L(t)=U_{Lm}\cos\omega_L t \tag{5.73}$$

若乘法器的乘法系数为 K，则

$$u_p(t)=Ku_i(t)u_L(t)=KU_{cm}U_{Lm}[1+m_a\bar{u}_\Omega(t)]\cos\omega_c t\,\cos\omega_L t$$
$$=0.5KU_{cm}U_{Lm}[1+m_a\bar{u}_\Omega(t)][\cos(\omega_c+\omega_L)t+\cos(\omega_c-\omega_L)t] \tag{5.74}$$

在下变频时，带通滤波器的通带中心频率为

$$\omega_I=\omega_c-\omega_L \tag{5.75}$$

则 $u_p(t)$ 经过带通滤波器后变为

$$u_o(t)=0.5KU_{cm}U_{Lm}[1+m_a\bar{u}_\Omega(t)]\cos\omega_I t=U_{Im}[1+m_a\bar{u}_\Omega(t)]\cos\omega_I t \tag{5.76}$$

显然，$u_o(t)$ 就是混频器的输出，并且 $u_o(t)$ 与输入 $u_i(t)$ 具有相同的调制特性，即混频是将已调波的频谱进行不失真的线性搬移，在频域上起加法器或减法器的作用。

用来衡量混频器将高频信号转化为中频信号能力的主要技术指标是混频增益，即混频器输出中频电压幅值 U_{Im} 与输入高频信号 U_{cm} 的比值，即

$$A_u=\frac{U_{Im}}{U_{cm}} \tag{5.77}$$

凡能实现两个电压相乘或具有相乘因数的非线性器件都可以用作混频器件，能实现频

谱线性搬移的电路都可用作混频电路,例如二极管平衡混频电路、二极管环形混频电路、乘法器混频电路等。

图 5.33(a)所示为二极管环形混频器的实用电路。VT_1 与 C_8、C_9、C_{10} 及晶体构成皮尔斯振荡电路,产生 10 MHz 的振荡信号,再经 VT_2 管实现三倍频后,成为 30 MHz 的振荡信号,由变压器 T_3 耦合,从变压器 T_1 的中心抽头处加入到二极管环形混频电路中作为本地振荡信号 $u_L(t)$;中心频率为 20 MHz 的已调信号由变压器 T_1 耦合加入到混频电路中作为电路的输入信号 $u_i(t)$;R_1、R_2、R_3 组成阻性 π 型网络以实现阻抗匹配;环形结构的 4 个二极管特性相同且工作于大信号 $u_L(t)$ 控制下的开关状态。此类二极管混频器具有噪声低、电路简单、组合频率分量少、动态范围大、线性性好等特点,广泛应用于高质量的通信设备中。

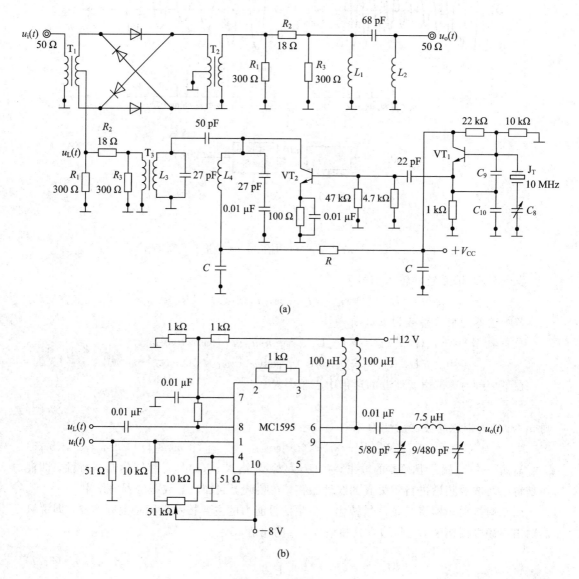

图 5.33　混频电路

　　图 5.33(b)所示的实用混频电路由集成模拟乘法器 MC1956 和带通滤波器组成。图中，振幅约为 100 mV 的本地振荡信号 $u_L(t)$ 由端子⑧注入；最大幅值为 15 mV 的待解调信号 $u_i(t)$ 由端子①注入；端子⑥输出的高频电压信号经带通滤波器(中心频率为 9 MHz、3 dB 带宽为 45 kHz)处理后得到中频信号 $u_o(t)$。这种混频器具有组合频率分量少、寄生干扰小，$u_L(t)$ 与 $u_i(t)$ 的隔离较好、相互牵引少，有较高的混频增益，工作频率高，调整稳定性好且可靠性高，体积小等特点。

　　混频技术广泛应用于无线电广播、电视、通信及频率合成器、频谱分析仪等电子测量仪器设备中。例如，在接收较宽频带的高频已调波信号时，由于工作频率范围大，接收机增益受频率影响也较大(频率越高，增益越小)。采用混频技术，将宽带高频已调波信号转换为固定中频的已调波信号，使频段内放大信号的一致性好，灵敏度可以做得较高，简化信号接收系统的电路、提高设备的稳定性。

　　混频器、振幅调制器、检波器都是频谱的线性搬移电路，只是频谱搬移的位置不同，其功能完全不同。从电路结构来看，这三种电路都是三端口网络(两个输入端、一个输出端)，可以用同样形式的实现，只是输入、输出信号不同而选用不同的输入、输出回路。以 DSB 信号为例，它的调制、检波、混频电路都可以用乘法器与滤波器的级联实现，它们频谱的线性搬移过程如图 5.34 所示。图 5.34(a)为 DSB 信号的调制，送入乘法器的输入信号是低频的调制信号和高频载波信号，滤波器是以载频为中心频率的带通滤波器，系统输出为 DSB 信号；图 5.34(b)为 DSB 信号的检波，送入乘法器的输入信号是高频的 DSB 信号和高频本地载波信号，滤波器是低通滤波器，系统输出为恢复的低频调制信号；图 5.34(c)为 DSB 信号的混频，送入乘法器的输入信号是高频 DSB 信号和本地振荡信号，滤波器是以中频为中心频率的带通滤波器，系统输出为以中频为载频的 DSB 信号。

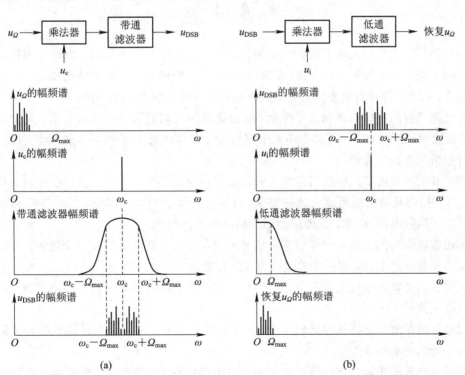

(a)　　　　　　　　　　　　　　　　　(b)

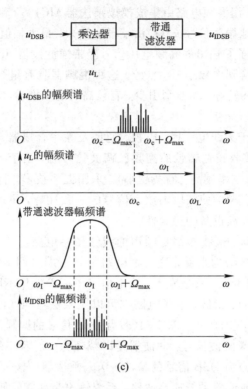

(c)

图 5.34 振幅调制、检波与混频的相互关系

本 章 小 结

用调制信号去控制高频载波信号的幅度，这一过程即为振幅调制。根据已调振幅波频谱结构的不同，可分为普通调幅波、抑制载波的双边带调幅波、单边带调幅波。它们的数学表达式、波形、频谱各有不同的形式，因而产生与解调的电路也不同。

普通调幅波的包络随调制信号变化，且变化规律与调制信号的波形一致，其频谱包含载波、上边频和下边频，可直接由高电平调幅电路产生或低电平调幅电路产生，用大信号二极管包络检波器实现解调。

抑制载波的双边带调幅波的包络与调制信号的模值成比例，其频谱只包含上边频和下边频，可直接由具备乘法运算功能的电路（例如二极管平衡调幅电路、二极管环形调幅电路等低电平调幅电路）产生，只能采用同步检波器进行解调。

单边带调幅波的包络不能体现调制信号的变化规律，其频谱仅含一个边频，可以采用滤波法或移相法产生，采用同步检波的方式进行解调。

大信号二极管包络检波电路可能会出现惰性失真、负峰切割失真及频率失真，需合理选择电路元件。

无论是乘积型还是叠加型的同步检波，其关键都是要产生一个与已调波的载波同频并保持同步变化的本地载波信号。

混频器的基本功能是在保持调制类型和调制参数不变的情况下，将高频已调波的载波

频率由 f_c 变换为固定的中频频率 f_I。因此，混频电路也是典型的频谱线性搬移电路，例如二极管平衡混频电路、二极管环形混频电路、乘法器混频电路等。

思考题与习题

5.1　为什么调制必须利用电子器件的非线性特性才能实现？它与信号的放大在本质上有什么不同？

5.2　题 5.2 图是用频率为 1000 kHz 的载波信号同时传输两路信号的频谱图。试写出它的电压表达式，并画出相应的实现框图。计算单位负载上的平均功率 P_{av} 和频谱宽度 B_{AM}。

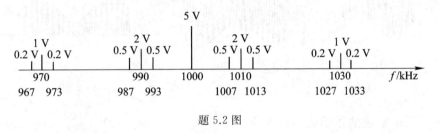

题 5.2 图

5.3　若单频调幅波载波功率 $P_c = 1000$ W，$m_a = 0.3$，求两个边频功率之和 P_{sb} 为多少？总功率 P_{av} 为多少？

5.4　某调幅发射机未调制时发射功率为 9 kW，当载波被正弦信号调幅时，发射功率为 10.125 kW，求调幅度 m_a。如果同时又用另一正弦信号对它进行 40% 的调幅，求这时的发射功率？

5.5　某调幅波表达式为 $u_{AM}(t) = [5 + 3\cos(2\pi \times 4 \times 10^3 t)]\cos(2\pi \times 465 \times 10^3 t)$　（V）。

(1) 画出此调幅波的波形；

(2) 求信号的带宽；

(3) 若负载电阻 $R_L = 100$ Ω，求调幅波的总功率。

5.6　调幅波的表达式为 $u_{AM}(t) = 10(1 + 0.5\cos 2\pi \times 10^3 t)\cos(2\pi \times 10^6 t)$ V，并加在阻值为 1 kΩ 的负载电阻上。

(1) 画出频谱结构图；

(2) 载波分量的功率为多少？

(3) 边频分量的功率为多少？

(4) 最大瞬时功率和最小瞬时功率为多少？

5.7　请画出下列四种信号的波形图与频谱图。假设 $\omega_c \gg \Omega$，且

(1) $u(t) = 5\cos\Omega t \cos\omega_c t$；

(2) $u(t) = 5\cos(\omega_c + \Omega)t$；

(3) $u(t) = (5 + 3\cos\Omega t)\cos\omega_c t$；

(4) $u(t) = \begin{cases} 5\cos\omega_c t & 2n\pi < \Omega t < (2n+1)\pi \\ 0 & (2n+1)\pi < \Omega t < (2n+2)\pi \end{cases}$　$n = 0, 1, 2, \cdots$

5.8　已知载波电压为 $u_c(t) = U_{cm}\cos\omega_c t$，调制信号 $u_\Omega(t)$ 为如题 5.8 图所示的三角波，

且 $f_c \gg 1/T_\Omega$。请画出 $m_a = 0.5$ 时的 AM 波形以及 DSB 波形。

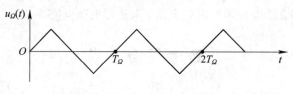

题 5.8 图

5.9　请写出题 5.9 图所示波形对应的信号表达式并画出其频谱结构图。

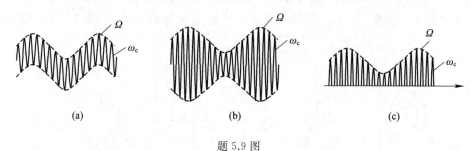

(a)　　　　　　　　　　(b)　　　　　　　　　　(c)

题 5.9 图

5.10　某调幅波的数学表达式为 $u_{AM}(t) = U_{cm}(1 + m_1\cos\Omega_t + m_2\cos\Omega_2 t)\cos\omega_c t$，且 $\Omega_2 = 2\Omega_1$，当该调幅波分别通过具有如题 5.10 图所示三种频率特性的滤波器后：

（1）分别写出它们输出信号的数学表示式；

（2）分别说明它们属于哪种调制形式；

（3）若 $\omega_c \gg \Omega_1$，分别说明对它们可以采用何种解调方式。

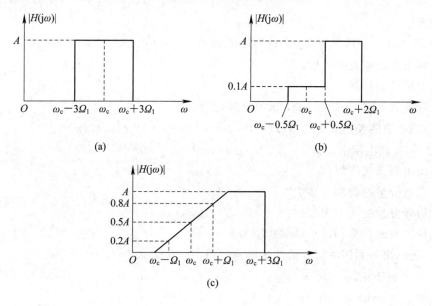

题 5.10 图

5.11　已知已调波的电压波形及其幅频谱分别如题 5.11 图所示。

（1）u_1 和 u_2 各是何种已调波；

（2）写出它们的载波频率和调制信号的频率；

（3）写出 u_1 和 u_2 的函数表达式。

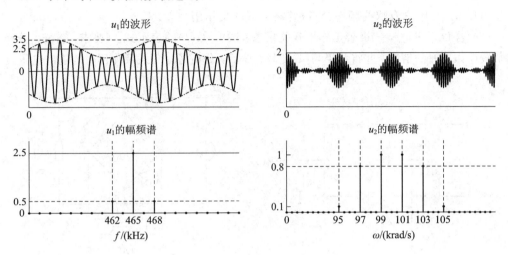

题 5.11 图

5.12　如题 5.12 图所示电路中，调制信号电压 $u_\Omega(t)=U_{\Omega m}\cos\Omega t$，载波电压 $u_c(t)=U_{cm}\cos\omega_c t$，且 $\omega_c\gg\Omega$ 和 $U_{cm}\gg U_{\Omega m}$，二极管的伏安特性曲线均为从原点出发、斜率为 g_d 的直线。试问哪些电路可能实现双边带调幅？如能实现，图中 u_1 与各 u_2 应加什么电压信号？变压器副边电流 i 中含有哪些频率成分？什么条件下能使负载 R_L 获得双边带调幅电压？

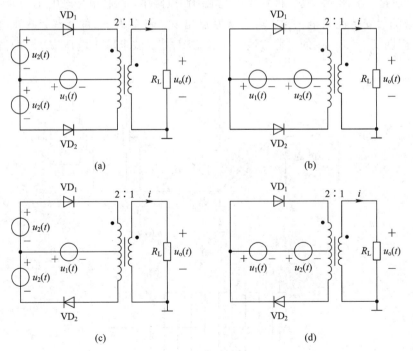

题 5.12 图

5.13　试分析题 5.13 图所示调制器。图中，C_b 对载波 $u_c(t)=U_{cm}\cos\omega_c t$ 短路、对低频信号 $u_\Omega(t)=U_{\Omega m}\cos\Omega t$ 开路。

(1) 设 U_{cm} 和 $U_{\Omega m}$ 均较小，二极管 VD_1 和 VD_2 的特性均近似为 $i = a_0 + a_1u + a_2u^2$，求输出电压 $u_o(t)$ 中含有哪些频率分量(忽略负载的反作用)?

(2) 若 $U_{cm} \gg U_{\Omega m}$，二极管工作于开关状态，试求 $u_o(t)$ 的表示式。(要求：首先，分析忽略负载反作用时的情况，并将结果与(1)比较；然后，分析考虑负载反作用时的输出电压。)

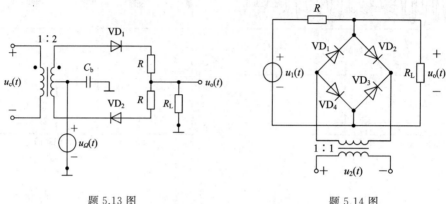

题 5.13 图　　　　　　　　　　　　　题 5.14 图

5.14　在题 5.14 图所示的桥式调制电路中，各二极管特性一致，均为从原点出发、斜率为 g_d 的直线，并工作在受 $u_2(t)$ 控制的开关状态。若设 $R_L \gg 1/g_d$，试分析电路工作在振幅调制和混频时 $u_1(t)$ 与 $u_2(t)$ 分别应为什么信号，并写出 $u_o(t)$ 的表示式。

5.15　在题 5.15 图所示的二极管环形振幅调制电路中，调制信号电压 $u_{\Omega}(t) = U_{\Omega m}\cos\Omega t$；四只二极管的伏安特性完全一致，均为从原点出发、斜率为 g_d 的直线；载波电压是幅值 U_{cm}、重复周期 $T_c = 2\pi/\omega_c$ 的对称方波，且 $U_{cm} \gg U_{\Omega m}$。试求输出电压 $u_o(t)$ 的波形及相应的频谱。

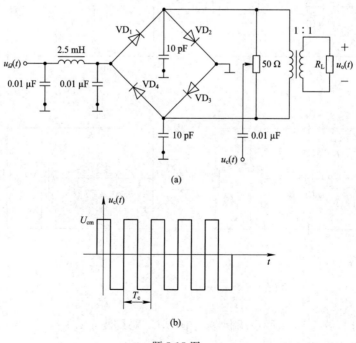

题 5.15 图

5.16　差分对管调制电路如题 5.16 图所示。若 $u_c(t) = 156\cos(10^7 t)$ mV，$u_\Omega(t) = 5.63\cos(10^4 t)$ mV，$V_{CC} = V_{EE} = 10$ V，$R_e = 5$ kΩ，LC 并联谐振回路对载波频率谐振，谐振电阻 $R_p = 5$ kΩ，带宽为 20 krad/s。试求：

(1) 输出电压 $u_o(t)$；

(2) 此电路能否得到双边带调幅信号？为什么？

5.17　题 5.17 图为单差分对管电路，图中 VT_1、VT_2、VT_3 和 VD_1 组成差分放大器，VT_4、VT_8 和 VD_2，VT_5、VT_9 和 VD_3，VT_6、VT_7 和 VD_4 分别组成三个电流源电路。若晶体三极管的 β 很大，阈值电压可忽略，试导出输出电流 i 的表示式。若 $u_c(t) = U_{cm}\cos\omega_c t$，$u_\Omega(t) = U_{\Omega m}\cos\Omega t$，且 $U_{\Omega m} < |V_{EE}|$，试画出下列两种情况下输出电流 i 的波形及其频谱图：

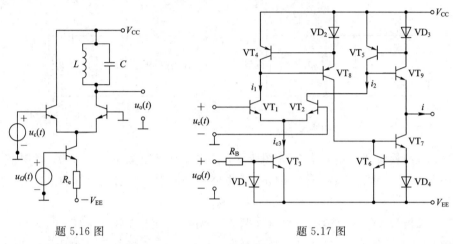

题 5.16 图　　　　　　　　　　　　　题 5.17 图

(1) U_{cm} 很小，处于小信号状态；

(2) U_{cm} 很大，处于开关工作状态。

5.18　在集电极调幅电路中，(1) 集电极调幅的被调放大器应工作在什么状态？为什么？(2) 若调制时调幅峰工作于临界状态，那么当载波电压幅度减小时，此调幅波会产生什么现象？为什么？调制过程是一个非线性过程，这与线性调幅有没有矛盾？

5.19　题 5.19 图所示为高电平调幅电路，试分析其工作原理，说明它是哪一种调幅电路，有什么优点。

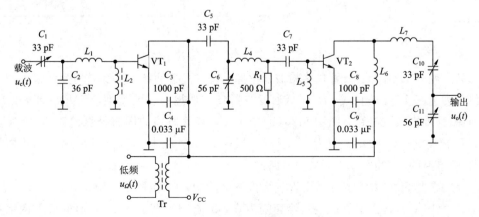

题 5.19 图

5.20　为了调高单边带调幅波的发射功率，用四个平衡调幅器级联工作，在每个平衡调幅器的输出端都接有上边带带通滤波器，允许上边带信号通过。设调制信号频率为 3 kHz，平衡调幅器的载波频率依次为 20 kHz、200 kHz、1780 kHz、8000 kHz。求最后输出的边带信号频率。

5.21　检波器电路如题 5.21 图所示，图中大信号 $u_i(t)$ 为普通调幅波。根据图示极性，画出电压 $u_c(t)$、$u_D(t)$、$u_o(t)$ 的波形。

5.22　题 5.22 图所示的二极管峰值包络检波电路中，$u_{AM}(t)=0.8[1+0.8\cos(2\pi Ft)]\cdot\cos(2\pi f_c t)$ V，其中载频 $f_c=4.7$ MHz，调制信号频率 F 的范围为 100～5000 Hz，负载电阻 $R_L=5$ kΩ，为了不产生惰性失真和底部切割失真，求检波电容 C 和检波电阻 R 的值。

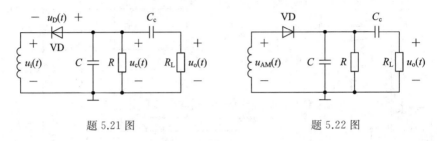

题 5.21 图　　　　　　　　　　　　　题 5.22 图

5.23　包络检波器电路如题 5.23 图所示，二极管导通电阻 $r_d=100$ Ω，调制信号频率 $F=100～5000$Hz，调制系数 $m_{amax}=0.8$。求电路不会出现负峰切割失真和惰性失真时的 C 和 R_L 值。

5.24　二极管大信号包络检波电路如题 5.24 图所示，已知调制频率 $F=300～3500$Hz，待解调信号的载频为 $f_c=465$ kHz，调制系数 $m_a=0.35$，二极管导通电阻 $r_d=100$ Ω，且 $r_i=2$ kΩ。若要求检波器的输入电阻 $R_i\geqslant5$ kΩ，且不出现负峰切割失真和惰性失真，试计算检波器各元件的参数值。

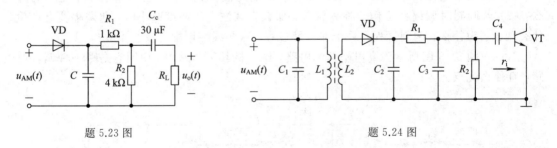

题 5.23 图　　　　　　　　　　　　　题 5.24 图

5.25　题 5.25 图为二极管包络检波器电路。设二极管的特性一致，均为一条由原点出发、斜率为 $g_d=1/r_d$ 的直线，R_LC 低通滤波器具有理想的滤波特性，且 $R_L=4.7$ kΩ。题 5.25(a)图为推挽检波电路，图题 5.25(b)中 L_2C_2 谐振回路的固有谐振电阻 $R_p=10$ kΩ，变压器匝数比 $n=2$。已知 $r_d\ll R_L$，$u_i(t)=U_{im}\cos\omega_c t$，试求电压传输系数 k_d，并估算题 5.25图(a)电路的 R_i 和题 5.25 图(b)电路的 R_{ab} 值。

5.26　在题 5.26 图所示的二极管包络检波电路中，已知 $R_1=2$ kΩ，$R_2=2$ kΩ，$R_3=2$ kΩ，$R_4=10$ kΩ,若要求不产生负峰切割失真，试求输入调幅波 $u_{AM}(t)$ 的最大调幅系数 m_a，并画出节点 A_1、A_2、A_3 的电压波形。

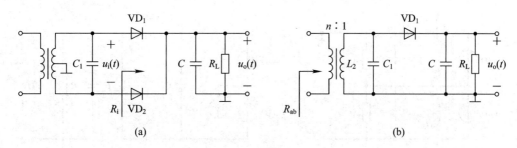

题 5.25 图

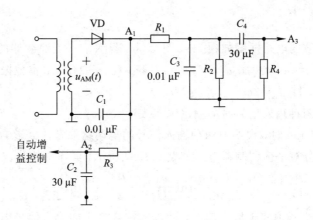

题 5.26 图

5.27 大信号包络检波电路如题 5.27 图所示，已知载波频率为 $f_c = 465$ kHz，调制信号的最高工作频率为 4 kHz，调幅系数为 $m_a = 0.3$，给定电阻 $R = 10$ kΩ，试问电容 C 应如何选择？若 $C_1 = 200$ pF，回路 $Q_0 = 50$，$N_1 : N_2 = 200 : 14$，求输入端口的输入阻抗 R_{ab}。

5.28 题 5.28 图为并联型包络检波器电路，图中 $R_L = 4.7$ kΩ，$i_{AM}(t) = (1 + 0.6\cos\Omega t)\cos\omega_c t$ mA，$R_e = 5$ kΩ，回路 $2\Delta f_{0.7} > \Omega/\pi$，试画出 $u_o(t)$ 的波形。

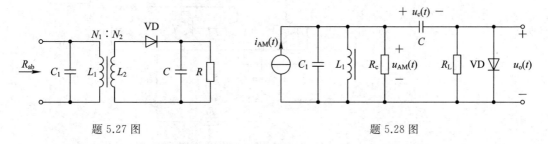

题 5.27 图   题 5.28 图

5.29 在题 5.29 图所示的两个电路中，已知 $u_i(t) = U_{im}\cos\Omega t\cos\omega_c t$，$u_r(t) = U_{rm}\cos\omega_c t$，且 $U_{rm} > U_{im}$，两检波器均工作在大信号检波状态。试指出哪个电路能实现同步检波。

5.30 在同步检波过程中，如果本地振荡信号与被解调信号的载波相位相差 $180°$，试写出解调输出信号的表达式。

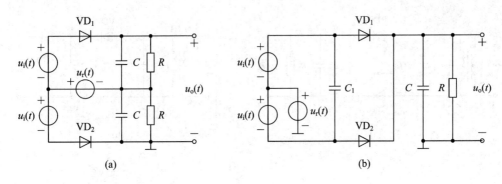

题 5.29 图

5.31　同步检波的电路框图如题 5.31 图所示。若 $K_m=3$，滤波器的传输系数 $K_d=1$，输入信号分别为 $u_{i1}=3\cos\Omega t\cos\omega_c t$ V 和 $u_{i2}=3\cos(\omega_c-\Omega)t$ V，本地振荡信号与输入信号载波相差相位角 φ，即 $u_r=3\cos(\omega_c t+\varphi)$V。

（1）分别写出两种输入信号时的输出电压表达式；

（2）当 $\varphi=\pi/4$ rad 时，说明对两种输入信号的解调结果有什么影响。

5.32　某双差分对平衡调制器电路如题 5.32 图所示，其单端输出电流为

$$i_1=\frac{I_0}{2}+\frac{i_5-i_6}{2}\text{th}(\frac{u_1}{2U_T})\approx\frac{I_0}{2}+\frac{u_2}{R_E}\text{th}(\frac{u_1}{2U_T})$$

试分析为了不失真地实现以下功能，两输入端各自应加什么信号电压，输出端电流包含哪些频率分量，输出滤波器的要求是什么？

（1）双边带调制。

（2）双边带调制信号的解调。

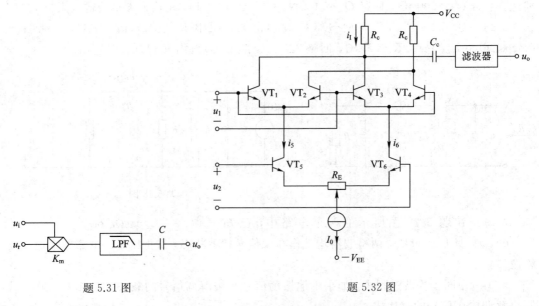

题 5.31 图　　　　　　　　　　　　　　　　题 5.32 图

5.33　如题 5.33 图所示为某晶体管收音机检波电路，问：

（1）电阻 R_1、R_2 是什么电阻？为什么要采用这种连接方式？

（2）电路中的元件 R、C 是什么滤波器，其输出的 u_{AGC} 电压有何作用？

（3）若检波二极管 VD 开路，对收音机将会产生什么样的结果，为什么？

5.34　混频器的主要任务是什么？混频增益和放大器增益的意义有什么区别？同一晶体管用作混频器比用作放大器时的增益是高还是低？为什么？

5.35　题 5.35 图所示电路为二极管双平衡混频器电路。若二极管的伏安特性都相同，且均为从原点出发、斜率为 $1/r_d$ 的直线，本地振荡信号 u_L 控制各二极管工作在开关状态，求输出电流 i_L 的数学表达式，分析其频谱成分。

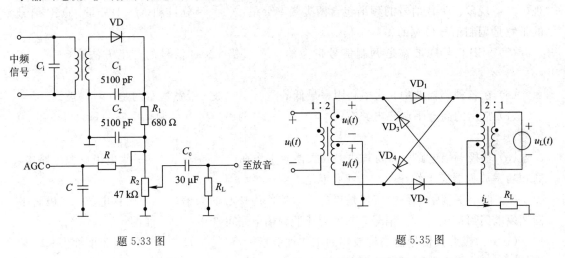

题 5.33 图　　　　　　　　　　　　　　　题 5.35 图

5.36　某单边带发射机(上边带)的框图如题 5.36 图(a)所示。调制信号 $u_\Omega(t)$ 为 $F = 300 \sim 3000$ Hz 的低频，其频谱如题 5.36 图(b)所示。试画出题 5.36 图(a)中各方框输出端的频谱图。已知，振荡器 I 的输出频率为 5 MHz，振荡器 II 的输出频率为 15 MHz。

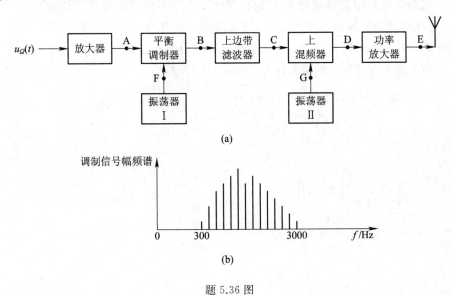

(a)

(b)

题 5.36 图

5.37　填空题。

（1）幅度调制是指已调信号的（　　）参数随调制信号的大小而线性变化。

(2) 从频域看，振幅调制与振幅解调都属于频谱的（　　）搬移，混频属于频谱的（　　）搬移。

(3) AM 信号的频谱包含三类频率分量：（　　）分量、（　　）分量和（　　）分量。其中（　　）分量和（　　）分量包含调制信号的信息。AM 信号的频谱中（　　）分量占了整个 AM 信号功率的绝大部分，因此 AM 信号的效率（　　）。当 100％调幅时，效率 $\eta=$（　　）。AM 信号的带宽是调制信号带宽的（　　）倍。

(4) DSB 信号的包络变化规律正比于（　　）。DSB 信号的相位在调制信号零点处会出现（　　）现象。DSB 信号的频谱包含两类频率分量：（　　）分量和（　　）分量。DSB 信号的带宽是调制信号带宽的（　　）倍。

(5) SSB 信号的带宽是调制信号带宽的（　　）倍。SSB 信号的产生方法有（　　）和（　　）。

(6) 在各种调幅波中，功率利用率最低的是（　　）波，带宽最窄的是（　　）波。

(7) 常用的高电平调幅电路有（　　）、（　　）两种。高电平调幅电路只能产生（　　）信号。

(8) 基极调幅电路中，高频功率放大器应工作在（　　）工作状态；集电极调幅电路中，高频功率放大器应工作在（　　）工作状态。

(9) 低电平调幅电路的实现是以（　　）器件为核心的频谱（　　）搬移电路。二极管平衡调幅电路可产生（　　）信号，二极管环形调幅电路可产生（　　）信号。

(10) 二极管大信号包络检波器的主要性能指标有（　　）、（　　）。避免惰性失真的条件是（　　），不产生负峰切割失真的条件是（　　）。

(11) 叠加型同步检波器是在 DSB 或 SSB 信号中插入（　　），使之成为或近似成为（　　）信号，再利用包络检波器将调制信号恢复出来。

(12) 混频器的作用是将载频为 f_c 的高频已调信号不失真地变换成载频为（　　）的已调信号，并保持原调制规律不变。因此，混频器属于频谱的（　　）搬移电路。

(13) 在大信号包络检波器中，由于检波电容放电时间过长而引起的失真是（　　）。

(14) 对于同步检波器，同步电压与载波信号的关系是（　　）。

第 6 章　角度调制与解调电路

上一章讨论的振幅调制是使高频载波的振幅受调制信号的控制，从而依照调制信号的变化规律而变化，但载波的频率和相位保持不变。由于振幅调制是通过振幅的变化来反映调制信号的，而各种干扰主要表现在振幅上，因此，振幅调制方式的抗干扰能力较差。

与振幅调制相比，用载波的频率(或相位)来携带信息的调频(或调相)方式的主要优点是抗干扰性强，但是以增加传输信号的频谱宽度为代价。调频主要应用于调频广播、电视伴音、通信及遥测遥控等，调相主要应用于数字通信系统中，而调频制在带宽利用和抗干扰性方面又比调相制好。无论是调频还是调相，都是使高频已调波的总相角随调制信号变化，因此二者可统称为角度调制。

本章首先讨论角度调制信号的基本特性，然后重点讨论调频信号的产生和解调电路。

6.1　角度调制与解调概述

用调制信号控制高频载波的频率，使瞬时频率的变化量与调制信号的强度成线性关系，而振幅是与调制信号无关的常数，这种调制方式称为调频(简称 FM)，获得的已调波称为调频波(即调频信号)。

用调制信号控制高频载波的相位，使瞬时相位的变化量与调制信号的强度成线性关系，而振幅是与调制信号无关的常数，这种调制方式称为调相(简称 PM)，获得的已调波称为调相波(即调相信号)。

无论是频率的变化还是相位的变化，都表现为总相角的变化。

6.1.1　调角波的基本性质

1. 瞬时相位、瞬时频率的概念

高频载波信号的一般形式为

$$u_c(t) = U_{cm}\cos\phi(t) = U_{cm}\cos(\omega_c t + \phi_0) \tag{6.1}$$

式中，U_{cm} 为载波信号的幅度，ω_c 为载波信号的瞬时角频率，$\phi(t) = \omega_c t + \phi_0$ 为载波信号的瞬时相位，ϕ_0 为载波信号的初始相位(一般取 $\phi_0 = 0$)。调制信号用 $u_\Omega(t)$ 表示。

2. 调频波的基本性质

1) 调频波的定义、数学表达式及波形

由调频的定义可知，调频波的瞬时角频率为

$$\omega_{FM}(t) = \omega_c + k_F u_\Omega(t) \tag{6.2}$$

或调频波的瞬时频率为

$$f_{FM}(t) = f_c + k'_F u_\Omega(t), \quad k'_F = \frac{k_F}{2\pi}$$

式(6.2)中 k_F 为比例系数，又称为调频灵敏度，它体现了调制信号 $u_\Omega(t)$ 对调频波角频率的控制能力，单位为(rad/s)/V。显然，载波频率 ω_c 必定是调频波的中心角频率，$\Delta\omega(t) = k_F u_\Omega(t)$ 为调频波的瞬时频偏。因此，调频波的最大角频率偏移量为

$$\Delta\omega_m = k_F |u_\Omega(t)|_{max} \tag{6.3}$$

或调频波的最大频率偏移量为

$$\Delta f_m = \frac{k_F |u_\Omega(t)|_{max}}{2\pi}$$

由式(6.2)可知，调频波的瞬时相位可以表达为

$$\phi_{FM}(t) = \int_0^t \omega_{FM}(\tau) d\tau = \omega_c t + k_F \int_0^t u_\Omega(\tau) d\tau \tag{6.4}$$

此式说明，调频的结果也引起了瞬时相位的变化，且调频波的数学表达式为

$$u_{FM}(t) = U_{cm} \cos\left[\omega_c t + k_F \int_0^t u_\Omega(\tau) d\tau\right] \tag{6.5}$$

从而，调频波的瞬时相位相对于载波相位的最大相移量为

$$\Delta\phi_{FM} = k_F \left| \int_0^t u_\Omega(\tau) d\tau \right|_{max} \triangleq m_F \tag{6.6}$$

式中，称 m_F 为调频指数，单位为 rad。一般来说，m_F 越大调频信号的抗干扰能力越强、频带越宽。由于调制信号 $u_\Omega(t)$ 属于低频信号，故调制信号的积分信号 $\int_0^t u_\Omega(\tau) d\tau$ 的频谱也在低频段。若令

$$u(t) = \int_0^t u_\Omega(\tau) d\tau, \quad \bar{u}(t) = \frac{\int_0^t u_\Omega(\tau) d\tau}{\left| \int_0^t u_\Omega(\tau) d\tau \right|_{max}} \tag{6.7}$$

则式(6.5)和式(6.6)可分别表达成

$$u_{FM}(t) = U_{cm} \cos\left[\omega_c t + m_F \bar{u}(t)\right] \tag{6.8}$$

$$m_F = k_F |u(t)|_{max} \tag{6.9}$$

在单音调制时，$u_\Omega(t) = U_{\Omega m} \cos(\Omega t)$，则 $u_\Omega(t)$ 的积分信号为

$$u(t) = \int_0^t u_\Omega(\tau) d\tau = \frac{U_{\Omega m}}{\Omega} \sin\Omega t \tag{6.10}$$

且调频指数为

$$m_F = \frac{k_F U_{\Omega m}}{\Omega} \tag{6.11}$$

故单音调制的调频波的数学表达式为

$$u_{FM}(t) = U_{cm} \cos\left[\omega_c t + m_F \bar{u}(t)\right] = U_{cm} \cos(\omega_c t + m_F \sin\Omega t) \tag{6.12}$$

在调制信号为 $u_\Omega(t) = U_{\Omega m} \cos\Omega t$ 时，将调频过程中瞬时角频率、瞬时相位和调频波的波形画在图 6.1 中。显然，调频波是幅度不变、频率(相位)随 $u_\Omega(t)$ 变化的等幅疏密波。

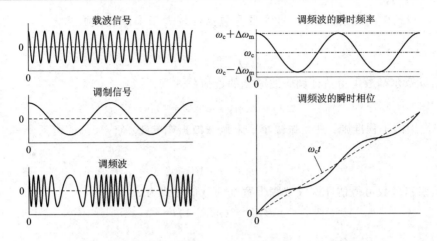

图 6.1 调频信号及其频率、相位随调制信号的变化关系

2) 调频波的频谱及频谱宽度

单音调制调频波的数学表达式(6.12)还可以表达为

$$u_{FM}(t) = U_{cm} \sum_{n=-\infty}^{\infty} J_n(m_F) \cos[(\omega_c + n\Omega)t] \tag{6.13}$$

式中，$J_n(m_F)$ 为第一类贝塞尔函数。当 m_F、n 一定时，$J_n(m_F)$ 为定系数，其值可以由贝塞尔函数的曲线或贝塞尔函数的数值表查出。一般当 m_F 一定时，随着 n 的增大，$J_n(m_F)$ 值宏观趋势是下降的；当 n 一定时，随着 m_F 的增大，$J_n(m_F)$ 值宏观趋势是增大的；并且满足关系

$$\sum_{n=-\infty}^{\infty} J_n^2(m_F) = 1 \quad \text{和} \quad J_{-n}(m_F) = (-1)^n J_n(m_F)$$

在图 6.2 中给出了单音调制时 FM 信号的幅频谱，其特点如下：

(1) 调频波的频谱包含载频 ω_c 和无限多对上边频分量 $\omega_c + n\Omega$、下边频分量 $\omega_c - n\Omega$，且不是调制信号频谱的简单搬移，即调频过程是非线性的调制。

(2) 调频波频谱中各频率分量的振幅由对应的贝塞尔函数值 $J_n(m_F)$ 确定，且调制指数 m_F 越大，具有较大振幅的边频分量就越多。

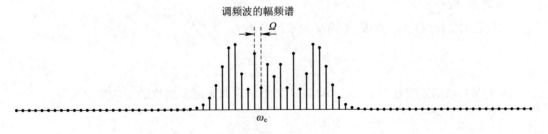

图 6.2 单音调制的调频信号的幅频谱

虽然调频波的边频分量有无数多个，但对任一给定的 m_F 值，当阶数 n 高到一定值 n_{max} 时边频分量的振幅已经小到可以忽略的程度，工程实践中把调频信号认定为有限带宽的信号，即 FM 信号的频带带宽约为 $B_{FM} = 2n_{max}F(F = \frac{\Omega}{2\pi})$。依据实际应用中允许解调后信号的失真程度，工程上有两种不同的估计调频波频宽的准则。

(1) 比较精确的准则：FM 信号的带宽包括幅度大于未调载波振幅 1％以上的边频分量，即

$$|\mathrm{J}_n(m_\mathrm{F})| \geqslant 0.01 \qquad (6.14)$$

利用贝塞尔函数可得估计调频波频宽的近似公式为

$$B_\mathrm{FM} = 2(m_\mathrm{F} + \sqrt{m_\mathrm{F}} + 1)F \qquad (6.15)$$

(2) 常用的工程准则：凡是振幅小于未调载波振幅的 10％～15％的边频分量可以忽略不计，即

$$|\mathrm{J}_n(m_\mathrm{F})| \geqslant 0.10 \sim 0.15 \qquad (6.16)$$

由贝塞尔函数可得估计调频波频带宽度的近似公式为

$$B_\mathrm{FM} = 2(m_\mathrm{F} + 1)F \qquad (6.17)$$

由于

$$m_\mathrm{F} = \frac{k_\mathrm{F} U_{\Omega\mathrm{m}}}{\Omega} = \frac{\Delta\omega_\mathrm{m}}{\Omega} = \frac{\Delta f_\mathrm{m}}{F} \qquad (6.18)$$

式(6.17)又可以写成

$$B_\mathrm{FM} = 2(\Delta f_\mathrm{m} + F) \qquad (6.19)$$

根据最大频偏 Δf_m 的不同，调频制又分为宽带调频和窄带调频。

(1) 宽带调频，$\Delta f_\mathrm{m} \gg F$，即 $m_\mathrm{F} \gg 1$，这时

$$B_\mathrm{FM} \approx 2\Delta f_\mathrm{m} \qquad (6.20)$$

(2) 窄带调频，$m_\mathrm{F} \ll 1$，这时

$$B_\mathrm{FM} \approx 2F \qquad (6.21)$$

由式(6.20)可知，在宽带调频时，调频波的频宽几乎与调制信号的频率无关，因此，有时又将宽带调频称作恒定带宽调制。

在多音调制时，调频波的频谱中除了包含单音调制时的边频分量外，还产生了组合频率 $\omega_c \pm (n_1\Omega_1 \pm n_2\Omega_2 \pm \cdots)$（或表达为 $f_c \pm (n_1 F_1 \pm n_2 F_2 \pm \cdots)$）分量等项，使频谱结构大为复杂，但频宽并不显著增加，仍可按调制信号的最高频率 $F_{\max}$ 作单音调制时的频宽公式估算，即在式(6.19)中用 $F_{\max}$ 替换 F。

3) 功率分配

调频信号 $u_\mathrm{FM}(t)$ 在电阻 R_L 上消耗的平均功率为

$$P_\mathrm{FM} = \overline{\frac{u_\mathrm{FM}^2(t)}{R_\mathrm{L}}} \qquad (6.22)$$

由于余弦项的正交性及式(6.13)，可计算出单音调制时调频波的平均功率为

$$P_\mathrm{FM} = \frac{U_\mathrm{cm}^2}{2R_\mathrm{L}} \sum_{n=-\infty}^{\infty} \mathrm{J}_n^2(m_\mathrm{F}) \qquad (6.23)$$

由于贝塞尔函数具有如下性质：

$$\sum_{n=-\infty}^{\infty} \mathrm{J}_n^2(m_\mathrm{F}) = 1 \qquad (6.24)$$

故调频信号 $u_\mathrm{FM}(t)$ 的平均功率为

$$P_\mathrm{FM} = \frac{U_\mathrm{cm}^2}{2R_\mathrm{L}} = P_\mathrm{c} \qquad (6.25)$$

此式说明，调频波的平均功率 P_{FM} 与未调载波的平均功率 P_c 相等。当调制指数 m_F 由零增加时，已调波中的载波成分的功率下降，而分散给其他边频分量。这个结论可以推广到多音调制的场合，即调频的过程就是进行功率再分配的过程，调制前后的总功率不变，即调频器可以看作一个功率分配器。

4）调频波的特点

调频波具有以下特点：

（1）调频波的中心频率等于载波频率 ω_c；

（2）调频波的瞬时频率相对于中心频率的变化量比例于调制信号，即瞬时频偏 $\Delta\omega(t)=k_F u_\Omega(t)$；

（3）调频波的数学表达式为 $u_{FM}(t)=U_{cm}\cos\left[\omega_c t+k_F\int_0^t u_\Omega(\tau)\mathrm{d}\tau\right]$，其波形为等幅的疏密波；

（4）调频波的调频过程是一种非线性的频谱搬移过程；

（5）一般来说，调频波的频带宽度估算为 $B_{FM}=2(m_F+1)F$，$m_F=k_F\left|\int_0^t u_\Omega(\tau)\mathrm{d}\tau\right|_{max}$，且具有恒带宽特性；

（6）调频波的平均功率与未调载波的平均功率相等，载波功率的利用率高。

5）调频制的应用

调频制的主要应用如下：

（1）调频广播。调频广播的频率范围是 87～108 MHz，频道间隔为 200 kHz，最高调制频率 $F_{max}=15$ kHz，最大频偏 $\Delta f_m=75$ kHz，带宽 $B=180$ kHz。

（2）广播电视。广播电视的频率范围是 48.5～985 MHz，频道间隔为 8 MHz。电视伴音信号采用调频制传输，最高调制频率 $F_{max}=15$ kHz，最大频偏 $\Delta f_m=50$ kHz，带宽 $B=130$ kHz。

（3）卫星广播电视。卫星广播电视的最高频率为 12 GHz，最高图像调制频率为 4.5 MHz，最大频偏 $\Delta f_m=17$ MHz，带宽 $B=43$ MHz。卫星广播电视的伴音信号采用脉冲编码调制。

3. 调相波的基本性质

由调相的定义可知，调相波的瞬时相位为

$$\phi_{PM}(t)=\omega_c t+k_P u_\Omega(t) \tag{6.26}$$

式中，k_P 为比例系数，又称为调相灵敏度，它体现了调制信号对载波相位的控制能力，单位为 rad/V。调相波的表达式为

$$u_{PM}(t)=U_{cm}\cos[\omega_c t+k_P u_\Omega(t)] \tag{6.27}$$

调相波的瞬时相位相对于载波相位的最大相位偏移量为

$$\Delta\phi_{PM}=k_P\left|u_\Omega(t)\right|_{max}\triangleq m_P \tag{6.28}$$

称 m_P 为调相波的调相指数。定义归一化调制信号为

$$\bar{u}_\Omega(t)=\frac{u_\Omega(t)}{\left|u_\Omega(t)\right|_{max}} \tag{6.29}$$

则式（6.27）又可表达为

$$u_{PM}(t)=U_{cm}\cos[\omega_c t+m_P\bar{u}_\Omega(t)] \tag{6.30}$$

由式(6.26)可得调相波的瞬时角频率为

$$\omega_{PM}(t)=\frac{d\phi_{PM}(t)}{dt}=\omega_c+k_P\frac{du_\Omega(t)}{dt}=\omega_c+m_P\frac{d\bar{u}_\Omega(t)}{dt} \quad (6.31)$$

或调相波的瞬时频率为

$$f_{PM}(t)=\frac{1}{2\pi}\frac{d\phi_{PM}(t)}{dt}=f_c+\frac{m_P}{2\pi}\frac{d\bar{u}_\Omega(t)}{dt}$$

显然，调相的结果也引起了瞬时频率的变化，且调相波的中心频率也为 ω_c，瞬时角频率偏移量为 $\Delta\omega(t)=k_P\frac{du_\Omega(t)}{dt}=m_P\frac{d\bar{u}_\Omega(t)}{dt}$，最大角频率偏移量为

$$\Delta\omega_{PM}=k_P\left|\frac{du_\Omega(t)}{dt}\right|_{max}=m_P\left|\frac{d\bar{u}_\Omega(t)}{dt}\right|_{max} \quad (6.32)$$

即调相波的最大频率偏移量为 $\Delta f_m=\frac{m_P}{2\pi}\left|\frac{d\bar{u}_\Omega(t)}{dt}\right|_{max}$。

例如，单音调制时，$u_\Omega(t)=U_{\Omega m}\cos\Omega t$，则调相波为

$$u_{PM}(t)=U_{cm}\cos(\omega_c t+m_P\cos\Omega t)，且\ \Delta\omega_m=k_P U_{\Omega m}\Omega，m_P=k_P U_{\Omega m} \quad (6.33)$$

调频波为

$$u_{FM}(t)=U_{cm}\cos(\omega_c t+m_F\sin\Omega t)，且\ \Delta\omega_m=k_F U_{\Omega m}，m_F=k_F\frac{U_{\Omega m}}{\Omega} \quad (6.34)$$

若取 $\Omega=2\pi\times100$ rad/s，$\omega_c=2\pi\times2000$ rad/s，$m_P=m_F=8$ rad，调制信号、载波信号、调频波及其瞬时偏、调相波及其瞬时相偏的波形如图 6.3 所示。显然，无论是调频还是调相，已调波的波形都是等幅的疏密波，即从时域波形上很难区分调频波与调相波。

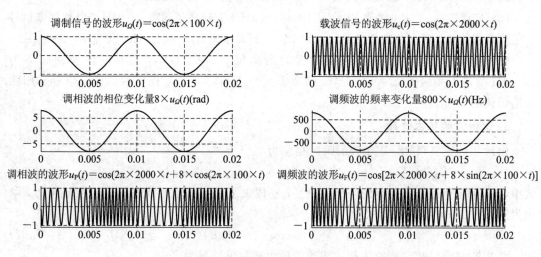

图 6.3　单音调制的调相波与调频波

图 6.3 中单音调制的调频波、调相波的幅频谱如图 6.4 所示，可以看出，它们的频谱结构也是相似的。

对比式(6.33)与式(6.34)，可知：

(1) 调相波与调频波的表达式相似，波形同为等幅疏密波；

(2) 调相波与调频波的频谱结构也相似，故频谱估算公式及功率分配关系一样；

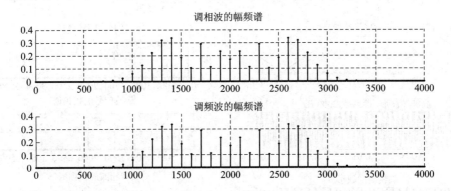

图 6.4　单音调制的调频波和调相波的幅频谱(图中 $F=100$ Hz, $f_c=2000$ Hz)

（3）调相波和调频波的最大角频率偏移量 $\Delta\omega_m$ 均等于调制指数 m 与调制频率 Ω 的乘积，即

$$\Delta\omega_m = m\Omega \tag{6.35}$$

或表达为调角波的最大频移 Δf_m 均等于调制指数 m 与调制频率 F 的乘积，即 $\Delta f_m = mF$。

当调制信号 $u_\Omega(t)$ 为方波时，对高频载波信号 $u_c(t)$ 进行调制，得到的调相波、调频波的波形以及幅频谱如图 6.5 所示。

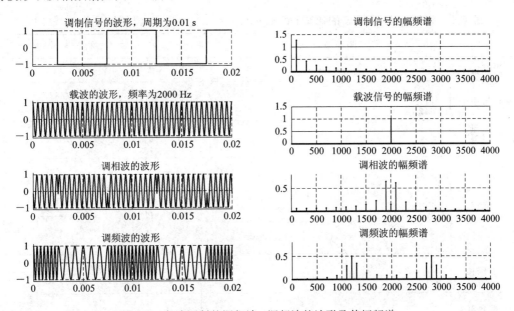

图 6.5　方波调制的调相波、调频波的波形及其幅频谱

当调制信号 $u_\Omega(t)$ 为三角波时，对高频载波信号 $u_c(t)$ 进行调制，得到的调相波、调频波的波形以及幅频谱如图 6.6 所示。

总之，调相波与调频波的波形、数学表达式、频谱结构非常相似，频宽也可以按公式（6.17）估算。但在调相制中，调制指数 m_P 的大小取决于调制信号的幅度而与调制信号的频率无关，调相波的频宽比例于调制信号的频率。也就是说，在调制信号频率的高端和低端，调相波频宽的差别极大，频带利用率低。将调相波与调频波的受控量、数学表达式等特征列于表 6.1 中。

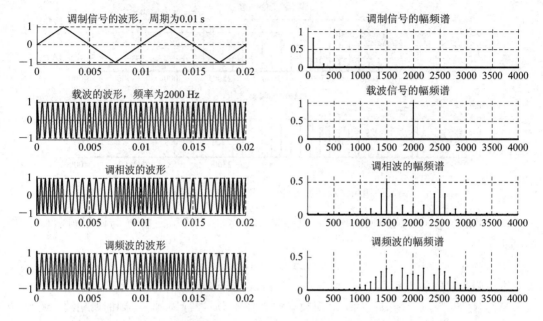

图 6.6　三角波调制的调相波、调频波的波形及其幅频谱

表 6.1　调频波与调相波的比较(载波 $u_c(t)=U_{cm}\cos\omega_c t$，调制信号为 $u_\Omega(t)$)

	调频波(FM)	调相波(PM)
受控量	频率	相位
瞬时角频率	$\omega(t)=\omega_c+k_F u_\Omega(t)$	$\omega(t)=\omega_c+k_P\dfrac{du_\Omega(t)}{dt}$
瞬时相位	$\phi_{FM}(t)=\omega_c t+k_F\displaystyle\int_0^t u_\Omega(\tau)d\tau$	$\phi_{PM}(t)=\omega_c t+k_P u_\Omega(t)$
已调波	$u_{FM}(t)=U_{cm}\cos\left[\omega_c t+k_F\displaystyle\int_0^t u_\Omega(\tau)d\tau\right]$ $=U_{CM}\cos\left[\omega_c t+m_F\dfrac{\displaystyle\int_0^t u_\Omega(\tau)d\tau}{\|\displaystyle\int_0^t u_\Omega(\tau)d\tau\|_{max}}\right]$	$u_{PM}(t)=U_{cm}\cos\left[\omega_c t+k_P u_\Omega(t)\right]$ $=U_{cm}\cos\left[\omega_c t+m_P\dfrac{u_\Omega(t)}{\|u_\Omega(t)\|_{max}}\right]$
最大频偏	$\Delta\omega_m=k_F\|\displaystyle\int_0^t u_\Omega(\tau)d\tau\|_{max}$	$\Delta\omega_m=k_P\|\dfrac{du_\Omega(t)}{dt}\|_{max}$
调制指数	$m_F=k_F\|\displaystyle\int_0^t u_\Omega(\tau)d\tau\|_{max}$	$m_P=k_P\|u_\Omega(t)\|_{max}$
信号带宽	$B=2(m_F+1)F$	$B=2(m_P+1)F$

对比式(6.5)与式(6.27)可知，调频波可以理解为是受信号 $\displaystyle\int_0^t u_\Omega(\tau)d\tau$ 控制的调相波，调相波也可以理解为是受信号 $\dfrac{du_\Omega(t)}{dt}$ 控制的调频波，即调相波与调频波可相互转换。如图 6.7 所示，若先对 $u_\Omega(t)$ 积分，再经过调相，也可得到对 $u_\Omega(t)$ 而言的调频波 $u_{FM}(t)$；若先对 $u_\Omega(t)$ 微分，再经过调频，便可得到对 $u_\Omega(t)$ 而言的调相波 $u_{PM}(t)$。

图 6.7　调相波与调频波的相互转换

【例 6.1】　某调角波 $u(t)=8\cos[2\pi\times10^6t+10\cos(2000\pi t)]$V，试确定：（1）最大频偏；（2）最大相偏；（3）信号带宽；（4）此信号在单位电阻上的功率；（5）能否确定这是 FM 波或是 PM 波？

解　由题可知，此调角波的瞬时相位为

$$\phi(t)=2\pi\times10^6t+10\cos(2000\pi t)=\omega_ct+m\cos(2000\pi t)=\omega_ct+\Delta\phi(t)$$

显然，此调角波的中心频率为 $\omega_c=2\pi\times10^6$ rad/s，瞬时相偏为 $\Delta\phi(t)=10\cos(2000\pi t)$ rad，$m=10$。

（1）由于瞬时频偏为

$$\Delta f(t)=\frac{\Delta\omega(t)}{2\pi}=\frac{1}{2\pi}\cdot\frac{\mathrm{d}\Delta\phi(t)}{\mathrm{d}t}=-20000\pi\cdot\frac{1}{2\pi}\cdot\sin(2000\pi t)=-10^4\sin(2000\pi t)\,\mathrm{Hz}$$

故最大频偏为 $\Delta f_m=10^4\,\mathrm{Hz}$。

（2）最大相偏为 $m=10$ rad。

（3）由题知，调制信号的频率为 $F=\dfrac{2000\pi}{2\pi}=1$ kHz，故信号带宽为 $B=2(m+1)F=2(10+1)\times10^3=22$ kHz。

（4）不论是 FM 还是 PM 信号，都是等幅振荡信号，单位电阻上的信号功率与载波功率相等。

$$P=\frac{1}{2}\frac{U^2}{R}=\frac{1}{2}\times\frac{8^2}{1}=32\mathrm{W}$$

（5）由于不知调制信号的形式，因此，仅从调角波的表达式是无法确定此信号是 FM 波还是 PM 波。

6.1.2　角度调制与解调电路的基本要求

这里重点讨论调频信号的产生与解调电路。

1. 调频信号的产生

产生调频信号的电路称作调频器。对它的主要要求有：

（1）线性调频，即已调波的瞬时频偏与调制信号成比例变化，满足 $\Delta\omega(t)\propto u_\Omega(t)$；

（2）未调制时的载波频率（即已调波的中心频率）应是稳定的，即 $\Delta\omega_c/\omega_c$ 越小越好；

（3）已调波的最大频偏 $\Delta\omega_m$ 应与调制信号的频率 Ω 无关；

（4）调制灵敏度要高，即单位调制电压所产生的振荡频率偏移量 k_F 要大；

（5）寄生调幅尽可能少。

产生调频信号的方法很多，归纳起来分为两类：直接调频与间接调频。

1）直接调频

直接调频法一般是用调制信号直接控制载波的瞬时频率，使瞬时频率 $\omega(t)$ 随调制信号 $u_\Omega(t)$ 线性变化。

通常，载波信号是由 LC 振荡器产生的，其振荡频率主要取决于 LC 回路的电抗器（电感元件和电容元件）。若用调制信号控制 LC 回路中的某个电抗元件，使其参数值 L 或 C 随调制信号的变化而变化，就可达到调频的目的。

可控电抗器的种类很多。例如，变容二极管或反向偏置的半导体 PN 结，可以作为电压控制的可变电容元件；声波控制的电容式话筒或驻极体话筒也可作为可变电容元件；具有铁氧体磁芯的电感线圈，可以作为电流控制的可变电感元件（例如，在磁芯上绕一个附加线圈，当这个线圈中的电流改变时，它所产生的磁场随之改变，引起磁芯的磁导率改变，于是主线圈的电感量改变）。

直接调频方式的主要特点是频偏大，但中心频率稳定度不高并存在谐波失真。

2）间接调频

由式（6.5）可知，若先对调制信号 $u_\Omega(t)$ 积分，然后用 $u(t) = \int_0^t u_\Omega(\tau)\mathrm{d}\tau$ 对载波 $u_c(t)$ 进行相位调制，调相器的输出信号就是受 $u_\Omega(t)$ 控制的调频信号。

在间接调频方式中，调制不在振荡器中进行，而是在其后的某一级放大器中进行，因而在间接调频电路中可采用高稳定度的晶体振荡器来产生载波信号，以提高已调波中心频率的稳定度。要获得线性调频必须能实现线性调相，但线性调相的范围很窄（最大瞬时相位偏移 $\Delta\varphi_m < 30°$），因此转换成的调频波的最大频偏 Δf_m 很小，即 $m_F < 1$，这是间接调频法的主要缺点。通常，通过倍频器来放大调频信号的频偏，采用混频器变换频率以得到符合要求的调频波工作范围。基于这些考虑，实际间接调频的过程如图 6.8 所示。

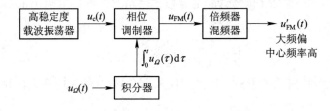

图 6.8　间接调频法的原理

通常，实现相位调制的方法有矢量合成法、可变移相法和可变延时法等。

2. 调频信号的解调

解调就是从调角波中恢复出原调制信号的过程。调频波的解调称为频率检波（FD），简称鉴频，完成鉴频功能的电路称为鉴频器。调相波的解调称为相位检波（PD），简称鉴相，完成鉴相功能的电路称为鉴相器。

对调频信号解调的基本要求是鉴频器输出信号 u_o 的大小与输入调频信号瞬时频率 f 的变化量 Δf 呈线性关系。

（1）鉴频灵敏度（又称鉴频跨导 g_d）即单位频偏所产生的输出电压 $g_d = \left.\dfrac{\mathrm{d}u_o}{\mathrm{d}(\Delta f)}\right|_{\Delta f = 0}$。希望鉴频器的鉴频跨导 g_d 值尽可能大。

（2）频带宽度 B 要略大于输入调频波最大频偏 Δf_m 的 2 倍，即满足 $B > 2\Delta f_m$。

（3）在频带 B 内，鉴频器的鉴频跨导 g_d 应为常数，以避免非线性失真，实现从调频信号中无失真地解调出调制信号。

（4）鉴频器应具有对调频过程中寄生调幅信号的抑制能力。除了比例鉴频器外，通常都在鉴频器前加限幅器来实现对寄生调幅信号的抑制。

常用的鉴频器有振幅鉴频器、相位鉴频器、比例鉴频器等。

6.2　变容二极管直接调频电路

变容二极管直接调频电路是将变容二极管接入 LC 振荡器的选频回路中，用调制电压控制变容管的电容量，从而控制振荡器的振荡频率以达到调频的目的。其主要优点是电路简单，几乎不需要调制功率，能够获得较大的频移；主要缺点是中心频率的稳定度低。它主要用在移动通信以及自动频率微调系统中。

6.2.1　变容二极管的基本特性

变容二极管是利用半导体 PN 结的结电容随反向电压变化这一特性而制成的一种半导体二极管，具有工作频率高、基本上不消耗能量，产生的噪声量级也较小的特点，是较理想的高效率、低噪声的非线性电容。当二极管工作在反向偏置状态时，其势垒区空间电荷呈现的电容效应 C_j 与在其两端所加反偏电压 u 之间存在着如下关系：

$$C_j = \frac{C_0}{\left(1 + \dfrac{u}{U_D}\right)^\gamma} \tag{6.36}$$

式中，u 为二极管两端的反向电压；C_0 为 $u=0$ 时二极管的零偏电容；C_j 为二极管的结电容；U_D 为二极管的势垒电位差，约 0.7 V 或 0.3 V；γ 为结电容变化指数，通常 $\gamma = 1/3 \sim 1/2$，经特殊工艺制成的超突变结电容之 $\gamma = 1 \sim 5$。

在图 6.9(a)中给出了变容二极管的符号及其结电容 C_j 随反向电压 u 变化的关系曲线。由式(6.36)和图 6.9(a)可以看出变容二极管结电容 C_j 与其上的反向电压 u 之间是非线性关系且不对称。

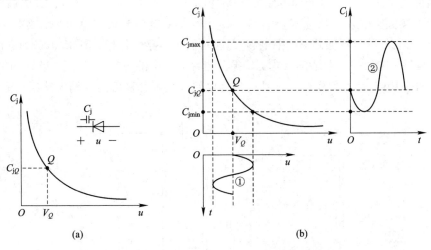

图 6.9　变容二极管的符号及其结电容随电压变化的关系

假设在变容二极管上加一个直流偏置电压 V_Q 和一个调制信号 $u_\Omega(t)$，则变容二极管

承受的反向电压为

$$u(t)=V_Q+u_\Omega(t) \tag{6.37}$$

这时，变容二极管的结电容为

$$C_j=\frac{C_0}{\left[1+\dfrac{V_Q+u_\Omega(t)}{U_D}\right]^\gamma}=C_0\left(\frac{U_D}{U_D+V_Q}\right)^\gamma\left(1+\frac{|u_\Omega(t)|_{\max}}{U_D+V_Q}-\frac{u_\Omega(t)}{|u_\Omega(t)|_{\max}}\right)^{-\gamma} \tag{6.38}$$

令 $C_{jQ}=C_0\left(\dfrac{U_D}{U_D+V_Q}\right)^\gamma$，表示变容二极管在静态工作电压 V_Q 作用下呈现的结电容；$m=\dfrac{|u_\Omega(t)|_{\max}}{U_D+V_Q}<1$，表示结电容调制深度的调制指数；$\overline{u}_\Omega(t)=\dfrac{u_\Omega(t)}{|u_\Omega(t)|_{\max}}$，表示归一化的调制信号。

则变容二极管的结电容随调制信号变化的关系式(6.38)可以简化为

$$C_j=C_{jQ}[1+m\times\overline{u}_\Omega(t)]^{-\gamma} \tag{6.39}$$

显然，结电容 C_j 的值在调制信号 $u_\Omega(t)$ 的控制下随时间 t 变化。例如，单音调制的情况下，$u_\Omega(t)=U_{\Omega m}\cos\Omega t$，则变容二极管的端压为

$$u(t)=V_Q+U_{\Omega m}\cos\Omega t$$

结电容的大小为

$$C_j=C_{jQ}(1+m\cos\Omega t)^{-\gamma}$$

结电容调制指数为

$$m=\frac{U_{\Omega m}}{U_D+V_Q}<1$$

图 6.9(b)中曲线①为变容二极管的端压 $u(t)$ 随时间 t 变化的关系曲线，在这个电压的控制下结电容 C_j 的值随时间 t 的变化关系如图 6.9(b)中曲线②所示，即，在 $u_\Omega(t)$ 控制下 C_j 的值必定随时间 t 变化。

6.2.2 变容二极管直接调频的原理电路

典型的变容二极管直接调频电路如图 6.10(a)所示。图中，C_{c1}、C_{c2}、C_b 为高频旁路电容，C_B 为低频旁路电容，C_{c3} 为耦合电容，R_{b1}、R_{b2}、R_e 为直流偏置电阻，L_c 为高频扼流圈。图 6.10(b)为它的准直流通路，其中电容 C_B 起对低频短路的作用，图 6.10(c)为它的高频交流通路。显然，这是一个电感三点式 LC 振荡电路，其中的电容由变容二极管的结电容 C_j 承担。故图 6.10(a)是由含变容二极管的振荡电路和变容二极管的控制电路组成的。

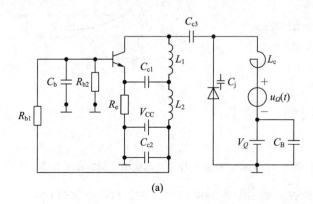

(a)

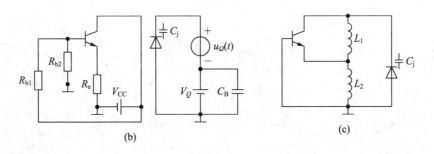

图 6.10　变容二极管直接调频电路

6.2.3　工作原理

由图 6.10(b)可知,变容二极管上承受着直流偏压 V_Q 和调制信号 $u_\Omega(t)$,因而其结电容 C_j 的大小将随着 $u_\Omega(t)$ 的变化而变化。如图 6.10(a)所示,将受到 $u_\Omega(t)$ 控制的变容二极管用作载波振荡器 LC 回路的电容元件 C_j,则振荡器输出信号的频率 ω 将受到调制信号 $u_\Omega(t)$ 的控制。适当选择变容二极管的特性和工作点 V_Q 的值,可以使振荡频率的变化量近似与调制信号成线性关系,实现线性调频信号输出。

6.2.4　性能分析

由图 6.10(b)可知,变容二极管的端压为 $u(t)=V_Q+u_\Omega(t)$,在这个电压的控制下,变容二极管的结电容 C_j 按式(6.39)所示,随时间变化。由图 6.10(c)可知,电路的瞬时振荡频率为

$$\omega(t)=\frac{1}{\sqrt{LC_j}}=\frac{1}{\sqrt{LC_{jQ}[1+m\bar{u}_\Omega(t)]^{-\gamma}}}=\frac{1}{\sqrt{LC_{jQ}}}[1+m\bar{u}_\Omega(t)]^{\gamma/2}=\omega_c[1+m\bar{u}_\Omega(t)]^{\gamma/2}$$

$$(6.40)$$

式中

$$\omega_c=\frac{1}{\sqrt{LC_{jQ}}}\tag{6.41}$$

ω_c 为未加调制信号(即 $u_\Omega(t)=0$ 时)的振荡角频率(单位为 rad/s),应为调频信号的中心频率。在两个电感线圈之间无磁耦合时,$L=L_1+L_2$。故调频波的瞬时频偏为

$$\Delta\omega(t)=\omega(t)-\omega_c=\omega_c[(1+m\bar{u}_\Omega(t))^{\gamma/2}-1]\tag{6.42}$$

调频波的最高瞬时角频率为

$$\omega(t)|_{\max}=\omega_c(1+m)^{\gamma/2}\triangleq\omega_{\max}\tag{6.43}$$

图 6.11 给出了变容二极管直接调频电路中输出信号的瞬时角频率 ω 随调制信号 $u_\Omega(t)$ 的变化关系。图 6.11(a)显示了在 $u_\Omega(t)$ 控制下变容管结电容 C_j 的值随 $u_\Omega(t)$ 变化但变化曲线并不对称,在 $|u_\Omega(t)|$ 值过大时将产生非线性失真。图 6.11(b)显示由于 C_j 随时间变化而使得电路的振荡频率 ω 也随时间变化,即在 $u_\Omega(t)$ 控制下振荡频率 ω 将随时间变化,其变化曲线如图 6.11(c)所示。通过直流偏置,若能使变容管工作在其压-频变换的线性区域内,即具有图 6.11(c)中 ω-u 的形状,则调频电路的瞬时频偏 $\Delta\omega(t)=\omega(t)-\omega_c$ 必定比例于 $\Delta u(t)=u(t)-V_Q=u_\Omega(t)$,即可达到线性调频的目的。

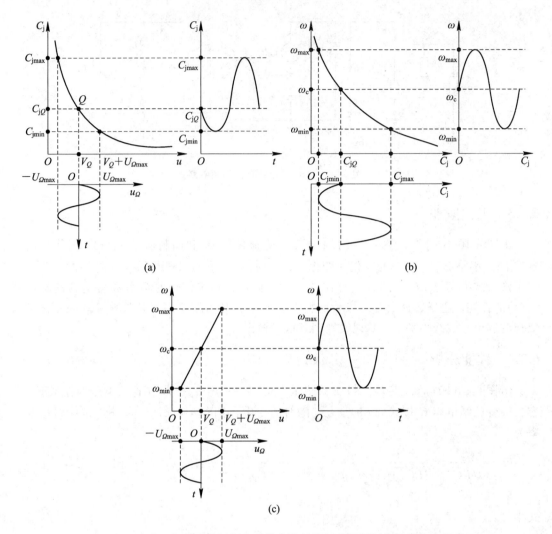

图 6.11　变容二极管直接调频电路输出信号的频率随调制信号的变化关系

由式(6.42)可知:

(1) 若变容管的变容指数 $\gamma=2$,则电路的瞬时频偏 $\Delta\omega(t)=m\omega_c\bar{u}_\Omega(t)$。说明,电路所产生的调频波是中心频率为 ω_c、瞬时频偏 $\Delta\omega(t)$ 比例于调制信号 $u_\Omega(t)$ 的。即在 $\gamma=2$ 时可实现理想的线性调频,且最大频偏 $\Delta\omega_m=m\omega_c$(或 $\Delta f_m=mf_c$)比例于结电容调制指数 $m=|u_\Omega(t)|_{max}/(U_D+V_Q)$。也就是说,可通过调节变容管的偏置电压 V_Q 或调制信号的幅度 $|u_\Omega(t)|_{max}$ 来调节调频波的最大频偏 $\Delta\omega_m$。

(2) $\gamma\neq2$ 时,由泰勒级数

$$(1+x)^{\gamma/2}=1+\frac{\gamma}{2}x+\frac{1}{2!}\frac{\gamma}{2}\left(\frac{\gamma}{2}-1\right)x^2+\frac{1}{3!}\frac{\gamma}{2}\left(\frac{\gamma}{2}-1\right)\left(\frac{\gamma}{2}-2\right)x^3+\cdots] \quad (6.44)$$

可将式(6.42)展开为

$$\Delta\omega(t)=\omega_c\left[\frac{\gamma}{2}m\,\bar{u}_\Omega(t)+\frac{1}{2!}\frac{\gamma}{2}\left(\frac{\gamma}{2}-1\right)m^2\,\bar{u}_\Omega^2(t)+\frac{1}{3!}\frac{\gamma}{2}\left(\frac{\gamma}{2}-1\right)\left(\frac{\gamma}{2}-2\right)m^3\,\bar{u}_\Omega^3(t)+\cdots\right]$$

$$(6.45)$$

这时，调频波的瞬时频偏值中不仅含有与调制信号成比例的部分 $\dfrac{\gamma}{2}m\,\bar{u}_{\Omega}(t)$，还有与调制信号相关的高阶幂 $\dfrac{1}{2!}\dfrac{\gamma}{2}\left(\dfrac{\gamma}{2}-1\right)m^2\,\bar{u}_{\Omega}^2(t)$、$\dfrac{1}{3!}\dfrac{\gamma}{2}\left(\dfrac{\gamma}{2}-1\right)\left(\dfrac{\gamma}{2}-2\right)m^3\bar{u}_{\Omega}^3(t)$ 等。显然，只有在 $\dfrac{1}{2}\left(\dfrac{\gamma}{2}-1\right)m\ll1$ 的条件下才可近似实现线性调频。

例如，单音调制时，$u_{\Omega}(t)=U_{\Omega m}\cos(\Omega t)$，电路的瞬时频偏为

$$\Delta\omega(t)=\omega_c\left[\frac{\gamma}{8}\left(\frac{\gamma}{2}-1\right)m^2\right]+\frac{\gamma}{2}m\omega_c\left[1+\frac{1}{8}\left(\frac{\gamma}{2}-1\right)\left(\frac{\gamma}{2}-2\right)m^2\right]\cos\Omega t+$$

$$\frac{\gamma}{8}\left(\frac{\gamma}{2}-1\right)\omega_c m^2\cos2\Omega t+\frac{1}{24}\frac{\gamma}{2}\left(\frac{\gamma}{2}-1\right)\left(\frac{\gamma}{2}-2\right)\omega_c m^3\cos3\Omega t+\cdots$$

$$\triangleq\Delta\omega_c+\Delta\omega_m\cos\Omega t+\Delta\omega_{2m}\cos2\Omega t+\Delta\omega_{3m}\cos3\Omega t+\cdots \tag{6.46}$$

此式表明，调频波瞬时频偏值取决于调制信号的大小及其高阶谐波成分的大小，还与变容二极管的参数、振荡电路未调制时的振荡频率有关。

6.2.5　主要技术指标估算

一般性考虑，$\gamma\neq2$ 且单音调制时，电路的瞬时振荡频率如式(6.40)所示，瞬时频偏如式(6.45)所示，所生成调频波的参数如下：

1. 中心频率及其偏移

未加调制信号时电路的振荡频率 ω_c 就是调频波的中心角频率，即

$$\omega_0=\omega_c=\frac{1}{\sqrt{LC_{jQ}}} \tag{6.47}$$

或调频波的中心频率

$$f_0=f_c=\frac{1}{(2\pi\sqrt{LC_{jQ}})}$$

显然，调频波的中心频率的大小主要决定于变容二极管的静态电容 C_{jQ} 和电感量。由式(6.45)可知，在调制过程中，调频波的中心频率产生了漂移，漂移量为

$$\Delta\omega_0=\omega_c\frac{\gamma}{8}\left(\frac{\gamma}{2}-1\right)m^2 \tag{6.48}$$

中心频率的偏移 $\Delta\omega_0$ 是由 C_j-u 的非线性而引起的，希望 $\Delta\omega_0$ 的值越小越好。由式(6.48)可知，结电容的调制指数 m 越小 $\Delta\omega_0$ 也越小，指数 γ 越接近于 2 则 $\Delta\omega_0$ 也越小，未加调制信号时电路的振荡频率 ω_c 越小则 $\Delta\omega_0$ 也越小。

2. 最大线性频偏

由式(6.45)可知，与调制信号成比例的瞬时线性频偏的最大值为

$$\Delta\omega_m=\frac{\gamma}{2}m\omega_c\left[1+\frac{1}{8}\left(\frac{\gamma}{2}-1\right)\left(\frac{\gamma}{2}-2\right)m^2\right] \tag{6.49}$$

$\Delta\omega_m$ 是所需要的线性频偏，是调频电路的重要参数，希望其值要尽可能地大。由式(6.49)可知，结电容的调制指数 m 越大、指数 γ 越大、未加调制信号时电路的振荡频率 ω_c

越大，都可使 $\Delta\omega_m$ 变大。

3. 谐波失真

由式(6.45)可知，电路的瞬时频率值还与调制信号的各谐频成分有关，即调频波存在二次谐波失真的最大值为

$$\Delta\omega_{2m}=\frac{\gamma}{8}\left(\frac{\gamma}{2}-1\right)\omega_c m^2 \tag{6.50}$$

三次谐波失真的最大值为

$$\Delta\omega_{3m}=\frac{\gamma}{48}\left(\frac{\gamma}{2}-1\right)\left(\frac{\gamma}{2}-2\right)\omega_c m^3 \tag{6.51}$$

调制信号的各谐频成分的存在会造成调频波的非线性失真，当然希望这些谐波失真越小越好。它们引起的总非线性失真用参数 k 衡量，其值定义为

$$k=\sqrt{\left(\frac{\Delta\omega_{2m}}{\Delta\omega_m}\right)^2+\left(\frac{\Delta\omega_{3m}}{\Delta\omega_m}\right)^2+\cdots} \tag{6.52}$$

4. 调频灵敏度

调频灵敏度是每单位调制信号电压产生的角频偏，其值越大越好，表达成数学形式为

$$k_F=\frac{最大角频偏}{调制信号振幅}=\frac{\Delta\omega_m}{U_{\Omega m}}=\frac{\gamma}{2}\frac{m\omega_c}{U_{\Omega m}}=\frac{\gamma}{2}\frac{\omega_c}{U_{\Omega m}}\cdot\frac{U_{\Omega m}}{U_D+V_Q}=\frac{\gamma}{2}\frac{\omega_c}{V_Q+U_D}$$

即图 6.10(a)所示电路的调制灵敏度为

$$k_F=\frac{\gamma}{2}\frac{\omega_0}{V_Q+U_D} \tag{6.53}$$

此式说明，调制灵敏度 k_F 与调制信号电压的幅度无关，由变容二极管的特性及其静态工作点确定。显然，当变容二极管、中心频率 ω_0 一定时，在不影响调制线性的前提下，V_Q 的值应尽可能取得小一些。

图 6.10(a)所示变容二极管直接调频电路的特点如下：

(1) 变容二极管的结电容作为谐振回路的总电容；

(2) 中心频率 ω_0 由变容二极管的静态电容 C_{jQ} 直接决定，而 C_{jQ} 随温度、电源电压的变化而变化，即中心频率的稳定度不高；

(3) 可实现较大的频偏 $\Delta\omega_m$；

(4) $\gamma=2$ 时，可实现线性调频；

(5) $\gamma\neq2$ 时，当调制信号的幅度 $U_{\Omega m}$ 增大而使 m 增大时，将同时引起 $\Delta\omega_m$、$\Delta\omega_0$、k_F 及 k 的增大，因此，m 不能选得太大；

(6) 谐振回路的高频电压完全作用于变容二极管上，使 C_j 同时受到直流偏置电压 V_Q、调制电压 $u_\Omega(t)$ 和高频电压的控制，这时 C_j 的大小应由每个高频周期内的平均电容确定。由于变容二极管结电容变化曲线的非对称性，高频电压为正或负时，结电容的增加与减小量并不相同，每个高频周期内的平均电容的变化量不同，因而导致寄生调制、频率不稳等现象。

(7) 变容二极管上的反向偏置电压 V_Q 的大小影响着调制的线性度，反偏电压 V_Q 的稳定性决定着调频中心频率的精确度和稳定性。

在实际电路中，若变容二极管的结电容作为谐振回路的总电容，则要设法使变容二极管工作在 $\gamma = 2$ 的区域。

【例 6.2】　变容二极管直接调频电路的高频通路如图 6.10(c)所示。其中变容二极管的参数为 $V_Q = 10$ V，$\gamma = 2$，$C_{jQ} = 40$ pF，U_D 可略；调制信号为 $u_\Omega(t) = 2\cos(2\pi \times 10^3 t)$V；电感元件 $L_1 = 15$ μH 与 $L_2 = 10.33$ μH 之间无磁耦合。试求：(1) 调频波的载波频率、最大瞬时频率和最小瞬时频率；(2) 调频波的最大频偏及有效频带宽度。

解　由于变容二极管的结电容是谐振回路的总电容，且 $\gamma = 2$，故电路实现线性调频。这时，归一化调制信号为 $\bar{u}_\Omega(t) = \cos(2\pi \times 10^3 t)$V，调制信号频率 $F = 10^3$ Hz，故变容二极管的结电容为

$$C_j = C_{jQ}\left[1 + \frac{|u_\Omega(t)|_{\max}}{U_D + V_Q}\bar{u}_\Omega(t)\right]^{-\gamma} = 40[1 + 0.2\cos(2\pi \times 10^3 t)]^{-2}\text{pF}$$

从而得调频波的瞬时频率为

$$f(t) = \frac{1}{2\pi\sqrt{(L_1 + L_2)C_j}} = f_c[1 + 0.2\cos(2\pi \times 10^3 t)]$$

(1) 调频波的载波频率为

$$f_c = \frac{1}{2\pi\sqrt{(L_1 + L_2)C_{jQ}}} = \frac{1}{2\pi\sqrt{(15 + 10.33) \times 10^6 \times 40 \times 10^{-12}}} \approx 5 \times 10^6 \text{ Hz}$$

最大瞬时频率为

$$f_{\max} = f_c(1 + 0.2) = 6 \text{ MHz}$$

最小瞬时频率为

$$f_{\min} = f_c(1 - 0.2) = 4 \text{ MHz}$$

(2) 调频波的最大频偏为

$$\Delta f_m = f_{\max} - f_c = 0.2f_c = 1 \text{ MHz}$$

有效频带宽度为

$$B = 2(m_F + 1)F = 2(\Delta f_m + F) \approx 2 \text{ MHz}$$

6.2.6　电路参数的估算

通过前面的分析可知，变容二极管直接调频电路是由含变容二极管的 LC 振荡电路和变容二极管的控制电路组成的，并且变容二极管的性能决定着调频电路的性能。LC 振荡电路的特性、元器件参数估算等问题在第 4 章中已讨论过，控制电路主要是给变容二极管提供合适的直流偏压和将调制信号有效加至变容二极管上，依据此要求合理选择辅助元件的参数值即可。

变容二极管直流偏置电压 V_Q 的选取依据调频电路的静态调制特性。变容二极管调频电路的静态调制特性是指不加调制信号的情况下电路振荡频率随直流偏压变化的特性，形状如图 6.12(a)所示。例如图 6.10(a)电路，令 $u_\Omega = 0$，使直流电源 V_Q 的值从 V_{Q1} 变化到 V_{Q3}，测得振荡频率 f 随 V_Q 变化的曲线即为调频电路的静态调制特性。为减小失真，变容二极管在调频时的直流工作电压应该设置在静态调制特性曲线上线性段的中心，如图 6.12(a)中的 V_{Qc}，且 u_Ω 的幅度应小于 $0.5(V_{Q2} - V_{Q1})$。

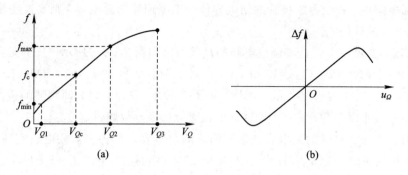

图 6.12　变容二极管直接调频电路的特性曲线

在确定了变容二极管的静态工作点 V_{Qc} 后,加入调制信号 u_Ω 并逐渐调大其幅度,测得调频电路的动态调制特性(形状如图 6.12(b)所示),据此曲线确定频率调制器的调制灵敏度和最大线性频偏。

6.2.7　改进

1. 变容二极管部分接入

在实际应用中,通常 $\gamma \neq 2$,C_j 作为选频回路的总电容将会使调频特性出现非线性,输出信号的频率稳定度也将下降。因此,通常采用图 6.13(a)所示变容二极管部分接入回路的电路。

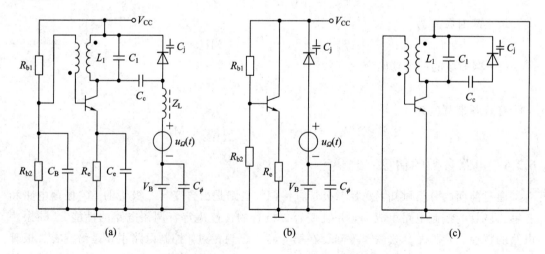

图 6.13　部分接入变容二极管直接调频电路

将变容二极管部分接入回路,调节与变容二极管串联或并联的电容便可调整回路总电容 C_Σ 与电压 u 之间的特性,改善电路的调频特性。

图 6.13(a)所示电路中,C_c 是变容二极管与 L_1C_1 选频回路之间的耦合电容,同时起到隔直流的作用;C_ϕ 为对调制信号的旁路作用;Z_L 为高频扼流圈,对直流、调制信号相当于短路,而对高频呈现短路。图 6.13(b)为图 6.13(a)电路的准直流通路,图 6.13(c)为它的高频交流通路。显然,这是一个共射调集的互感耦合振荡电路,选频回路的总电容由集总电容元件 C_1、C_c 和变容二极管的结电容 C_j 共同承担。

由图 6.13(b)可知,加在变容二极管上的反向电压为

$$u = V_{CC} - V_B + u_\Omega(t) = V_Q + u_\Omega(t) \tag{6.54}$$

式中,$V_Q = V_{CC} - V_B$ 是加在变容二极管的直流偏置电压;$u_\Omega(t)$ 为调制信号电压。这时,谐振回路的总电容为

$$C_\Sigma = C_1 + \frac{C_c C_j}{C_c + C_j} \tag{6.55}$$

静态工作点处的总电容为

$$C_{\Sigma Q} = C_1 + \frac{C_c C_{jQ}}{C_c + C_{jQ}} \tag{6.56}$$

于是,调频波的中心频率为

$$\omega_0 = \omega_c = \frac{1}{\sqrt{LC_{\Sigma Q}}} = \frac{1}{\sqrt{L\left(C_1 + \dfrac{C_c C_{jQ}}{C_c + C_{jQ}}\right)}} \tag{6.57}$$

瞬时振荡频率为

$$\omega(t) = \frac{1}{\sqrt{LC_\Sigma}} = \frac{1}{L\left(C_1 + \dfrac{C_c C_j}{C_c + C_j}\right)} = \frac{1}{\sqrt{L\left(C_1 + \dfrac{C_c C_{jQ}}{C_c[1 + m\,\overline{u}_\Omega(t)]^\gamma + C_{jQ}}\right)}} \tag{6.58}$$

从上式看出,其中 $\omega(t)$ 与时间有关的部分是 $[1 + m\overline{u}_\Omega(t)]^\gamma$。将 $[1 + m\,\overline{u}_\Omega(t)]^\gamma$ 在 $m\,\overline{u}_\Omega(t) = 0$ 附近展开成泰勒级数,得

$$[1 + m\,\overline{u}_\Omega(t)]^\gamma = 1 + \gamma m\,\overline{u}_\Omega(t) + \frac{1}{2!}\gamma(\gamma-1)[m\,\overline{u}_\Omega(t)]^2 + \frac{1}{3!}\gamma(\gamma-1)(\gamma-2)[m\,\overline{u}_\Omega(t)] + \cdots$$

由于 $m < 1$,上列级数必定是收敛的,且 m 越小级数收敛越快。因此,可以用少数几项近似表示。

考虑最简单情况,即单音调制时,$u_\Omega(t) = U_{\Omega m}\cos\Omega t$,在 m 较小并只取到 $[m\,\overline{u}_\Omega(t)]^3$ 的情况下,电路的瞬时振荡频率 $\omega(t)$ 相对于中心频率 ω_c 的变化量可以近似表达为

$$\Delta\omega(t) = K\omega_c\left[\frac{1}{4}\gamma(\gamma-1)m^2 + \frac{1}{8}\gamma m(8 + (\gamma-1)(\gamma-2)m^2)\cos\Omega t + \right.$$

$$\left. \frac{1}{4}\gamma(\gamma-1)m^2\cos2\Omega t + \frac{1}{24}\gamma(\gamma-1)(\gamma-2)m^3\cos3\Omega t + \cdots\right]$$

$$\triangleq \Delta\omega_0 + \Delta\omega_m\cos\Omega t + \Delta\omega_{2m}\cos2\Omega t + \Delta\omega_{3m}\cos3\Omega t + \cdots \tag{6.59}$$

式中,系数 $K = \left(\dfrac{C_c}{C_c + C_{jQ}}\right)^2 \dfrac{C_{jQ}}{2C_{\Sigma Q}}$。令 $p = \dfrac{C_c}{C_c + C_{jQ}}$,$p$ 可理解为变容二极管与振荡回路间的接入系数。显然,C_1 越大,$C_{\Sigma Q}$ 就越大,K 就越小;C_c 越小,K 也越小。K 的值恒小于 1。将式(6.59)与式(6.46)对比可知:

(1) 由于 C_j 的部分接入,K 的值恒小于 1,使得 $\Delta\omega_m$、$\Delta\omega_0$、k_F 及 k 值均减小,中心频率的稳定度提高。并且 K 越小则频偏 $\Delta\omega_m$ 越小,但 $\Delta\omega_0$ 也越小,即载波频率稳定度越高。

(2) C_j 部分接入时,若 $\gamma = 1$,失真和中心偏移均为零,即可实现理想的线性调频。

(3) C_j 的部分接入,使得电路振荡频率 $\omega(t)$ 的受控程度减小,且 C_1 越大,C_c 越小,C_j 对频率变化的影响就越小,一般取 $C_1 = (0.1 \sim 0.3)C_c$,且取值较小,约为几 pF 至几十 pF。

(4) 为兼顾合适的、尽可能大的线性频偏 $\Delta\omega_m$ 与尽可能小的中心频率偏移 $\Delta\omega_0$、尽可

能小的非线性失真,一般取 $m \approx 0.5$。

(5) C_j 的部分接入方式使得加在变容二极管上的高频振荡电压幅度减小,其产生寄生调制、频率不稳等现象得以减弱。

(6) C_j 的部分接入方式只适合于小频偏的情况。

【例 6.3】 已知图 6.13 的振荡器指标为:振荡中心频率 $f_c = 50 \text{ MHz}$,振幅为 5 V,回路总电容 $C_{\Sigma Q} = 30 \text{ pF}$。其中变容二极管为 2CC1C(即突变结变容二极管,$\gamma = 0.5$),它的静态直流工作电压 $V_Q = 4 \text{ V}$,静态点的电容 $C_{jQ} = 75 \text{ pF}$,与振荡回路间的接入系数为 $p = 0.2$。要求实现最大频偏为 $\Delta f_m = 75 \text{ kHz}$ 时所需的最大调制电压 $U_{\Omega s} \leqslant 500 \text{ mV}$。试估算电路的中心频率偏移量、非线性失真系数。

解　由式(6.59)知,最大角频偏为

$$\Delta \omega_m = \frac{1}{8} \gamma m \left[8 + (\gamma - 1)(\gamma - 2) m^2 \right] K \omega_c$$

于是

$$\Delta f_m = \frac{1}{8} \gamma m \left[8 + (\gamma - 1)(\gamma - 2) m^2 \right] K f_c$$

其中常数

$$K = \left(\frac{C_c}{C_c + C_{jQ}} \right)^2 \frac{C_{jQ}}{2 C_{\Sigma Q}} = p^2 \frac{C_{jQ}}{2 C_{\Sigma Q}} = 0.2^2 \frac{75}{2 \times 30} = 0.05$$

考虑到 $8 \gg (\gamma - 1)(\gamma - 2) m^2 = 0.75 m^2$,解得

$$m \approx \frac{\Delta f_m}{\gamma K f_c} = \frac{75 \times 10^3}{0.5 \times 0.05 \times 50 \times 10^6} = 0.06$$

由于 $m = \frac{|u_\Omega(t)|_{max}}{U_D + V_Q}$,且变容管的势垒电位差 U_D 比其静态直流工作电压 V_Q 小很多,因而可被忽略,这时,调制信号的最大值约为

$$|u_\Omega(t)|_{max} \approx m V_Q = 0.06 \times 4 = 0.24 \text{ V} < u_{\Omega s}$$

满足给定要求。于是,电路的中心频率偏移量为

$$\Delta f_c = \frac{1}{4} \gamma (\gamma - 1) m^2 K f_c = -562.5 \text{ Hz}$$

各谐波成分的频偏为

$$\Delta f_{2m} = \frac{1}{4} \gamma (\gamma - 1) m^2 K f_c = -562.5 \text{ Hz}$$

$$\Delta f_{3m} = \frac{1}{24} \gamma (\gamma - 1)(\gamma - 2) m^3 K f_c = 8.45 \text{ Hz}$$

故电路的非线性失真系数为

$$k = \sqrt{\left(\frac{\Delta f_{2m}}{\Delta f_m} \right)^2 + \left(\frac{\Delta f_{3m}}{\Delta f_m} \right)^2 + \cdots} \approx 0.75\%$$

2. 两只变容二极管对接

图 6.14(a)是典型的两只变容二极管对接直接调频的实际电路。图中,$12 \mu\text{H}$ 的电感线圈为高频扼流圈,对高频相当于断路,对调制信号及直流相当于短路;容量 1000 pF 的电容为高频滤波电容。图 6.14(a)电路的准直流通路如图 6.14(b)所示,高频交流通路如图 6.14(c)所示。显然,图 6.14(a)电路是一个电容三点式振荡器,其振荡频率由 10 pF、

15 pF、33 pF 电容，可调电感 L 及变容二极管结电容 C_j 确定。对直流成分及调制信号的低频成分来说，两个变容二极管呈现并联结构；对高频成分而言，两个变容二极管是反向串联的，所呈现的电容为 $C_{j\Sigma} = 0.5C_j$，因而图 6.14(a)电路的调制灵敏度较低。由于两个变容二极管的高频反向串联组态，使得在高频信号的任意半周期内，一个变容管的平均电容增大，同时另一个变容管的平均电容则减小，二者相互抵消，使总的寄生调制效应减弱。通过调整可变电感 L 的电感量或变容二极管的偏置电压 V_Q，可使振荡器输出信号的中心频率 f_0 在 50～100 MHz 范围内变化。

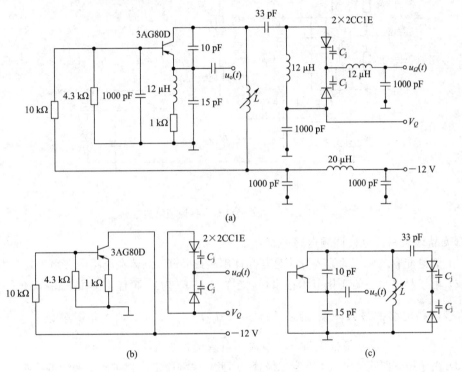

图 6.14　两只变容二极管对接的直接调频电路

综上，可总结出变容二极管直接调频电路的特点。

（1）优点：工作频率高，固有损耗小，电路简单，易于获得大的频偏。在频偏小时，非线性失真很小。所需调制信号功率很小。

（2）缺点：中心频率稳定度不高。频偏较大时，非线性失真也较大。

6.3　其他调频电路

6.3.1　石英晶体振荡器直接调频电路

变容二极管直接调频电路的中心频率稳定度较差。为得到高稳定度的调频信号，需对其采取稳频措施，如增加自动频率微调电路或利用锁相环路稳频，还可以直接对石英晶体振荡器进行调频。

变容二极管可通过与晶体串联或并联的方式接入石英晶体振荡电路。目前广泛采用的

是变容二极管与晶体串联接入的晶体振荡器直接调频电路，如图 6.15(a)所示。图中，电容
C_b、C_{c1}、C_{c2}、C_{c3} 对高频短路，Z_L 为高频扼流圈。图 6.15(a)电路的高频交流通路如图 6.15
(b)所示，为一典型的电容三点式振荡电路。其中变容二极管的结电容 C_j 相当于晶振中的
微调电容，它与 C_1、C_2 的串联等效电容作为晶体的负载电容 C_L。在调制信号的控制下结
电容 C_j 变化，必将引起晶体的等效电抗变化，从而引起振荡频率发生变化。

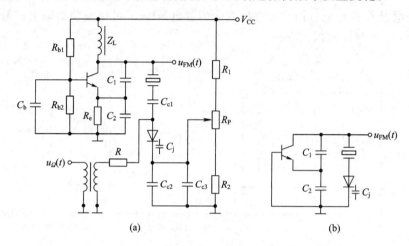

图 6.15　晶体振荡器直接调频电路

石英晶体振荡器直接调频电路的特点如下：

(1) 无论变容二极管的接入方式是与晶体串联或并联，晶体在电路中必须等效为电感。

(2) 由于晶体频率的变化范围很窄(只能在 $f_p \sim f_q$ 内)，再加上 C_j 的影响，使得晶体振
荡器直接调频电路的最大频偏 $\Delta f_m < \dfrac{1}{2}(f_p - f_q) = \dfrac{1}{4}\dfrac{C_q}{C_0}f_q$，最大相对频偏 $\dfrac{\Delta f_m}{f_q} < \dfrac{1}{4}\dfrac{C_q}{C_0}$。
由于 $C_q \ll C_0$，故调频电路振荡频率的最大相对频偏很小，约为 $10^{-3} \sim 10^{-4}$。

(3) 由于振荡回路中引入了变容二极管，因此，频率稳定度相对于不调频的石英晶体振荡
器有所降低。一般，其短期频率稳定度可达 10^{-6} 数量级，长期频率稳定度可达 10^{-5} 数量级。

在晶体振荡器直接调频器中扩大频偏的方法有以下几种：

(1) 在晶体支路串联小电感，该法简单有效，但扩展范围有限，扩大频偏的同时会使
中心频率稳定度下降；

(2) 利用Π型网络进行阻抗变换来扩展晶体呈现感性的工作频率范围；

(3) 在调频振荡器的输出端增设多次倍频和混频，该法不仅满足了载频的要求，也增
加了频偏。

图 6.16(a)所示电路为晶体调频振荡器的实用电路，其高频等效电路如图 6.16(b)所
示。它是一个并联型的皮尔斯振荡器，采用在晶体支路上串联一个小电感 L 的方法来扩大
调频频偏。变容二极管的反向偏置电压是由 $-V_{CC}$ 经稳压管 VZ_1 稳压，再经电阻 R_{Z2} 和 R_{P1}
分压后，经电阻 R 加至变容二极管的正极。改变电位器 R_{P1} 的活动端可以调整变容二极管
的静态偏压 V_Q，从而改变 C_{jQ}，即可把调频器的中心频率调至规定值。调制信号经电位器
R_{P2} 加于变容二极管，改变 R_P 的活动端，可以加在变容二极管上调制信号的幅度，从而获
得所要求的频偏。

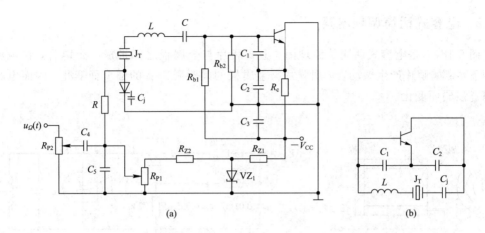

图 6.16　晶体振荡器直接调频电路

图 6.17(a)所示电路为由 100 MHz 晶体振荡器的变容二极管直接调频电路组成的无线话筒发射电路。图中，2.2 μH 的电感线圈为高频扼流圈，起到对高频呈现断路而对直流和音频呈现短路的作用；容量 1000 pF、2200 pF 的电容为音频耦合电容，起到对音频呈现短路的作用。图 6.17(b)为图 6.17(a)电路的直流通路，VT_1、VT_2 管的 9 V 电源电压也为变容二极管提供直流偏置电压。图 6.17(c)为音频通路，其中的 VT_1 管接成音频放大器，将话筒提供的语音信号电压放大后，加载到变容二极管上。图 6.17(d)为高频通路，基本结构为皮尔斯晶体振荡电路，由变容二极管直接调频，它所能提供的相对频偏受晶体的 f_q 和 f_p 限制，一般在 10^{-3} 以下。集电极谐振回路调谐在晶体振荡频率的三次谐波上，完成三倍频功能。

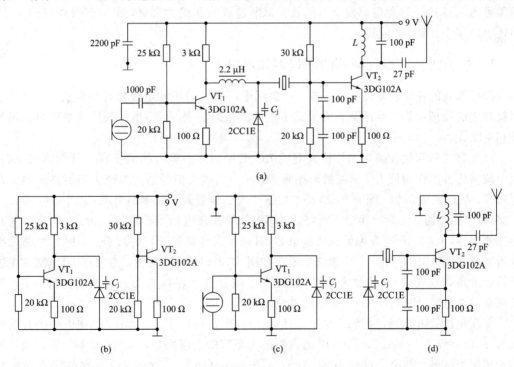

图 6.17　无线话筒中的晶体振荡器直接调频发射电路

6.3.2　电容式话筒调频电路

　　图 6.18(a)是电容式话筒的原理图。金属膜片与金属板之间形成一个电容,在声波的作用下,金属膜片产生振动,金属膜片与金属板的间距随声音的强弱而变化,因而电容量随声音强弱而变化。

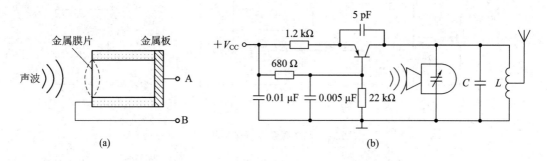

图 6.18　电容式话筒原理图及其调频发射电路

　　如果把这种电容式话筒直接接到振荡器的谐振回路中,就可构成直接调频电路。如图 6.18(b)所示,是一个电容式话筒调频发射机实例。其主体结构是电容三点式振荡电路(它利用了晶体管的极间电容)。电容式话筒直接并联在晶体管的集电极与基极之间的 LC 并联体的两端,用声波直接调频。在正常声压下,电容式话筒的电容变化量较小,为获得足够大的频偏,应选择数值较高的中心频率 f_c (这种调频发射机 f_c 约为几十兆赫兹到几百兆赫兹之间)。通常,耳语时,频偏约有 2 kHz;大声说话时,频偏约 40 kHz;高声呼喊时,频偏可达 75 kHz。这种电路没有音频放大器所造成的非线性失真,易于获得较好的音质,但输出功率小、频率稳定度差。

6.3.3　基于变容二极管调相的间接调频电路

　　间接调频的频率稳定度较高,被广泛应用于广播发射机和电视伴音发射机中。由前述间接调频的原理可知,间接调频的关键是线性调相的实现。目前应用较广的是变容二极管调相电路。

　　将变容二极管接在高频谐振放大器的 LC 谐振回路中就可构成变容二极管调相电路。由于调制信号的作用使 LC 回路的谐振频率改变,当载波信号通过这个失谐回路时便会产生相移,从而实现调相。图 6.19(a)是单回路变容二极管调相的典型电路。图中,电感 L_{c1}、L_{c2} 为高频扼流圈,对高频相当于断路,对调制信号及直流相当于短路;0.001 μF 电容为高频滤波电容,0.02 μF 电容为低频滤波电容(对调制信号相当于短路)。图 6.19(a)电路的准直流通路如图 6.19(b)所示,高频交流通路如图 6.19(c)所示。显然,图 6.19(a)电路的主体结构是对高频载波 $u_c(t)$ 的放大电路,且变容二极管结电容 C_j 作为这个放大电路中 LC 选频回路的总电容,图 6.19(d)为其中的调相环节。

　　由高频放大电路理论可知,在图 6.19(c)中,若 $u_c(t)=U_{cm}\cos\omega_c t$,则集电极的对地电压为 $u_{c1}(t)=KU_{cm}\cos\omega_c t$,其中 K 为高频放大环节的电压增益,可视作常数。若音频信号 $u(t)$ 控制着变容二极管,即结电容 $C_j=C_{jQ}[1+m\bar{u}(t)]^{-\gamma}$,这时 LC 回路的固有谐振频率为

$$\omega_0(t)=\frac{1}{\sqrt{LC_j}}=\frac{1}{\sqrt{LC_{jQ}[1+m\bar{u}(t)]^{-\gamma}}}=\omega_c[1+m\bar{u}(t)]^{\gamma/2} \tag{6.60}$$

显然，$\omega_0\neq\omega_c$，说明对信号 $u_c(t)$ 而言 LC 回路处于失谐状态。由图 6.19(d)可知，输出电压的相量为

$$\dot{U}_{om}=\dot{U}_{c1m}\frac{\dfrac{1}{j\omega_cC_j+\dfrac{1}{j\omega_cL}}}{R+\dfrac{1}{j\omega_cC_j+\dfrac{1}{j\omega_cL}}}=KU_{cm}\frac{1}{j\dfrac{R}{\omega_0(t)L}\left(\dfrac{\omega_c}{\omega_0(t)}-\dfrac{\omega_0(t)}{\omega_c}\right)+1} \tag{6.61}$$

故 $u_o(t)$ 相对于 $u_{c1}(t)$ 的相位偏移量为

$$\varphi=-\arctan\left\{\frac{R}{\omega_0(t)L}\left[\frac{\omega_c}{\omega_0(t)}-\frac{\omega_0(t)}{\omega_c}\right]\right\} \tag{6.62}$$

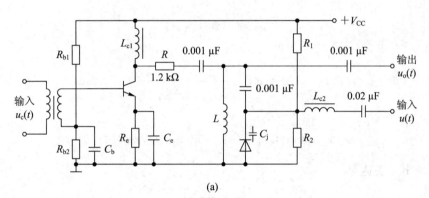

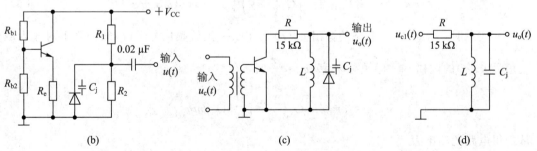

图 6.19　单回路变容二极管调相电路

显然，当 C_j 如图 6.20(a)中的曲线①所示随时间变化时，LC 回路谐振频率 ω_0 以 ω_c 为中心而随时间变化，如图 6.20(a)中的曲线②所示，相移量 φ 必随时间而变化，如图 6.20(b)中的曲线③所示。

记回路的等效品质因数为 $Q_e=\dfrac{R}{\omega_0(t)L}\approx\dfrac{R}{\omega_cL}$，并令频偏 $\Delta\omega=\omega_0(t)-\omega_c$，在 m 值很小的条件下，式(6.60)可展开为

$$\omega_0(t)\approx\omega_c+0.5\gamma m\omega_c\bar{u}(t) \tag{6.63}$$

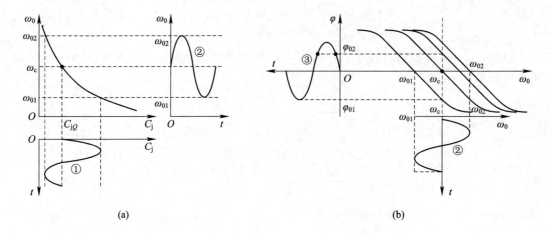

图 6.20　变容二极管调相电路特性曲线

则瞬时频偏为

$$\Delta\omega = 0.5\gamma m\omega_c \bar{u}(t) \tag{6.64}$$

于是，得

$$\dot{U}_{om} \approx KU_{cm} \frac{1}{-jQ_e\left(\dfrac{2\Delta\omega}{\omega_c}\right)+1} \tag{6.65}$$

$$\varphi = \arctan\left[Q_e\left(\frac{2\Delta\omega}{\omega_c}\right)\right] = \arctan[Q_e\gamma m\bar{u}(t)] \tag{6.66}$$

即电路的输出可表达为

$$u_o(t) = KU_{cm}\left\{1+\left[Q_e\left(\frac{2\Delta\omega}{\omega_c}\right)\right]^2\right\}^{-1/2}\cos(\omega_c t+\varphi) \tag{6.67}$$

此式说明，图 6.19(a) 电路的输出 $u_o(t)$ 是在归一化低频信号 $\bar{u}(t)$ 的控制下对输入载波信号 $u_c(t)$ 的调幅-调相。在小相移 $|\varphi| < \dfrac{\pi}{6}$ 时，有

$$\varphi = \arctan\left[Q_e\left(\frac{2\Delta\omega}{\omega_c}\right)\right] \approx Q_e\gamma m\bar{u}(t)$$

从而得电路的输出为

$$u_o(t) \approx KU_{cm}\{1+[Q_e\gamma m\,\bar{u}(t)]^2\}^{-1/2}\cos[\omega_c t+Q_e\gamma m\,\bar{u}(t)] \tag{6.68}$$

若调频信号的有效频带全部在 LC 回路的通频带内，则 $u_o(t)$ 的幅度变化很小而可略，即

$$u_o(t) \approx U_m\cos[\omega_c t+Q_e\gamma m\,\bar{u}(t)] \tag{6.69}$$

这是一个在 $\bar{u}(t)$ 控制下对 $u_c(t)$ 的标准线性调相信号，其调相指数为 $m_P = Q_e\gamma m$。若 $u(t)$ 是对调制信号 $u_\Omega(t)$ 的积分，即 $u(t) = \displaystyle\int_0^t u_\Omega(\tau)\mathrm{d}\tau$，则此电路便可实现在调制信号 $u_\Omega(t)$ 控制下对 $u_c(t)$ 的调频。

基于变容二极管调相的间接调频电路特点如下：

（1）由于调制不在主振器中进行，而是在其后的某一级放大器中完成，因而，它的中心频率稳定度取决于主振器的频率稳定度，且它可以选用石英晶体振荡器等频率稳定度很高的振荡器作为主振器；

（2）图 6.19（a）电路能实现线性调相的条件是 $Q_e\left(\dfrac{2\Delta\omega}{\omega_c}\right)<\dfrac{\pi}{6}$，即调相指数为 $m_P=Q_e\gamma m<\dfrac{\pi}{6}$。如果相移量不够，可以采用多级调相网络的级联。

图 6.21 就是一个三级单回路变容二极管调相电路。图中，每级调相电路都由变容二极管实现调相，每个变容二极管受同一个低频信号 $u(t)$ 控制；每个回路的品质因数 Q_e 由电阻 R_1、R_2、R_3 调节，以使三级调相电路产生相等的相移量；各级间都用 1 pF 的小电容耦合，以减小各级调相电路的相互影响；电路的总相移近似等于三级相移之和。于是，用此调相网络可实现在 $\pi/2$ 范围内的线性调相。

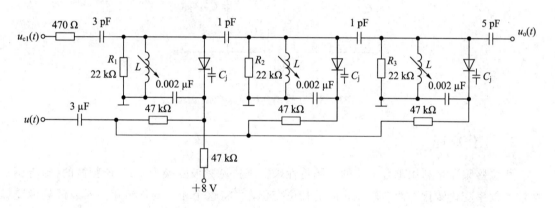

图 6.21　三级单回路变容二极管调相电路

6.4　互感耦合相位鉴频电路

鉴频的主要工作是从输入信号瞬时频率的变化中还原出调制信号。其电路模型主要由波形变换的线性电路和频率变换的非线性电路组成。常用的相位鉴频器有互感耦合与电容耦合两类。

6.4.1　原理电路

如图 6.22（a）所示为互感耦合相位鉴频器的原理电路。

图中，调频电压 u_{FM} 经晶体三极管放大电路放大后以电流 i_{FM} 形式送入互感耦合回路的初级；L_1C_1 与 L_2C_2 回路参数相同，且品质因数较高，调谐在调频波的中心频率 ω_0 上；线圈 L_2 是中心抽头；耦合电容 C_0 与旁路电容 C_3 为大容量电容，对高频可视作短路；L_3 为高频扼流圈；两个二极管 VD_1 与 VD_2、电阻 R 以及电容 C_3 构成两个对称的包络检波电路。

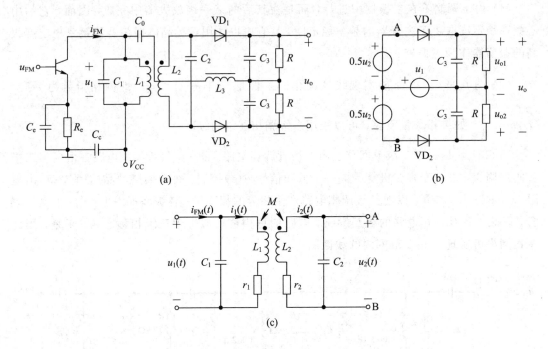

图 6.22　互感耦合相位鉴频器

6.4.2　工作原理

　　相位鉴频器是利用耦合电路的相频特性来实现将调频波变换为调幅-调频波的(即将调频波的频率变化转化为两个电压之间的相位变化,再将这个相位变化转化为对应的幅度变化);之后,由包络检波器检出幅度的变化,达到对调频信号解调的目的。

　　在图 6.22(a)所示的互感耦合相位鉴频电路中,互感耦合双回路是一个频率-相位变换器,它将输入调频信号变换为调频-调相波;耦合电容 C_0 将输入调频信号引入电感 L_3 上;调频-调相信号与调频信号叠加成为调幅-调角波,作为输入信号;通过对称的包络检波器检出幅度的变化,并抵消其中的直流成分,恢复原调制信号。

6.4.3　性能分析

　　在图 6.22(a)所示的电路中,存在两个耦合途径:一个是初、次级回路的互感耦合,它使得次级回路的端电压为 u_2;另一个是电容 C_0 的耦合,结合大容量电容 C_3 的高频短路作用使得初级回路的端电压 u_1 可直接加到 L_3 两端。于是,图 6.22(a)可简化为图 6.22(b)所示的等效电路。这时,两个对称的包络检波电路的输入电压分别为

$$u_{D1}(t)=0.5u_2(t)+u_1(t),\ u_{D2}(t)=-0.5u_2(t)+u_1(t) \tag{6.70}$$

　　建立图 6.22(b)中互感耦合回路的高频等效电路,如图 6.22(c)所示。设由限幅器提供给初级回路的电流 $i_{FM}(t)$ 为标准的调频信号,则由电路理论可建立如下相量形式的电路方程:

$$\begin{cases} \dot{U}_1 = \dot{I}_1(j\omega L_1 + r_1) + \dot{I}_2 \times j\omega M = (\dot{I}_{FM} - \dot{I}_1)\dfrac{1}{j\omega C_1} \\ \dot{U}_2 = \dot{I}_2(j\omega L_2 + r_2) + \dot{I}_1 \times j\omega M = -\dot{I}_2\dfrac{1}{j\omega C_2} \end{cases} \tag{6.71}$$

式中，ω 为电路的工作频率。消去 $\dot{I}_1$ 和 $\dot{I}_2$，解得初级线圈的端电压相量为

$$\dot{U}_1 = \frac{(\omega M)^2 + (r_1 + j\omega L_1)\left(r_2 + j\omega L_2 + \dfrac{1}{j\omega C_2}\right)}{\left(r_1 + j\omega L_1 + \dfrac{1}{j\omega C_1}\right)\left(r_2 + j\omega L_2 + \dfrac{1}{j\omega C_2}\right) + (\omega M)^2} \times \frac{1}{j\omega C_1}\dot{I}_{FM} \tag{6.72}$$

次级回路的端电压为

$$\dot{U}_2 = \frac{\dfrac{M}{j\omega C_2 C_1}}{\left(r_1 + j\omega L_1 + \dfrac{1}{j\omega C_1}\right)\left(r_2 + j\omega L_2 + \dfrac{1}{j\omega C_2}\right) + (\omega M)^2}\dot{I}_{FM} \tag{6.73}$$

由于 $L_1 C_1$ 与 $L_2 C_2$ 回路均调谐在调频波的中心频率 ω_0 上，可取 $L_1 = L_2 = L$，$r_1 = r_2 = r$ 和 $C_1 = C_2 = C$，且 $Q_L \gg 1$，可导得

$$\dot{U}_1 = \frac{1 + j\xi}{(1 + j\xi)^2 + \eta^2}\dot{I}_{FM}R_p \quad \text{和} \quad \dot{U}_2 = \frac{-j\eta}{(1 + j\xi)^2 + \eta^2}\dot{I}_{FM}R_p \tag{6.74}$$

解得

$$\dot{U}_2 = \frac{-j\eta}{1 + j\xi}\dot{U}_1 = \dot{U}_1\frac{\eta}{\sqrt{1 + \xi^2}}e^{j\left(-\frac{\pi}{2} - \arctan\xi\right)} \tag{6.75}$$

上述各式中，$\dfrac{\omega_0 L}{r} = Q_L$ 为 LC 回路的有载品质因数；$\dfrac{1}{\sqrt{LC}} = \omega_0$ 为回路的固有谐振频率；

$\dfrac{M}{\sqrt{L_1 L_2}} = \dfrac{M}{L} = k$ 为耦合系数，$\eta = kQ_L$ 为耦合因数；$R_p = Q_L\sqrt{\dfrac{L}{C}}$ 为谐振电阻；$\xi = $

$Q_L\left(\dfrac{\omega}{\omega_0} - \dfrac{\omega_0}{\omega}\right) \approx Q_L\dfrac{2\Delta\omega}{\omega_0} = Q_L\dfrac{2\Delta f}{f_0}$ 为广义失谐，其中 $\Delta\omega = \omega - \omega_0$ 为频偏（由于 $i_{FM}(t)$ 为调

频波，则电路的工作频率 ω 必是随时间变化的，因而频偏也是随时间变化的）。由式(6.75)
可知，在 ω_0 附近且调频信号的频宽在回路的通频带内，则次级回路端电压 u_2 相对于初级
回路电压 u_1 的幅值变化不大而可被视作不变，但相位变化明显，二者之间的相位差为

$$\varphi = -\frac{\pi}{2} - \arctan\xi \tag{6.76}$$

显然，这个相移 φ 与广义失谐 ξ 有关，即这个互感耦合网络实现了将调频波的频率变
化转化为两个电压之间的相位变化。在小频偏时，有

$$\arctan\xi \approx \xi = Q_L\frac{2\Delta\omega}{\omega_0}$$

说明 φ 与调频波的瞬时频偏 $\Delta\omega$ 成线性关系。即式(6.75)可简化为

$$\dot{U}_2 = K_c\dot{U}_1 e^{j\varphi} \approx -jK_c\dot{U}_1 e^{-j\xi} \tag{6.77}$$

式中 K_c 为常数。故上、下两个包络检波电路的输入电压相量分别为

$$\begin{cases} \dot{U}_{D1}=0.5\dot{U}_2+\dot{U}_1=(0.5K_c e^{j\varphi}+1)\dot{U}_1=\sqrt{1+0.5K_c^2+K_c\cos\varphi}\ e^{jarctan\frac{0.5K_c\sin\varphi}{1+0.5K_c\cos\varphi}}\dot{U}_1 \\ \dot{U}_{D2}=-0.5\dot{U}_2+\dot{U}_1=(-0.5K_c e^{j\varphi}+1)\dot{U}_1=\sqrt{1+0.5K_c^2-K_c\cos\varphi}\ e^{jarctan\frac{-0.5K_c\sin\varphi}{1-0.5K_c\cos\varphi}}\dot{U}_1 \end{cases}$$

$$(6.78)$$

这说明，两个检波电路输入电压的振幅 U_{D1} 和 U_{D2} 是随相位差 φ 的变化而变化的，因而 U_{D1} 和 U_{D2} 均随调频波的瞬时频偏 $\Delta\omega(t)$ 变化。即 $U_{D1}(t)$ 和 $U_{D2}(t)$ 的振幅具有普通调幅波的特性，这个结构实现了将两个电压之间的相位变化转化为对应的幅度变化。若包络检波电路的电压传输系数为 K_d，则鉴频器的输出电压为

$$u_o(t)=K_d(U_{D1}-U_{D2})=K_d(\sqrt{1+0.5K_c^2+K_c\cos\varphi}-\sqrt{1+0.5K_c^2-K_c\cos\varphi})U_1$$
$$\approx -K_d K_c\xi\propto\Delta\omega(t)\qquad(6.79)$$

这时，图 6.22(a)电路的输出电压 $u_o(t)$ 与输入调频波的瞬时频偏 $\Delta\omega(t)$ 成正比，实现了调频信号的解调。

6.4.4　主要技术指标估算

1. 鉴频特性曲线

由式(6.70)和式(6.74)可知，两个包络检波电路的输入电压相量分别为

$$\begin{cases} \dot{U}_{D1}=0.5\dot{U}_2+\dot{U}_1=\dfrac{1+j\xi-j0.5\eta}{(1+j\xi)^2+\eta^2}\dot{I}_{FM}R_p \\ \dot{U}_{D2}=-0.5\dot{U}_2+\dot{U}_1=\dfrac{1+j\xi+j0.5\eta}{(1+j\xi)^2+\eta^2}\dot{I}_{FM}R_p \end{cases}\qquad(6.80)$$

若包络检波电路的电压传输系数为 K_d，则鉴频器的输出电压为

$$u_o=K_d(U_{D1}-U_{D2})=I_{FM}R_pK_d\frac{\sqrt{1+(\xi-0.5\eta)^2}-\sqrt{1+(\xi+0.5\eta)^2}}{\sqrt{(1+\eta^2-\xi^2)^2+4\xi^2}}$$
$$\triangleq I_{FM}R_pK_d\Psi(\xi,\eta)\qquad(6.81)$$

此式说明，图 6.22(a)鉴频器输出电压的大小比例于前级集电极电流 I_{FM}、回路的谐振电阻 R_p 和函数 $\Psi(\xi,\eta)$。由 $\Psi(\xi,\eta)$ 的表达式可知，$\Psi(\xi,\eta)$ 关于 $\xi=0$ 具有奇对称的特性。图 6.23(a)是 $\Psi(\xi,\eta)$ 的一组曲线。由此曲线族可以看出：

(1) $\eta<1$ 或 $\eta>3$ 时，函数 $\Psi(\xi,\eta)$ 的非线性较严重，且线性范围小，因而 u_o - $\Delta\omega$ 非线性较严重，且线性范围小；

(2) $\eta=1\sim3$ 时，函数 $\Psi(\xi,\eta)$ 的线性范围较大，因而 u_o - $\Delta\omega$ 的线性范围也较大；

(3) 当 $\eta\geq1$ 时，曲线 $\Psi(\xi,\eta)$ 的峰值点大约发生在 $\eta=\xi_m$ 处，即在 $\eta=\xi_m=Q_L\dfrac{2\Delta f_{max}}{f_0}$ 时输出 u_o 达峰值。

由式(6.81)和图 6.23(a)可知，互感耦合相位鉴频器的输出电压 $u_o(t)$ 的值随输入调频信号频偏 $\Delta f=f-f_0$ 的变化关系(称为鉴频器的鉴频特性曲线)具有图 6.23(b)所示的形式。其中，特性曲线的峰值点满足 $\eta=\xi_m=Q_L\dfrac{2\Delta f_{max}}{f_0}$。

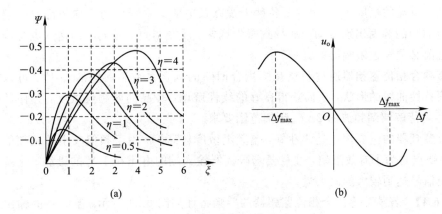

图 6.23　相位鉴频电路的鉴频特性曲线

2. 鉴频灵敏度

鉴频灵敏度，又称鉴频跨导，是单位频偏所产生的输出电压，数值上等于鉴频特性曲线在频偏 $\Delta f = 0$ 处的斜率。由式(6.79)可得图 6.22(a)电路的鉴频灵敏度约为

$$g_d = \frac{du_o}{d(\Delta f)}\Big|_{\Delta f=0} = I_{FM}R_pK_d \frac{d\Psi(\xi, \eta)}{d\xi} \times \frac{d\xi}{d(\Delta f)}$$

$$\approx -\frac{4Q_L\eta I_{FM}R_pK_d}{f_0(1+\eta^2)\sqrt{4+\eta^2}} \tag{6.82}$$

显然，g_d 的大小与耦合因数 $\eta = kQ_L$ 为有关，且比例于前级集电极电流 I_{FM}、回路的谐振电阻 $R_p = Q_L\sqrt{\dfrac{L}{C}}$。在 Q_L 一定时，k 的变化将导致 η 的变化，在 $\eta = 0.86$ 处 g_d 可获最大值。若 k 一定时，Q_L 变化将导致 η 和 R_p 变化，随着 η 的增大 g_d 单调增，但 $\eta > 3$ 后 g_d 增大变缓并趋于极限值。

3. 峰值频带宽度

由图 6.23(b)的鉴频特性曲线可知，鉴频器的峰值频带宽度为

$$B_{max} \approx 2\Delta f_{max} \tag{6.83}$$

要实现调频信号的解调，需满足 $B_{max} > 2\Delta f_m$（即 $\Delta f_{max} > \Delta f_m$）。由于 $\eta \geqslant 1$ 时，曲线 $\Psi(\xi, \eta)$ 的 η 值近似等于峰值点处的 ξ_m 值，即 $kQ_L = Q_L\dfrac{2\Delta f_{max}}{f_0}$，因而峰值频带宽度又可表达为

$$B_{max} \approx kf_0 \tag{6.84}$$

此式说明互感耦合相位鉴频器的峰值频带宽度与耦合系数有关。

4. 非线性失真

在峰值频带宽度内，曲线 $\Psi(\xi, \eta)$ 并不是一条直线，必然存在非线性失真。由于实际中经常取 $\eta = 1 \sim 3$，且输入调频波的最大频偏 $\Delta f_m < \Delta f_{max}$，这时鉴频器非线性失真的影响很小可以忽略。

5. 抑制寄生调幅的能力

由于互感耦合相位鉴频器的输入取自前级放大器的集电极电流 $i_{FM}(t)$，而且输出电压

正比于这个电流的幅度 I_{FM}。噪声、各种干扰以及电路频率特性的不均匀都将引起输入调频信号 $i_{FM}(t)$ 的幅度出现波动因而导致寄生调幅。故在调频信号 $i_{FM}(t)$ 送入电感耦合相位鉴频器之前必须经过限幅器的处理。

　　互感耦合相位鉴频器通过调整互感耦合回路的耦合系数和回路的 Q 值，可以方便地调节鉴频特性曲线的形状，从而获得良好的线性解调、较高的鉴频灵敏度，并使其峰值带宽 B_{max} 适应待解调调频波的 $2\Delta f_m$ 频偏范围要求。

　　相位鉴频器的主要优点是线性好，鉴频灵敏度较高，常用于频偏较小的调频信号的解调；主要缺点是为了有效限幅，往往要求限幅器输入端的电压在 1 V 的量级，这就要求在限幅前使信号达到较大的放大量。

　　【例 6.4】 若某互感耦合相位鉴频器的鉴频特性如图 6.24 所示。鉴频器的输出电压为 $u_o = \cos(4\pi \times 10^3 t)$ V。试求：(1) 鉴频跨导；(2) 写出输入信号的表达式及原调制信号的表达式；(3) 若要使鉴频特性反相，应如何改变电路？

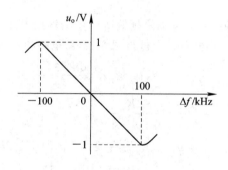

图 6.24　例题 6.4 图

　　解　由图 6.24 所示鉴频特性可知，鉴频输出电压正好在鉴频特性的线性范围内。

　　(1) 鉴频跨导为

$$g_d = \frac{U_{om}}{\Delta f_m} = -\frac{1}{100} = -0.01 \text{ V/kHz}$$

　　(2) 由题知，瞬时频偏为

$$\Delta f(t) = \frac{u_o(t)}{g_d} = -100\cos(4\pi \times 10^3 t)\text{kHz}$$

设输入调频信号的中心频率为 f_c，则瞬时频率为

$$f(t) = f_c + \Delta f(t)$$

因而，瞬时相位为

$$\varphi(t) = \int_0^t 2\pi f(\tau)\mathrm{d}\tau = 2\pi f_c t - 2\pi \frac{100 \times 10^3}{4\pi \times 10^3}\sin(4\pi \times 10^3 t)\text{rad}$$

设输入调频信号的振幅为 U_{cm}，则输入信号的表达式为

$$u_{FM}(t) = U_{cm}\cos[\varphi(t)] = U_{cm}\cos[2\pi f_c t - 50\sin(4\pi \times 10^3 t)]\text{V}$$

设调频波的调制灵敏度为 k_F，则原调制信号的表达式为

$$u_\Omega(t) = -\frac{\Delta f_m}{k_F}\cos(4\pi \times 10^3 t)\text{V}$$

　　(3) 若要使鉴频电路的鉴频特性反相，可采用改变互感耦合线圈的同名端，或两个二

极管同时反向，或输出电压的两个端子交换等方法。

6.4.5　电路参数计算

通过前面的分析可确定选择电路参数时应遵循的原则有以下几点：

(1) 为获得较大的 u_o - Δf 线性范围，通常选取 $\eta = 1 \sim 3$。由图 6.23(a)可知，在 $\eta = 1 \sim 3$ 内，η 越大（即耦合增强），$\Psi(\xi, \eta)$ 曲线的斜率越小（即 g_d 减小），且 $\Psi(\xi, \eta)$ 的线性范围增大（即输入调频信号的允许频偏范围增大）。

(2) 根据所选择的 η 值、中心频率 f_0 以及鉴频器的峰值频带宽度 $2\Delta f_{max}$，确定回路应具有的品质因数，即

$$Q_L = \frac{f_0}{2\Delta f_{max}} \eta \tag{6.85}$$

进而确定初、次级之间的耦合系数为

$$k = \frac{\eta}{Q_L} \tag{6.86}$$

(3) 为获得尽可能大的鉴频灵敏度，应使 $R_p = Q_L \sqrt{\dfrac{L}{C}}$ 较大，即选择大 L 小 C。但 C 太小时，电路分布电容的影响将变得严重，通常取

$$C = 20 \sim 30 \text{ pF} \tag{6.87}$$

然后，根据 LC 回路应调谐在调频波中心频率 f_0 上，即可算出电感的自感系数值为

$$L = \frac{1}{(2\pi f_0)^2 C} \tag{6.88}$$

(4) 耦合电容 C_0 与旁路电容 C_3 的高频容抗远小于高频扼流圈 L_3 的感抗，负载电阻 R 应比其旁路电容 C_3 的高频容抗大得多，即应满足

$$\frac{1}{2\pi f_0 C_3} \ll 2\pi f_0 L_3$$

$$\frac{1}{2\pi f_0 C_0} \ll 2\pi f_0 L_3 \tag{6.89}$$

$$R \gg \frac{1}{2\pi f_0 C_3}$$

【例 6.5】　某互感耦合相位鉴频器，其输入调频信号的中心频率为 6.5 MHz、最大频偏为 75 kHz、调制信号的频率为 15 kHz，且耦合因数 $\eta = 2$。试求：(1) 输入调频信号的频宽；(2) 当鉴频器的鉴频宽度等于输入调频信号的频宽时，该电路的耦合系数及回路的有载品质因数多大？

解　(1) 输入调频信号的调频指数为

$$m_F = \frac{\Delta f_m}{F} = \frac{75}{15} = 5$$

因而，输入调频信号的频宽为

$$B = 2(m_F + 1)F = 2 \times (5 + 1) \times 15 \times 10^3 = 180 \text{ kHz}$$

(2) 由于互感耦合相位鉴频器的 $\eta = 2 > 1$，且鉴频宽度等于输入调频信号的频宽，则回路的有载品质因数为

$$Q_L = \frac{f_0}{2\Delta f_{max}}\eta = \frac{6.5\times10^6}{180\times10^3}\times2 \approx 72$$

耦合系数为

$$k = \frac{\eta}{Q_L} = \frac{2\Delta f_{max}}{f_0} = \frac{180\times10^3}{6.5\times10^6} \approx 0.0277$$

6.5 其他形式的调频波解调电路

6.5.1 双失谐回路斜率鉴频电路

目前广泛采用的斜率鉴频器是双失谐回路斜率鉴频器,其原理电路如图 6.25 所示。

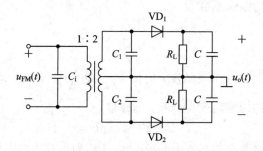

图 6.25 双失谐回路斜率鉴频电路

图中高频变压器的初级 LC 回路调谐于 ω_c(即输入调频信号 u_{FM} 的中心频率),而次级两个 LC 回路分别调谐于 ω_{01} 和 ω_{02},且具有对称性,即满足 $\omega_c - \omega_{02} = \omega_{01} - \omega_c > \Delta\omega_m$($\Delta\omega_m$ 为输入调频信号的最大频偏),并且上、下两个检波器的参数相同。

斜率鉴频器是利用 LC 并联回路幅频特性的倾斜部分使调频信号的幅度随频率变化,即将调频波转换成了调幅-调频波,再利用包络检波器对调幅-调频波的幅度进行检波,最终实现对调频波的解调。其过程如图 6.26 所示。

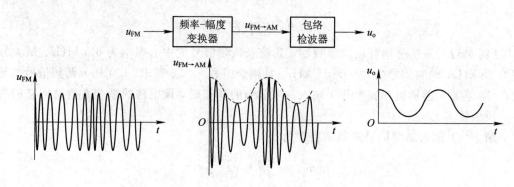

图 6.26 斜率鉴频原理框图

1. 频率-幅度变换器

最简单的频率-幅度变换电路就是 LC 并联回路,如图 6.27(a)所示。

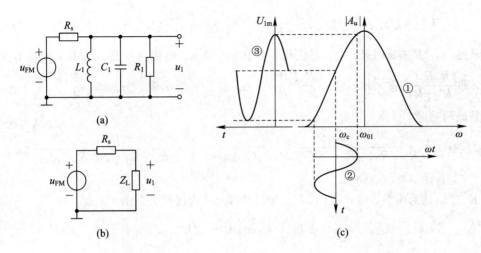

图 6.27　LC 并联回路及其幅频特性

图 6.27(a)所示电路中的电压源为调频波 $u_{FM}(t)=U_{cm}\cos\left[\omega_c t+k_F\int_0^t u_\Omega(\tau)d\tau\right]$，说明此电路的瞬时工作频率为 $\omega=\omega_c+k_F u_\Omega(t)$，$\Delta\omega=k_F u_\Omega(t)$，$R_s$ 为信号源内阻。记 LC 并联回路的固有谐振频率为 $\omega_{01}=\dfrac{1}{\sqrt{L_1 C_1}}$，并将图 6.27(a)电路等效为图 6.27(b)的形式，其中

$$Y_L=\frac{1}{Z_L}=\frac{1}{R_1}+j\omega C_1+\frac{1}{j\omega L_1}=\frac{1}{R_1}\left[1+jR_1\omega_{01}C_1\left(\frac{\omega}{\omega_{01}}-\frac{\omega_{01}}{\omega}\right)\right] \tag{6.90}$$

因而输出电压 $u_1(t)$ 的相量为

$$\dot{U}_{1m}=\dot{U}_{cm}\frac{Z_L}{R_s+Z_L}=\dot{U}_{cm}\frac{1}{R_sY_L+1}=\dot{U}_{cm}\frac{1}{\left(\dfrac{R_s}{R_1}+1\right)+jR_s\omega_{01}C_1\left(\dfrac{\omega}{\omega_{01}}-\dfrac{\omega_{01}}{\omega}\right)} \tag{6.91}$$

定义电路的电压传输系数为

$$A_u=\frac{\dot{U}_{1m}}{\dot{U}_{cm}}=\frac{1}{\left(\dfrac{R_s}{R_1}+1\right)+jR_s\omega_{01}C_1\left(\dfrac{\omega}{\omega_{01}}-\dfrac{\omega_{01}}{\omega}\right)} \tag{6.92}$$

$|A_u|$ 为此 LC 并联回路的幅频特性，它随频率变换的关系如图 6.27(c)中曲线①所示。显然，它在 ω_{01} 的左右两侧各有一段近似直线的倾斜区。设电路工作于 LC 并联回路的下失谐区，即 $\omega_c<\omega_{01}$，且 $\Delta\omega_m=k_F|u_\Omega(t)|_{max}<\omega_{01}-\omega_c=\Delta\omega_1$。显然，$|\Delta\omega|<\Delta\omega_1$。若 $\Delta\omega_m\ll\omega_c$，则上式可简化为

$$A_u\approx\frac{R_1}{R_s+R_1}\times\frac{1}{1+j\dfrac{2R_1R_sC_1}{R_s+R_1}\times(\Delta\omega-\Delta\omega_1)} \tag{6.93}$$

由于

$$\dot{U}_{1m}=A_u\dot{U}_{cm} \tag{6.94}$$

从而得相量 $\dot{U}_{1m}$ 的幅度(即 $u_1(t)$ 的振幅)为

$$U_{1m} = U_{cm} |A_u| = U_{cm} \frac{R_1}{R_s + R_1} \times \left\{ 1 + \left[\frac{2R_1 R_s C_1}{R_s + R_1} (\Delta\omega_1 - \Delta\omega) \right]^2 \right\}^{-1/2} \tag{6.95}$$

显然，U_{1m} 是随瞬时频偏 $\Delta\omega$ 的变化而变化的。通常，电阻至少是 Ω 量级，而电容是 pF 量级，即 $\frac{2R_1 R_s C_1}{R_s + R_1}$ 是一个小量、$\frac{2R_1 R_s C_1}{R_s + R_1} \times \Delta\omega$ 也是一个小量。当忽略 $\left(\frac{2R_1 R_s C_1}{R_s + R_1} \times \Delta\omega \right)$ 平方及其高阶项时，可得

$$U_{1m} \approx U_{cm} \frac{R_1}{(R_s + R_1)^2 (R_s + R_1 - 2R_1 R_s C_1 \Delta\omega_1)} \times \left(1 + \frac{2R_1 R_s C_1}{R_s + R_1 - 2R_1 R_s C_1 \Delta\omega_1} \Delta\omega \right)$$

$$\underline{\triangle} K U_{cm} (1 + k_1 \Delta\omega) \tag{6.96}$$

式中 K 与 k_1 均为常数。此式说明，U_{1m} 是与频偏 $\Delta\omega$ 成线性关系的。因此，有

$$u_1(t) = U_{1m} \cos\left[\omega_c t + k_F \int_0^t u_\Omega(\tau) d\tau + \angle \dot{U}_{1m} \right]$$

$$= K U_{cm} (1 + k_1 \Delta\omega) \cos\left[\omega_c t + k_F \int_0^t u_\Omega(\tau) d\tau + \angle \dot{U}_{1m} \right]$$

$$= K U_{cm} [1 + k_1 k_F u_\Omega(t)] \cos\left[\omega_c t + k_F \int_0^t u_\Omega(\tau) d\tau + \angle \dot{U}_{1m} \right] \tag{6.97}$$

此式说明，$u_1(t)$ 是一个调幅-调角信号，其包络 U_{1m} 的变化量比例于调制信号，具有调幅指数为 $m_{a1} = \dfrac{k_1 k_F}{|u_\Omega(t)|_{\max}}$ 的普通调幅信号的包络特征。

例如，单音调制时，$u_\Omega(t) = U_{\Omega m} \cos\Omega t$，$u_{FM}(t) = U_{cm} \cos\left(\omega_c t + \dfrac{k_F U_{\Omega m}}{\Omega} \sin\Omega t \right)$，这时电路的瞬时工作频率 $\omega = \omega_c + k_F U_{\Omega m} \cos\Omega t$ 随时间变化关系如图 6.27(c) 中曲线 ② 所示，$u_1(t)$ 的准振幅 U_{1m}（即包络）随时间的变化关系如图 6.27(c) 中曲线 ③ 所示。

总之，由于中心频率为 ω_c 的 FM 信号作用在失谐状态的并联谐振回路（固有谐振频率为 ω_{01}）上，使得电路的瞬时工作频率随调制信号的变化而变化。对于输入信号不同的瞬时频偏 $\Delta\omega(t)$，失谐回路呈现的阻抗不同，回路输出电压 $u_1(t)$ 的振幅将随 $\Delta\omega(t)$ 的变化而变化，完成了由 FM 到 FM - AM 的变换。若将图 6.27(a) 所示电路与二极管包络检波器结合成图 6.28 的形式就构成单失谐回路斜率鉴频器，可实现调频信号的解调。

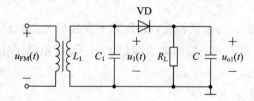

图 6.28　单失谐回路斜率鉴频电路

这时，将图 6.27(a) 电路中电阻 R_1 理解为二极管包络检波器的输入电阻 R_i，在数值上等于 $0.5R_L$。设包络检波器的检波电压传输系数为 K_d，则图 6.28 所示的单失谐回路斜率鉴频器的输出电压可以表达为

$$u_{o1}(t) = K_d U_{1m} = K_d U_{cm} |A_u| = K_d K U_{cm} [1 + k_1 k_F u_\Omega(t)] \tag{6.98}$$

由 (6.98) 式可知，单失谐回路斜率鉴频器的输出比例于 LC 并联回路的幅频特性

$|A_u|$。由于并联谐振回路失谐区的线性度较差，故此鉴频电路的输出信号的失真较大，现在已很少采用。

2. 双失谐回路斜率鉴频电路

图 6.29 的双失谐回路斜率鉴频电路可以看成是由两个特性与参数均相同的图 6.28 所示的单失谐回路斜率鉴频器构成的，输出负载差动连接。用 $u_{o1}(t)$、$u_{o2}(t)$ 分别表示两个单失谐回路斜率鉴频器的输出（如图 6.29(a) 所示），则鉴频器的输出电压可以表达为

$$u_o(t) = u_{o1}(t) - u_{o2}(t) \tag{6.99}$$

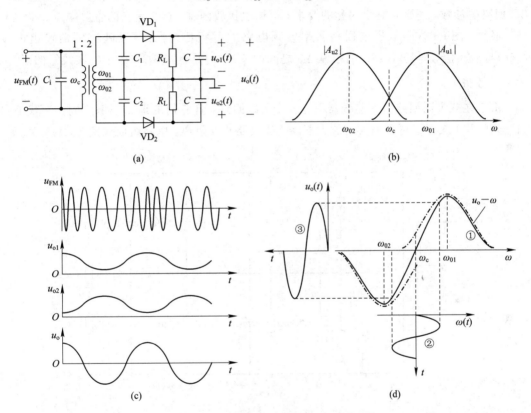

图 6.29　双失谐回路斜率鉴频电路及其鉴频特性

设图 6.29 电路中，第一个回路的谐振频率 ω_{01} 高于调频波的中心频率 ω_c，第二个回路的谐振频率 ω_{02} 低于 ω_c，且 ω_{01} 和 ω_{02} 关于 ω_c 对称。这两个回路的幅频特性如图 6.29(b) 所示，上、下两个包络检波器的检波电压传输系数为 K_d。由于上部分的电路工作于第一个 LC 并联回路的下失谐区，检波输出电压 $u_{o1}(t)$ 与图 6.27(c) 中 U_{im} 波形相同，即当输入调频波的瞬时频率最高时 $u_{o1}(t)$ 最大，瞬时频率最低时 $u_{o1}(t)$ 最小；下部分的电路则与上部分的电路相反，工作于第二个 LC 并联回路的上失谐区，检波输出电压为

$$u_{o2}(t) = K_d K U_{cm}[1 - k_2 k_F u_\Omega(t)] \tag{6.100}$$

式中 $k_i = \dfrac{R_L R_s C_i}{R_s + 0.5 R_L - R_L R_s C_i \Delta\omega_i}$，$\Delta\omega_i = \omega_{0i} - \omega_c$，$i = 1, 2$。当瞬时工作频率为 ω_c 时 $u_{o1}(t) = u_{o2}(t)$。因此，鉴频器的输出电压为

$$u_o(t) = K_d K U_{cm}(k_1 + k_2) k_F u_\Omega(t) \propto u_\Omega(t) \tag{6.101}$$

将 $u_{\text{FM}}(t)$、$u_{o1}(t)$、$u_{o2}(t)$、$u_o(t)$ 的波形绘于图 6.29(c) 中。

在图 6.29(d) 中,两条虚线是分别是两个 LC 回路的幅频特性曲线 $|A_{u1}|$ 与 $-|A_{u2}|$,实线①是两个 LC 回路合成的幅频特性曲线 $|A_{u1}|-|A_{u2}|$,它体现了鉴频器的输出电压随频率变化的关系。当电路的工作频率随时间变化时(如图 6.29(d) 中实线②所示),则鉴频器输出电压也必定随时间变化(如图 6.29(d) 中实线③所示)。若 ω_{01} 和 ω_{02} 位置合适,两回路鉴频特性曲线中的弯曲部分互相补偿,相减后的鉴频特性不但线性好,而且线性鉴频范围增大,失真较小、灵敏度较高,适用于解调大频偏的调频信号。但这种电路需要调整三个 LC 回路的参数,还必须满足对称的要求,调试也比较困难,这些是它的主要缺点。

显然,图 6.29(a) 双失谐回路斜率鉴频电路的鉴频特性曲线(反映鉴频器输出电压 $u_o(t)$ 与输入信号电压 $u_{\text{FM}}(t)$ 的频偏 $\Delta\omega$ 之间的关系)应具有图 6.29(d) 中的实线①的形态。

3. 改进

由于在双失谐回路斜率鉴频器中有三个 LC 回路,且它们的谐振频率不同。为减小它们之间的相互影响,可采用共基放大器将 LC 回路相互隔离,电路组成如图 6.30 所示。

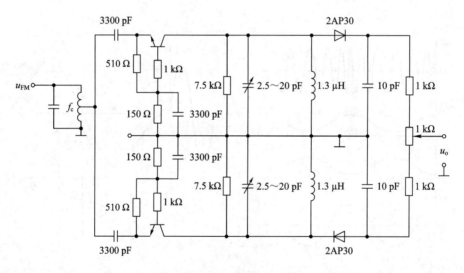

图 6.30　基于共基放大器的双失谐回路斜率鉴频器(交流等效电路)

6.5.2　差分峰值斜率振幅鉴频器

差分峰值斜率振幅鉴频器是一种在集成电路中常用的振幅鉴频器,如图 6.31(a) 所示。图中,VT_1、VT_2 为射极跟随器;VT_3、VT_4 为检波管,它们的发射极分别与电容 C_3、C_4 构成包络检波器;VT_5、VT_6 组成差分对放大器;电容 C_1、C_2 与电感 L_1 构成的无源网络实现频率-幅度变换功能。

由图 6.31(a) 可知,C_1、C_2、L_1 无源网络的阻抗为

$$Z=\frac{1}{j\omega C_2}+\frac{1}{j\omega C_1+\frac{1}{j\omega L_1}}=j\left(\frac{\omega L_1}{1-\omega^2 L_1 C_1}-\frac{1}{\omega C_2}\right)=j\frac{\omega^2 L_1(C_1+C_2)-1}{\omega C_2(1-\omega^2 L_1 C_1)} \quad (6.102)$$

且,$C_1 L_1$ 并联回路的固有谐振频率为

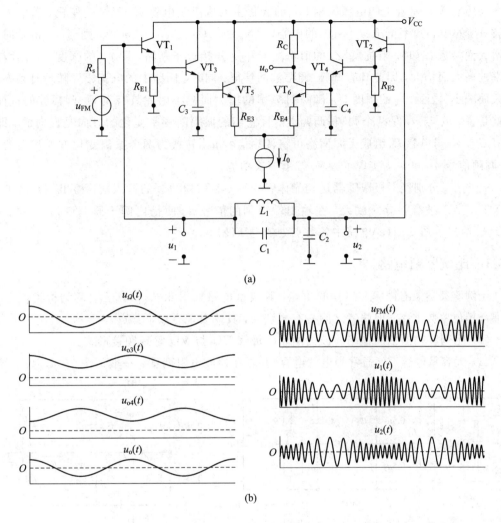

(a)

(b)

图 6.31　差分斜率鉴频器及其各节点处的电压波形

$$\omega_{01} = \frac{1}{\sqrt{L_1 C_1}}$$

C_1、C_2、L_1 串联回路的固有谐振频率为

$$\omega_{02} = \frac{1}{\sqrt{L_1(C_1+C_2)}} < \omega_{01}$$

将阻抗 Z 的表达式简化为

$$Z = j\frac{(\omega/\omega_{02}{}^2)-1}{\omega C_2[1-(\omega/\omega_{01})^2]} \tag{6.103}$$

显然，阻抗 Z 的大小随工作频率变化而变化。设加在图 6.31(a)中晶体管 VT_1、VT_2 基极上的电压 u_1、u_2 的振幅分别为 U_{1m}、U_{2m}，由电路理论可得

$$\dot{U}_{1m} = \frac{Z}{R_s+Z}\dot{U}_{cm}, \quad \dot{U}_{2m} = \frac{1/(j\omega C_2)}{R_s+Z}\dot{U}_{cm} \tag{6.104}$$

由此可知，加在晶体管 VT_1 基极上的电压振幅 U_{1m} 的变化主要取决于阻抗 Z 的变化，

加在晶体管 VT_2 基极上的电压振幅 U_{2m} 的变化主要取决于电容 C_2 阻抗的变化。若输入调频波 u_{FM} 的中心频率位于 $\omega_{01} \sim \omega_{02}$ 的中心（即 $\omega_c = 0.5(\omega_{01} - \omega_{02}) + \omega_{02}$），则当 u_{FM} 的瞬时频率增大而接近 ω_{01} 时，阻抗模 $|Z|$ 的值将增大并使 Z 接近于断路，即 u_1 的幅度 U_{1m} 随瞬时频率的增大而增大，因此具有调频-调幅波的特征；同时，回路中的电流幅度随瞬时频率的增大而减小，因而 u_2 的幅度 U_{2m} 随瞬时频率的增大而减小因此具有调频-调幅波的特征，也就是说，u_1 与 u_2 是两个调频-调幅波、且它们的振幅随频率变化的方向是反向的。即，电容 C_1、C_2 与电感 L_1 组成无源网络可将调频信号 u_{FM} 转换为两个振幅变化方向相反的调幅-调频信号 u_1 和 u_2，实现了频率-幅度变换功能。

u_1 与 u_2 分别经射极跟随器送到晶体管 VT_3、VT_4 检波管的输入端，检出的包络被送到 VT_5、VT_6 进行差分对放大，在输出端得到的信号 u_o 便是比例于原调制信号 u_Ω。图 6.31(b) 给出了图 6.31(a) 电路中各节点处的电压波形。

6.5.3　比例鉴频电路

比例鉴频器兼有限幅和鉴频的功能，其典型电路如图 6.32(a) 所示。其结构类似于互感耦合相位鉴频电路，但两者之间是有区别的，具体表现有以下几点：

（1）比例鉴频器中的包络检波的两个二极管 VD_1 与 VD_2 呈现顺接形式。

（2）大容量电容 C_5（通常为电解电容）并联在检波电阻两端，一般值为 $10\ \mu F$ 数量级，

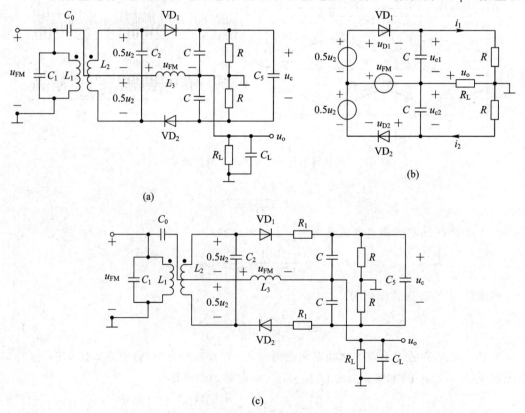

图 6.32　比例鉴频器

时间常数 $C_5(R_3+R_4)$ 约为 $0.1\sim0.25$ s，远大于要解调的低频信号的周期。这样，在检波过程中，这个并联电路对 15 Hz 以上变化的寄生调幅有惰性，使其两端的电压来不及跟着变化而保持在某一恒定的电平上。

（3）接地点位于检波电阻中点，输出取自检波电容中点。在负载电阻 R_L 中，两个检波电容放电电流的方向相反，起到差动输出的作用。

（4）图中电容 C_L 的参数值的选取应满足对高频短路、对低频断路的要求。

不考虑高频滤波电容 C_L 的作用和大电容 C_5 的作用时，图 6.32(a)可简化等效为图 6.32(b)的形式。由电路理论可得

$$\begin{cases} i_1(R+R_L)-i_2R_L=u_{c1} \\ i_2(R+R_L)-i_1R_L=u_{c2} \\ u_o=(i_2-i_1)R_L \end{cases} \tag{6.105}$$

解得

$$u_o=(u_{c2}-u_{c1})\frac{R_L}{2R_L+R} \tag{6.106}$$

结合互感耦合相位鉴频电路中的分析及考虑高频滤波电容 C_L 的作用，若检波电路的电压传输系数为 K_d，则可得

$$u_o=K_d(U_{D2}-U_{D1})\frac{R_L}{2R_L+R} \tag{6.107}$$

与式(6.79)对比可知，在电路参数相同、输入调频信号幅度相等的条件下，比例鉴频器的输出电压小于互感耦合相位鉴频器输出电压的一半，因而鉴频灵敏度也至少减半；但鉴频特性的极性与互感耦合相位鉴频器相反。

由于 C_5 的容量很大，且 $R_L\gg R$，使得在检波过程中 C_5 两端电压 U_c 不变，即

$$u_{c2}+u_{c1}=U_c \tag{6.108}$$

为常量，则式(6.106)又可表达为

$$u_o=\frac{R_LU_c}{2R_L+R}\times\frac{1-u_{c1}/u_{c2}}{1+u_{c1}/u_{c2}} \tag{6.109}$$

此式表明，比例鉴频器的输出电压 u_o 取决于两个检波电容上电压的比值 u_{c1}/u_{c2}。当输入调频信号 u_{FM} 的频率变化时，若 u_{c1} 增大，则 u_{c2} 必减小，反之亦然，使得输出电压 u_o 按调制信号 u_Ω 的规律变化；若输入信号的幅度增大，则 u_{c1} 与 u_{c2} 均增大但保持比值 u_{c1}/u_{c2} 不变，使得输出电压不变，即实现限幅作用。

为使电路具有较好的自限幅作用，需 U_c 恒定，为此电容 C_5 的容量必须足够大，且 $R_L\gg R$。具体应做到以下几点：

（1）回路的空载品质因数 Q_0 要足够高，以便当检波器的输入电阻 R_i 随输入电压幅度 U_{FM} 变化时，能引起回路有载品质因数 Q_L 的明显变化。通常使 $Q_L\approx0.5Q_0$，取 $2R=5\sim7$ kΩ。若 Q_L 太小，当输入信号幅度增大则导致电容充电电流增大、R_i 变化而使 Q_L 下降太多、相位减小过多，输出电压不升反降而引起解调失真，即出现过抑制现象；若 R 值太大，则当输入信号幅度迅速减小时，U_c 的反偏作用可能引起二极管截止，造成在一段时间内收不到信号，即出现阻塞现象。

（2）保证时间常数 $2RC_5$ 大于寄生调幅干扰的几个周期。

为解决过抑制和阻塞问题，可通过给二极管串接一个调整电阻（如图 6.32(c)中 R_1）来使部分反偏压随输入信号变化。通常 R_1 上的电压约为 $0.15U_c$。

6.5.4　移相乘法鉴频电路

移相乘法鉴频器是利用频率-相位转换器将待解调的调频波转换成调频-调相波，然后将调频-调相波与原调频波同时送入乘法器进行相位比较，最后经低通滤波器输出原调制信号。其工作原理框图如图 6.33(a)所示。

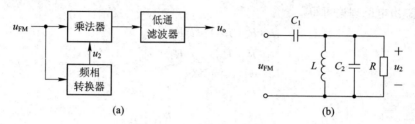

图 6.33　移相乘积鉴频器

目前，广泛采用的频率-相位转换网络如图 6.33(b)所示，它是由电容 C_1 与并联体 LC_2R 串联构成的无源网络。设网络输入电压 u_{FM} 的相量为 $\dot{U}_{FM}$，则输出电压 u_2 的相量为

$$\dot{U}_2 = \dot{U}_{FM}\frac{\left(\dfrac{1}{R}+j\omega C_2+\dfrac{1}{j\omega L}\right)^{-1}}{\dfrac{1}{j\omega C_1}+\left(\dfrac{1}{R}+j\omega C_2+\dfrac{1}{j\omega L}\right)^{-1}} = \dot{U}_{FM}\frac{j\omega C_1}{\dfrac{1}{R}+j\omega(C_1+C_2)+\dfrac{1}{j\omega L}}$$

$$= \dot{U}_{FM}\frac{j\omega C_1 R}{1+jQ_L\left(\dfrac{\omega}{\omega_0}-\dfrac{\omega_0}{\omega}\right)} \tag{6.110}$$

式中，$\omega_0=\dfrac{1}{\sqrt{L(C_1+C_2)}}$；$Q_L=\dfrac{R}{\omega_0 L}=R\omega_0(C_1+C_2)$。

在电路失谐不大的情况下，$\Delta\omega=\omega-\omega_0$ 是一个小量，$\xi=Q_L\left(\dfrac{\omega}{\omega_0}-\dfrac{\omega_0}{\omega}\right)\approx Q_L\dfrac{2\Delta\omega}{\omega_0}$，输出电压 u_2 的相量可以简化为

$$\dot{U}_2 = \dot{U}_{FM}\frac{j\omega C_1 R}{1+j\xi} = \dot{U}_{FM}\frac{\omega C_1 R}{\sqrt{1+\xi^2}}e^{j(\frac{\pi}{2}-\arctan\xi)} \tag{6.111}$$

在 $|\arctan\xi|<\pi/6$ 时，上式可以近似为

$$\dot{U}_2 \approx \dot{U}_{FM}\omega_0 C_1 R\, e^{j(\frac{\pi}{2}-\xi)} \tag{6.112}$$

也就是说，如果 $u_{FM}(t)=U_{cm}\cos\left[\omega_c t+k_F\displaystyle\int_0^t u_\Omega(\tau)\mathrm{d}\tau\right]$，$u_\Omega(t)$ 为调制信号，则

$$u_2(t)=\omega_0 C_1 R U_{cm}\cos\left[\omega_c t+k_F\displaystyle\int_0^t u_\Omega(\tau)\mathrm{d}\tau+\left(\frac{\pi}{2}-\xi\right)\right] \tag{6.113}$$

显然，经频率-相位转换网络输出的信号 u_2 是一个调频-调相波。其中，相角 $\varphi(\omega)=\dfrac{\pi}{2}-\xi=\dfrac{\pi}{2}-Q_L\dfrac{2\Delta\omega}{\omega_0}$ 与输入信号的频偏 $\Delta\omega$ 成线性关系。

由图 6.33(a)可知，若将此频率-相位转换网络输出的信号 u_2 和原调频信号 u_{FM} 送入乘法器，则必可获得

$$u_{o1}(t) = K_m u_{FM}(t) u_2(t)$$

$$= K_m \omega_0 C_1 R U_{cm} \cos\left[\omega_c t + k_F \int_0^t u_\Omega(\tau)\mathrm{d}\tau + \left(\frac{\pi}{2} - \xi\right)\right] \times \cos\left[\omega_c t + k_F \int_0^t u_\Omega(\tau)\mathrm{d}\tau\right]$$

$$= 0.5 K_m \omega_0 C_1 R U_{cm}\left[\cos\left(\frac{\pi}{2} - \xi\right) + \cos\left(2\omega_c t + 2k_F \int_0^t u_\Omega(\tau)\mathrm{d}\tau + \left(\frac{\pi}{2} - \xi\right)\right)\right]$$

$$(6.114)$$

经理想低通滤波器的处理，最终获得

$$u_o(t) = 0.5 K_m \omega_0 C_1 R U_{cm} \cos\left(\frac{\pi}{2} - \xi\right) = 0.5 K_m \omega_0 C_1 R U_{cm} \sin\xi$$

$$\approx 0.5 K_m \omega_0 C_1 R U_{cm} \times \xi$$

$$\propto \Delta\omega \propto u_\Omega(t) \qquad (6.115)$$

说明此系统实现了线性鉴频。此类鉴频器的核心是乘法器，便于集成化，广泛应用于集成电路调频接收机中。

本 章 小 结

调频是用调制信号控制载波的频率，使调频波瞬时频率的变化量与调制信号成比例；调相是用调制信号控制载波的相位，使调相波瞬时相位的变化量与调制信号成比例。调频和调相都是使载波的总相角随调制信号变化，二者之间存在密切关系，统称为调角。调角波的频谱不是调制信号频谱的线性搬移，而是产生了无数个组合频率分量，且频谱的结构与调制指数 m 有关。

从频域角度来讲，调频和调相的过程都是频谱的非线性搬移过程。从能量角度来讲，调频和调相的过程都是将未调制时的载波能量进行再分配的过程。

实现调频的方法主要有直接调频和间接调频两种方法。直接调频电路是以正弦波振荡电路为主体，将电路中决定振荡频率值的电容或电感元件用受调制信号控制的电抗元件来实现，达到调制信号控制振荡频率值的目的。其中利用变容二极管作可变电抗元件的直接调频电路应用最多。间接调频的关键是调相。

鉴频的主要工作是从调频波瞬时频率的变化中还原出原调制信号，电路实现的方法之一是先由线性电路进行波形变换、再由非线性电路进行频率变换。如常用的斜率鉴频器就是先通过幅-频变换网络将调频波转换为幅度、频率均随调制信号变化的调频-调幅波，对此调频-调幅波进行包络检波即可达到解调的目的。

调频电路和鉴频电路有很多种形式。

思 考 题 与 习 题

6.1　求信号 $u(t) = \cos(10^7 \pi t + 10^4 \pi t^2)$ 的瞬时工作频率。

6.2　已知载波信号的频率为 25 MHz、振幅 4 V，调制信号为频率 400 Hz、振幅 2 V

的单音正弦波，调角波的最大频偏为 10 kHz。

(1) 若是调频制，写出调频波的瞬时频率、瞬时相位、调制指数及数学表达式；

(2) 若是调相制，写出调相波的瞬时频率、瞬时相位、调制指数及数学表达式。

6.3 已知载波频率为 100 MHz，载波振幅 5 V，调制信号 $u_\Omega(t) = \cos(2\pi \times 10^3 t) + 2\cos(2\pi \times 500 t)$。欲使 $\Delta f_m = 20$ kHz，写出调频波应具有的数学表达式。

6.4 在调频或调相时，试分别画出已调波的瞬时频偏、瞬时相偏随时间变化的关系。已知载波信号为 $u_c(t) = \cos(2\pi \times 10^6 t)$，调制指数 $m = 8$，调制信号波形分别如题 6.4 图 (a)、(b) 所示。

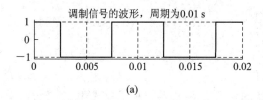
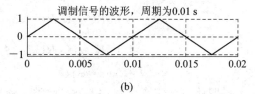

题 6.4 图

6.5 某调频电路的调制灵敏度 $k_F = 2$ kHz/V，调制信号电压 $u_\Omega(t) = 5\cos(2\pi \times 10^3 t)$ V，载波信号电压 $u_c(t) = 2\cos(10\pi \times 10^6 t)$ V。试求：

(1) 调频电路输出调频波的数学表达式、中心频率、最大频偏和调制信号频率；

(2) 输出调频波经过 12 倍频后，其中心频率、最大频偏、数学表达式和调制信号频率怎样变化？(设 12 倍频器的电压传输系数为 A)

6.6 调制信号为正弦波，当频率为 500 Hz、振幅为 1 V 时，得到的调角波的最大频偏为 200 Hz。若保持调制信号的振幅不变，但调制信号的频率增大到 1 kHz 时，要求将调角波的最大频偏增大到 20 kHz。试问：应倍频多少次？(考虑调频和调相两种情况)

6.7 当调制信号频率改变而幅度不变时，比较调幅波、调频波和调相波的频谱结构和频带宽度如何改变。

6.8 为什么调幅波的调制系数不能大于 1，而角度调制波的调制系数可以大于 1？

6.9 题 6.9 图所示电路为两个变容二极管直接调频电路。画出它们的高频等效电路，并说明电路中各元件的作用。

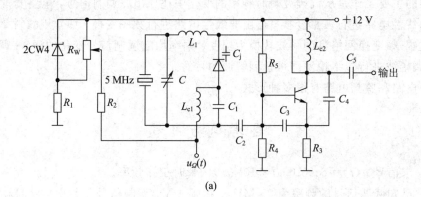

(a)

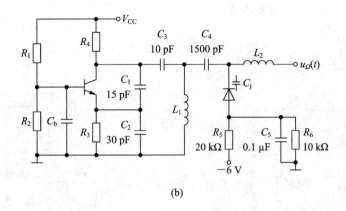

(b)

题 6.9 图

6.10　题 6.10 图所示电路为一个中心频率为 90 MHz 的直接调频电路。

（1）分析电路的工作原理和各元件的作用；

（2）画出它的准直流通路、高频交流通路；

（3）确定变容二极管的直流工作点和反偏控制电压。

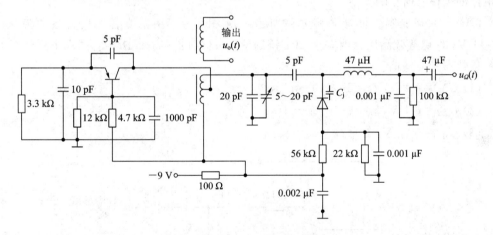

题 6.10 图

6.11　中心频率为 360 MHz 的变容二极管直接调频电路如题 6.11 图所示。图中，变容二极管的 $\gamma=3$、$U_D=0.6$ V；调制信号电压为 $u_\Omega(t)=\cos\Omega t$ V；Z_L 为高频扼流圈，C_5、C_4 和 C_3 为高频旁路电容器。

（1）分析电路工作原理及各电路元件的作用；

（2）若调整 R_P 的活动接点使变容二极管的反向偏置电压为 6 V，查变容二极管手册可知此时结电容 $C_{jQ}=20$ pF，求振荡回路的电感量；

（3）求此调频器的最大频偏和非线性失真系数。

6.12　题 6.12 图所示电路中，VT_2、VT_3 为 VT_1 提供恒定偏置电流。VT_1 集-基结电容为 C_{cb}，与集-基结上电压 u_{cb} 的关系为 $C_{cb}=k_c u_{cb}^{-0.5}$。

（1）试求输出电压 $u_o(t)$ 的瞬时频率 $\omega(t)$ 的表达式；

（2）若 $C_1=5$ pF，$C_2=100$ pF，$L=1$ μH，$V_{CC}=10$ V，$k_c=1.75$ pF/V，$u_\Omega(t)=$

$\cos(10^3 t)$ V。试写出 $u_o(t)$ 的表达式。

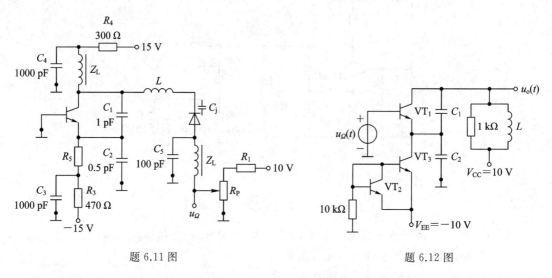

题 6.11 图　　　　　　　　　　　　题 6.12 图

6.13　在调频器中，若加到变容二极管的低频调制信号的幅值超过直流偏压值，对调频电路的工作有何影响？

6.14 单回路变容二极管调相电路如题 6.14 图所示。图中变容二极管参数为 $\gamma = 2$、$U_D = 1$ V；回路等效品质因数 $Q_e = 20$；调制信号 $u_\Omega(t) = u_{\Omega m}\cos\Omega t$ V。试求下列情况时的调相指数和最大频偏。

(1) $U_{\Omega m} = 0.1$ V，$\Omega = 2\pi \times 10^3$ rad/s；

(2) $U_{\Omega m} = 0.1$ V，$\Omega = 4\pi \times 10^3$ rad/s；

(3) $U_{\Omega m} = 0.05$ V，$\Omega = 2\pi \times 10^3$ rad/s。

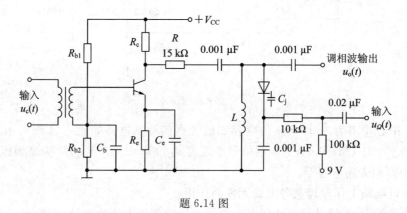

题 6.14 图

6.15　设某 PN 结结电容 C_j 与其上所加反向电压 u 的关系为 $C_j = \dfrac{C_{j0}}{\sqrt{1+2u}}$。将它作为 LC 振荡器的总电容，并且此 PN 结的偏置电压为 4 V。试计算：

(1) 每单位调制电压所引起的频偏；

(2) 若要求实际频率变化规律与理想的线性频率变化规律之间的误差小于 1%，试问最大频偏不能超过多少？

6.16　试给出由调频波转为调相波的方法。

6.17　电压 $u(t) = U_m \cos(\omega_0 t + m\sin\Omega t)$ 加在 RC 高通滤波器上。若在 $u(t)$ 的频带内满足 $RC \ll \dfrac{1}{\omega}$，ω 为 $u(t)$ 的瞬时工作频率。试证明电阻 R 上的电压 $u_R(t)$ 是一个调角-调幅波，并求其调幅度。

6.18　题 6.18 图(a)鉴频电路的鉴频特性如题 6.18 图(b)所示。

(1) 若两个二极管 VD_1 和 VD_2 的极性都倒过来，电路能否鉴频？鉴频特性将如何变化？

(2) 若将次级线圈 L_2 的两端对调，电路能否鉴频？鉴频特性将如何变化？

(3) 若两个二极管之一损坏(例如 VD_1)，电路能否鉴频？这时电路的输出电压 u_o 随输入信号频率 f 如何变化？

6.19　在题 6.18 图的鉴频电路中，试画出理想情况下加在检波二极管上的电压波形。如果负载电容 C_3、C_4($C_3 = C_4$)选得过大，足以旁路调制频率，这对电路的正常工作有何影响？

6.20　在题 6.18 图所示的相位鉴频电路中，为了调节鉴频特性曲线的峰值频带宽度、线性以及中心频率，应分别调整什么元件？为什么？

6.21　题 6.18 图所示相位鉴频电路的工作频率为 10.7 MHz。在 $\eta = 1$ 时，鉴频特性曲线的峰值频带宽度为 250 kHz。在保持回路有载品质因数 Q_L 不变的情况下，欲使此频宽增大到 400 kHz，则耦合系数 k 应为多少？

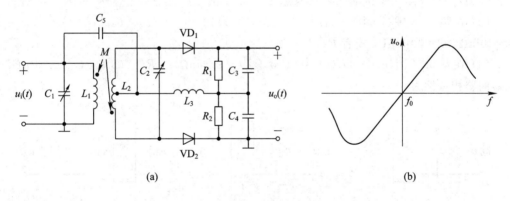

(a)   (b)

题 6.18 图

6.22　题 6.22 图所示电路为微分式鉴频电路。输入调频波 $u_{FM}(t) = U_m\cos\left(\omega_0 t + \displaystyle\int U_{\Omega m}\cos\Omega t\,\mathrm{d}t\right)$。试求 $u_{o1}(t)$ 和 $u_o(t)$ 的表达式。

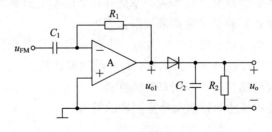

题 6.22 图

6.23　某鉴频器组成方框图如题 6.23 图(a)所示。其中，移相网络的特性如题 6.23 图 (b)所示，包络检波器为二极管大信号包络检波器。若输入信号为 $u_i(t) = U_{im} \cos[\omega_0 t + 10\sin(3 \times 10^3 t)]$V，且忽略二极管压降，求输出电压的表达式。说明此鉴频特性及包络检波器中 RC 的选择原则。

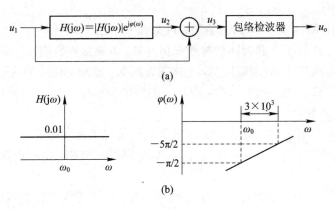

(a)

(b)

题 6.23 图

6.24　试写出题 6.24 图所示各电路的功能。

(1) 在题 6.24 图(a)中，$u_\Omega(t) = U_{\Omega m} \cos(2\pi \times 10^3 t)$，$u_c(t) = U_{cm} \cos(2\pi \times 10^6 t)$。若 $R = 30$ kΩ、$C = 0.1$ μF，或者 $R = 10$ kΩ、$C = 0.03$ μF。

(2) 在题 6.24 图(b)中，$u_\Omega(t) = U_{\Omega m} \cos(2\pi \times 10^3 t)$，$u_c(t) = U_{cm} \cos(2\pi \times 10^6 t)$。若 $R = 10$ kΩ、$C = 0.03$ μF，或者 $R = 100$ Ω、$C = 0.03$ μF。

(3) 在题 6.24 图(c)中，$u_s(t) = U_{sm} \cos(\omega_c t + m_f \sin\Omega t)$，$R = 100$ Ω，$C = 0.03$ μF，鉴相器的鉴相特性为 $u_d = A_\varphi \Delta\varphi$。

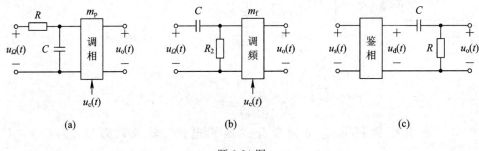

(a)　　　　　　　　　　　(b)　　　　　　　　　　　(c)

题 6.24 图

6.25　为什么比例鉴频器有抑制寄生调幅的作用，而相位鉴频器却没有？

6.26　为什么通常在鉴频器之前要采用限幅器？

6.27　若在不作大的改动前提下，可否将一个调幅收音机改成能接受调频广播的收音机？如果可能，试估算接收机的通频带宽度，并与改动前比较。

6.28　试比较幅度调制与频率调制系统的性能。

6.29　针对以下几种要求，分别选择鉴频器的类型。

(1) 频带很宽；

(2) 频带较窄，非线性失真要小；

（3）为节省元件，不要用限幅器；

（4）信号频率很低，不要用电感线圈。

6.30　一调频设备如题 6.30 图所示。要求输出调频波的载波频率 $f_c = 100\ \mathrm{MHz}$，最大频偏 $\Delta f_m = 75\ \mathrm{kHz}$。已知调制信号频率 $F = 100\ \mathrm{Hz} \sim 15\ \mathrm{kHz}$。设混频器输出频率 $f_{c3} = f_L - f_{c2}$，本振频率 $f_L = 40\ \mathrm{MHz}$，两个倍频器的倍频次数分别为 $n_1 = 5$、$n_2 = 10$。试求：

（1）直接调频电路输出信号的中心频率 f_{c1} 和最大频偏 Δf_{m1}；

（2）两个放大器的通频带宽度 BW_1、BW_2。

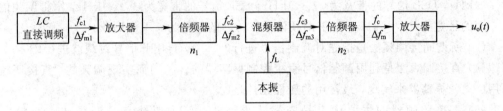

题 6.30 图

6.31　一调频发射系统如题 6.31 图所示，其输出信号 $u_o(t)$ 的载波频率 $f_c = 100\ \mathrm{MHz}$，最大频偏 $\Delta f_m = 75\ \mathrm{kHz}$。已知调制信号 $u_\Omega(t) = U_{\Omega m}\cos\Omega t$，且频率 $F = 100\ \mathrm{Hz} \sim 15\ \mathrm{kHz}$；混频器的本振频率 $f_L = 9.5\ \mathrm{MHz}$、输出频率 $f_3(t) = f_L - f_2(t)$；调相器的载波频率 $f_{c1} = 0.1\ \mathrm{MHz}$、所提供的调相指数为 $0.2\ \mathrm{rad}$。试求：

（1）两个倍频器的倍频次数 n_1、n_2；

（2）$f_1(t)$、$f_2(t)$ 和 $f_3(t)$ 的表示式。

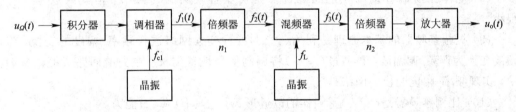

题 6.31 图

6.32　二极管平衡电路如题 6.32 图所示。请根据平衡电路的基本原理说明下列几种情况的输入信号，能产生什么输出电压信号，应采用什么样的滤波器。

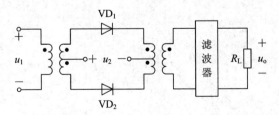

题 6.32 图

（1）$u_1 = U_{1m}\cos\Omega t$，$u_2 = U_{2m}\cos\omega_c t$（$\omega_c \gg \Omega$）；

（2）$u_1 = U_{1m}\cos\omega_c t$，$u_2 = U_{2m}\cos\Omega t$（$\omega_c \gg \Omega$）；

(3) $u_1 = U_{1m}(1+m_a\cos\Omega t)\cos\omega_s t$，$u_2 = U_{2m}\cos\omega_L t$ $(\omega_L - \omega_s = \omega_I)$；

(4) $u_1 = U_{1m}\cos[\omega_s t + m_f\sin\Omega t]$，$u_2 = U_{2m}\cos\omega_L t$ $(\omega_L - \omega_s = \omega_I)$；

(5) $u_1 = U_{1m}\cos\Omega t \cdot \cos\omega_s t$，$u_2 = U_{2m}\cos\omega_L t$ $(\omega_L - \omega_s = \omega_I)$；

(6) $u_1 = U_{1m}\cos\Omega t \cdot \cos\omega_c t$，$u_2 = U_{2m}\cos\omega_c t$ $(\omega_c \gg \Omega)$。

6.33　填空题

(1) 调角及其解调过程是频谱的（　　　）搬移过程。

(2) 如果音频调制信号的频率范围是 20～20000 Hz，则调幅后的 AM 信号的带宽为（　　　）kHz，DSB 信号的带宽为（　　　）kHz，SSB 信号的带宽为（　　　）kHz，窄带调频信号（　　　）的带宽为（　　　）kHz，宽带调频信号（　　　）的带宽为（　　　）kHz。

(3) 所谓间接调频法是指先对调制信号进行（　　　），再用此信号对载波进行（　　　）。

(4) 直接调频法是利用调制信号直接控制振荡器的（　　　）而实现调频的。直接调频常采用（　　　）振荡器来实现，最常用的压控元件是（　　　）。

(5) 直接调频器的主要优点是容易获得（　　　），主要缺点是调频波中心频率的（　　　）。间接调频器的主要缺点是（　　　）。

(6) 在变容二极管直接调频电路中，变容二极管必须工作在（　　　）偏置状态，此时的变容二极管相当于（　　　）元件，变容二极管的结电容变化指数 $\gamma =$（　　　）时可获得线性调频。

(7) 在变容二极管直接调频电路中，若调制信号幅度为 $U_{\Omega m}$，变容二极管的结电容变化指数为 γ，FM 信号的载波频率为 f_c，调制指数为 m，则它产生的 FM 信号的最大频偏 $\Delta f_m =$（　　　），调频灵敏度 $k_F =$（　　　）。

(8) 晶体振荡器直接调频电路的优点是可获得较高的（　　　），但其缺点是（　　　）很小。

(9) 振幅鉴频器的基本原理是利用（　　　）线性变换网络进行频率-幅度的变换，将调频波变换为调频-调幅波，再通过（　　　）将调制信号恢复出来。在失谐回路式振幅鉴频器中，实现频率-幅度变换的网络是（　　　）。

(10) 比例鉴频器是（　　　）鉴频器的改进形式，它具有（　　　）能力。

(11) 调频电路有（　　　）、（　　　）两种方式。

第 7 章　基本功能电路设计示例

真正实用的电子系统的技术指标项目很多，由于目前所学知识有限，本章结合所学的基础理论知识，针对几项主要技术指标，提供几个基本功能电路的简单理论设计示例。

7.1　概　　述

电子电路种类很多，设计方法和步骤也因不同情况而异，一般的设计过程是：首先，根据所要实现的功能和设计指标进行总体实现方案的设计、论证和选择，给出系统的原理方框图，分配每一个基本功能电路所应达到的技术指标；其次，确定总体实现方案中各个基本功能电路形式，并进行电路参数的估算、元器件的选择；在电路理论设计完成后，进行电路板设计并安装电路；对每一个基本功能电路进行静态和动态调试；将调试合格的基本功能电路按原理方框图组成系统，从前向后，逐级连接、联调，直到整机调试；最后进行整机技术指标的测试。这个设计过程中的各个环节之间不是绝对独立的，往往需要交叉进行，尤其是有时受到元器件选择的限制，常会推翻最初的设计方案，从头来做。

通常，在电路的理论设计完成后，可先使用计算机辅助分析软件进行电路仿真（如PSpice、Multisim 等电子电路仿真软件），利用虚拟实验仪器进行参数测试和特性模拟，对其中不合理的环节进行改进，并针对技术性关键问题进行系统的分析并寻找解决问题的方法，为实际电路的电路板设计、安装、调试提供理论依据与参考。

高频电子电路的电路板设计首先要考虑电气性能上的合理性，并做到布线要尽可能整齐、美观、有规律，走线尽可能短，信号线之间、信号线与电源线之间不要平行布线，输入线与输出线之间要离得远一些，安装时要使元器件的插脚和连线尽量短而直。实验电路安装后，要检查连线是否正确，连接的导线是否导通，电源的正、负极连线及地线是否正确等。

检查实验电路后，进入高频电路的调试阶段。由于电路的工作频率高且电路大多属于非线性电路，电路的寄生参数以及测试仪表使用不当都将会严重影响电路的调整和测量结果的准确性。调试过程复杂且漫长，是整个设计过程中最艰苦、最困难的阶段。调试中，可能会出现各种异常现象，需要找出出现故障的原因。查找故障原因时，可先不通电检查，如该连接的点是否连通、是否有漏线和错线、是否接触不良、是否元器件用错等；接着进行通电静态检查、动态检查，或更换元器件调试等。总之，调试过程需要耐心、认真，灵活运用所学知识分析并解决问题。

7.2　高频小信号谐振放大器

高频小信号谐振放大器是集放大、选频于一体，由有源放大器件和无源选频网络组成的高频电子电路。其中，有源放大器件工作于线性区并且以部分接入方式接入到选频回路中。放大器的负载可能是容性、感性或阻性的，一般也是以部分接入方式接入到选频回路。在移动通信、电子对抗、无线电遥测遥控等系统中用作高频放大器和中频放大器。

7.2.1 技术指标

实际工程中对高频小信号调谐放大器的基本要求是：电压增益要足够大，工作状态应稳定且产生的噪声要小，频率特性应满足通频带的要求。

本示例的主要技术指标为：工作频率 $f_0 \leqslant 10$，谐振电压放大倍数 $f_{u0} = 10.7$ MHz，通频带 $2\Delta f_{0.7} \leqslant 10$，矩形系数 $K_{0.1} \leqslant 10$，负载电阻 $R_L = 10$ kΩ。要求放大器电路工作稳定，采用自耦变压器谐振输出回路，电源供电 V_{CC}。

7.2.2 电路形式

依设计技术指标的要求，考虑高频放大器应具有的基本特性，可采用共射组态的晶体管单调谐小信号放大器，设计参考电路如图 7.1 所示。其中，电容 C_3、C_4 和电感 L_1 为集电极直流电源 V_{CC} 的保护电路；耦合电容 C_1 用于滤除输入信号中的直流成分，耦合电容 C_2 用于滤除输出信号中的直流成分，射极电阻 R_e 的旁路电容 C_e 滤除高频交流信号，减小交流信号对静态工作点的影响，使晶体管发射极处于交流地电位，在 LC 回路中并联的电阻 R 用来控制电路的通频带宽度。

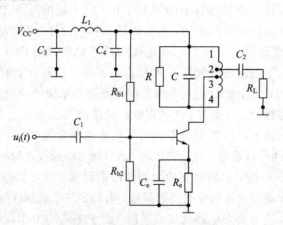

图 7.1　高频小信号谐振放大器的原理电路

7.2.3 放大器件的选择

原理电路中的放大管选用具有频率特性好、反向漏电小、饱和压降低、电流特性好的 3DG9018，它是硅 NPN 型高频小功率晶体管，选 $\beta = 50$。查手册可知，3DG9018 在 $V_{CC} = 10$ V、$I_E = 2$ mA，工作频率 $f_0 = 10.7$ MHz 时，$g_{ie} = 2860$ μS，$g_{oe} = 200$ μS，$C_{oe} = 7$ pF，$C_{ie} = 19$ pF，$|y_{fe}| = 45$ mS，$|y_{re}| = 0.3$ mS。

7.2.4 直流偏置电阻参数

该电路静态工作点 Q 主要由 R_{b1}、R_{b2}、R_e 与 V_{CC} 确定。当温度等环境因素变化而导致集电极电流 I_{CQ} 出现波动时，只有满足通过电阻 R_{b2} 的电流 I_1 远大于流入基极的电流 I_{BQ} 的条件

（即 $I_1 \gg I_{BQ}$）时，才能使晶体管基极电位 V_{BQ} 恒定，静态工作点稳定。通常取 $I_1 = (5-10)I_{BQ}$。当负反馈越强时，电路稳定性越好，故要求 $V_{BQ} > V_{BE}$，一般可取 $V_{BQ} = (3 \sim 5)V_{BE}$。

由于放大器是工作在小信号放大状态，放大器的静态工作电流 I_{CQ} 一般在 $0.8 \sim 2$ mA 之间选取为宜，此处取 $I_{CQ} = 1.5$ mA 和 $R_e = 1$ kΩ。

由 $V_{EQ} = \dfrac{I_{EQ}}{R_e}$ 和 $I_{CQ} \approx I_{EQ}$ 可得发射极的对地电压为 $V_{EQ} = 1.5$ mA/1kΩ $= 1.5$ V，流入基极的电流 $I_{BQ} = \dfrac{I_{CQ}}{\beta} = \dfrac{1.5}{50} = 0.03$ mA。

由 $V_{BQ} = V_{EQ} + V_{BEQ}$ 和硅管发射结电压 $V_{BEQ} = 0.7$ V 可解得基极对地电压为 $V_{BQ} = 1.5 + 0.7 = 2.2$ V。从而，可得晶体管集射之间的电压为 $V_{CEQ} = V_{CC} - V_{EQ} = 9.8$ V ≈ 10 V。

又因为 $R_{b2} = \dfrac{V_{BQ}}{I_1}$，若取 $I_1 = 10 I_{BQ}$，则 $R_{b2} = \dfrac{V_{BQ}}{10 I_{BQ}} = \dfrac{2.2}{0.3} = 7.3$ kΩ，因此取标称电阻 8.2 kΩ。

由电路结构可知，$R_{b1} = \dfrac{V_{CC} - V_{BQ}}{V_{BQ}} R_{b2}$，即 $R_{b1} = \dfrac{12 - 2.2}{2.2} \times 8.2 \times 10^3 = 36.5$ kΩ，考虑调整静态电流 I_{CQ} 的方便，R_{b1} 用 50 kΩ 电位器与 5.1 kΩ 标称电阻的串联组合来实现。

7.2.5　LC 回路元件的参数及接入系数

由于电路的工作频率 $f_0 = 10.7$ MHz，且满足 $L_{13} C_{\Sigma} = \dfrac{1}{(2\pi f_0)^2}$。若取电感线圈的参数为 $L_{13} = 4$ μH、$Q_0 = 100$，则电感线圈的等效损耗并联电导为 $g_0 = \dfrac{1}{2\pi f_0 L_{13} Q_0} \approx 37.2$ μH，LC 回路的总电容约为 $C_{\Sigma} = \dfrac{1}{2\pi f_0 L_{13}} = 55.3$ pF。

本设计中，负载是阻性的，故 $C_{\Sigma} = p_1^2 C_{oe} + C$，外接电容元件的参数应为 $C = C_{\Sigma} - p_1^2 C_{oe}$。为使电路能稳定工作，应选 $C \gg p_1^2 C_{oe}$。设 $C \approx 15 \, p_1^2 C_{oe}$，则 $p_1 < \sqrt{\dfrac{C_{\Sigma}}{16 C_{oe}}} \approx 0.7$，$C > 51$ pF，于是 C 用标称值 51 pF 与 $3 \sim 25$ pF 微调电容的并联组合来实现。

放大器应满足通频带的要求，于是回路的有载品质因数约为 $Q_L = \dfrac{f_0}{2\Delta f_{0.7}} = 10.7$，并且，$LC$ 回路的总电导约为 $g_{\Sigma} = \dfrac{g_0 Q_0}{Q_L} \approx 350$ μS。

在电路匹配即满足 $p_1^2 g_{oe} = p_2^2 g_L$ 的条件下，电路总电导 $g_{\Sigma} = p_1^2 g_{oe} + g_0 + p_2^2 g_L + \dfrac{1}{R} \approx 350$ μS，于是 $p_1 < \sqrt{\dfrac{g_{\Sigma} - g_0}{2 g_{oe}}} \approx 0.88$。综合考虑，取 $p_1 = 0.7$，解得 $p_2 = p_1 \sqrt{\dfrac{g_{oe}}{g_L}} \approx 1$，$R = \dfrac{1}{g_{\Sigma}} - (p_1^2 g_{oe} + g_0 + p_1^2 g_L) \approx 8.7$ kΩ。由电路结构可知，接入系数为 $p_1 = \dfrac{N_{13}}{N_{14}}$ 和 $p_2 = \dfrac{N_{12}}{N_{14}}$，因此，电路中自耦变压器的触点 2 应置于顶点 1 的位置、触点 3 距顶点 1 的距离是整个线圈长度的 70%，电阻 R 可用 22 kΩ 电位器来实现。

若将电路的谐振电压增益 $|A_{u0}| = p_1 p_2 \dfrac{|y_{fe}|}{g_\Sigma}$ 表达为 dB 形式，按如上选取的元件参数所实现的放大器增益约为 $|A_{u0}| = 20\lg\left(p_1 p_2 \dfrac{|y_{fe}|}{g_\Sigma}\right) > 20$ dB，满足设计要求。

7.2.6　辅助元件的参数

电路中耦合电容 C_1、C_2 的值应满足 $|2\pi f_0 C_1| \gg |Y_i| = |y_{ie}|$ 和 $|2\pi f_0 C_2| \gg \dfrac{1}{R_L}$，即 $C_1 \gg \dfrac{|y_{ie}|}{2\pi f_0} \approx 43 \times 10^{-12}$ F 和 $C_2 \gg \dfrac{1}{2\pi f R_L} \approx 1.5 \times 10^{-12}$ F，通常在 1000 pF～0.01 μF 之间选择，此处选用 1500 pF 的瓷片电容。旁路电容 C_e 的取值应满足 $|2\pi f_0 C_e| \gg \dfrac{1}{R_e}$，一般取 0.01 μF 或 0.1 μF 等。C_3、C_4 和 L_1 要滤除高频、低频等所有的交流成分，大电容（10 μF）滤低频、小电容（0.1 μF）滤高频，电感取值一般为 220～330 μH。

7.2.7　实验电路

综合以上理论设计与估算，得实验电路如图 7.2 所示。图中，$R_{b1} = R_b + R_w$，$C = C_0 + C_t$，R_e 用 10 kΩ 电位器实现。

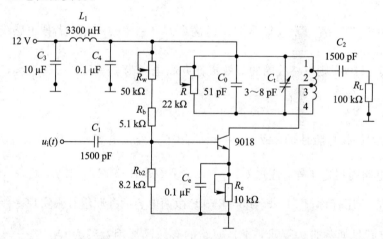

图 7.2　单调谐高频小信号放大器实验电路

7.2.8　电路调试及指标调整

在电路的理论设计初步完成后，可先用电子电路计算机辅助分析软件进行仿真实验，以检验所设计电路的可行性。若电路合理，则设计、焊接、安装并检查电路板，再进行通电调试。调试工作包括静态调试和动态调试。

1. 静态调试

所谓静态调试，是指不加输入信号 u_i 的条件下所进行的直流调整，即调整电位器 R_w 或 R_e 的值，测量晶体管各电极的对地电压及通过各电极的电流值，使放大器工作在预设的静态工作点。

2. 动态调试

动态调试是以静态调试为基础的。在静态调试完成后，在电路的输入端加入频率为 f_0 的正弦信号，用示波器观察输出信号，调节相应元件的参数值使电路满足各项指标要求。例如：

（1）调节 LC 回路中可变电容 C_t 的值，当示波器显示的输出信号幅度达到最大时，说明此时 LC 回路对信号源的频率 f_0 谐振；

（2）电路输入信号的频率上调至通频带的上边界或下调至通频带的下限，调节 LC 回路中可变电阻 R 的值，当示波器显示的输出信号幅度达到最大值的 0.707 倍时，说明此时满足通频带的要求；

（3）电路输入信号的频率为 f_0 且 LC 回路对频率 f_0 谐振时，测算输出信号幅度与输入信号幅度之比即电压增益 A_{u0}。若 A_{u0} 不满足要求，可适当调节电阻 R 使 g_Σ 变化，也可调节 R_w 或 R_e 使静态工作点改变，又或者调节自耦变压器的触点 3 的位置使接入系数变化。

7.3　正弦波振荡器

振荡器是信号产生电路，是电子系统中的重要组成部分。高频正弦波振荡器有 LC 三点式振荡电路和晶体振荡电路等电路形式，主要由选频放大和反馈环节组成。

7.3.1　技术指标

实际工程中对正弦波振荡器的基本要求是振荡频率准确且稳定。本示例的主要技术指标为：振荡频率 $f_0 = 6$ MHz ± 50 MHz，频率稳定度至少为 10^{-4}，输出幅度达 $U_{om} \geqslant 0.3V_{p-p}$，负载电阻 $R_L = 10$ kΩ。

7.3.2　电路形式

由设计技术指标要求，考虑振荡器频率稳定度的基本要求，电路采用的是改进型电容三点式振荡电路（即西勒振荡电路），其电路的原理图如图 7.3 所示。其中，旁路电容 C_b 使晶体管的基极为高频地电位，C_5 为直流电源去耦电容，耦合电容 C_6 用于滤除输出信号中的直流成分。此电路的优势在于调节电容 C_4，可以改变电路的振荡频率，但反馈系数不变，且起振条件也不变。为了尽可能地减小负载对振荡电路的影响，也可采用射随器作为隔离级。

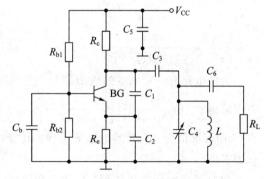

图 7.3　正弦波振荡器的原理电路

7.3.3　振荡管的选择

由振幅起振条件知，为了使电容三点式振荡器易于起振，应选择 $|y_{fe}|$ 大、g_{ie} 和 g_{oe} 小、f_T 高的晶体管。此处振荡管 BG 选用 9018。其主要参数是 $I_{CM} = 50$ mA，$V_{CEM} = 5$ V，

$V_{CEsat} \leqslant 0.5$ V，$h_{FE} = 28 \sim 198$，$f_T > 700$ MHz。取 $\beta = 100$。选 $V_{CC} = 12$ V。

7.3.4　设置静态工作点及直流偏置电阻参数

合理地选择振荡器的静态工作点，对振荡器的起振、工作的稳定性、波形质量的好坏有着至关重要的作用。一般小功率振荡器的静态工作点应选在远离饱和区而靠近截止区的地方，即集电极电流 I_{CQ} 大约在 $0.8 \sim 4$ mA 之间选取。在本电路中设静态工作点为 $I_{CQ} = 2$ mA、$V_{CEQ} = 6$ V。

由于 $R_e I_{EQ} + V_{CEQ} + R_c I_{CQ} = V_{CC}$ 和 $I_{EQ} \approx I_{CQ}$，可解得 $R_e + R_c \approx \dfrac{V_{CC} - V_{CEO}}{I_{CQ}} = 3$ kΩ。

为提高电路的稳定性，R_e 的值应适当大一些。因此，取 $R_e = 1$ kΩ，则 $R_c = 2$ kΩ。于是得晶体管发射极的电位 $V_{EQ} = R_e I_{EQ} \approx R_c I_{CQ} = 2$ V 和流入基极的电流 $I_{BQ} = \dfrac{I_{CQ}}{\beta} = 0.02$ mA。

取流过电阻 R_{b2} 的电流大小为 $10 I_{BQ}$，则 $R_{b2} = \dfrac{V_{BQ}}{10 I_{BQ}} = \dfrac{V_{EQ} + 0.7}{10 I_{BQ}} = 13.5$ kΩ，用标称电阻 12 kΩ 实现 R_{b2}。

由 $\dfrac{V_{CC} - V_{BQ}}{R_{b1}} = \dfrac{V_{BQ}}{R_{b2}}$，解得 $R_{b1} = \dfrac{(V_{CC} - V_{BQ})/V_{BQ}}{R_{b2}} = 41.3$ kΩ。为调整振荡管静态集电极电流的方便，R_{b1} 由 27 kΩ 电阻与 27 kΩ 电位器的串联组合构成。

7.3.5　LC 回路元件的参数及接入系数

从减小并联在 LC 回路上的晶体管的极间电容等变化的影响、提高频率稳定性的角度出发，C_1 与 C_2 应为大容量电容，且满足 $\min\{C_1, C_2\} > \max\{C_3, C_4\}$ 使得 LC 回路的总电容约为 $C_\Sigma = C_4 + \dfrac{1}{\dfrac{1}{C_1} + \dfrac{1}{C_2} + \dfrac{1}{C_3}} \approx C_4 + C_3$。于是，振荡电路的振荡频率可以表示为 $f_0 = \dfrac{1}{2\pi\sqrt{LC_\Sigma}} \approx \dfrac{1}{2\pi\sqrt{L(C_3 + C_4)}} = 6$ MHz ± 5 kHz。

为使电路有一定幅度的输出信号，电感线圈的参数不能太小，取 $L = 10$ μH、$Q_0 = 100$，则可解得 $C_3 + C_4 = \dfrac{1}{4\pi^2 f_0^2 L} = \dfrac{1}{4\pi^2 (6 \times 10^6 \pm 5 \times 10^3)^2 \times 10 \times 10^{-6}} \approx (70.3, 70.6)$ pH，于是，电容 C_3 用标称值为 33 pF 的电容来实现，电容 C_4 用 33 pF 电容与 $2 \sim 25$ pF 可调电容的并联组合来实现。

为兼顾起振和振荡波形，反馈系数 F 值的适宜范围是 $1/8 \sim 1/2$。由于设计的振荡电路为共基组态，其 $F = \dfrac{C_1}{C_1 + C_2}$，取 $C_1 = 200$ pF，$C_2 = 510$ pF，这时 $F \approx 0.28$。

将晶体管输入电导 g_{ie} 折算到晶体管集电极与发射极之间的接入系数 $p_1 = \dfrac{C_2}{C_1}$，将负载电导 g_L 和电感线圈的等效损耗并联电导 g_0 折算到晶体管集电极与发射极之间的接入系数 $p_2 = \dfrac{1/C_1}{1/C_1 + 1/C_2 + 1/C_3} = \dfrac{C_3}{C_1}$。通过分析可知，在振荡器起振时，其中放大环节的谐振电

压增益 $|A_{u0}| = \dfrac{|y_{fe}|}{p_2 g_\Sigma}$，其中 $g_\Sigma = (g_0 + g_L)p_2^2 + p_1^2 g_{ie} + g_{oe}$。为保证振荡器有一定大小的幅度且波形失真小，通常取起振时的环路增益值 $|A_{u0}F| = 3 \sim 5$。即此振荡电路的 $|A_{u0}| \approx (3 \sim 5)/0.28 > 10.65$。并且，增大 C_2 的值时，p_2 几乎不变，但 p_1 增大，F 和 $|A_{u0}|$ 减小，因此给 C_2 并联一个可调电容 C_t。

7.3.6　辅助元件的参数

图 7.3 电路中，取辅助元件的参数值为 $C_b = 0.01\ \mu F$，$C_5 = 0.1\ \mu F$，$C_6 = 0.01\ \mu F$。

7.3.7　实验电路

综合上述计算结果，给出实验电路如图 7.4 所示。

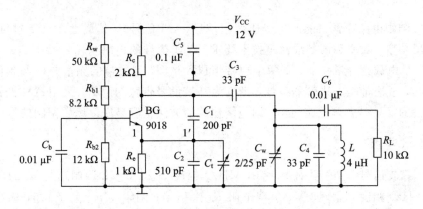

图 7.4　正弦波振荡器的实验电路

7.3.8　电路调试及指标调整

先用电子电路计算机辅助分析软件对图 7.4 电路进行仿真实验，以检验所设计电路的可行性。若电路可行，则设计、焊接、安装并检查电路板，再进行通电调试。调试时应注意振荡电路静态工作点的调整、动态调试及参数的测量。

1. 振荡电路静态工作点的调整

断开振荡电路的反馈支路即 LC 回路与放大环节之间的连线（断开图 7.4 中 1—1′ 间的连线），调整振荡器在直流工作时晶体管的静态工作点。

可以采用直接测量的方法，即将直流电流表串接在集电极电路中，调整电位器 R_w 的值，使集电极电流 $I_{CQ} = 2\ mA$ 即可。

也可采用间接测量的方法，即用直流电压表测量晶体管发射极对地电压 V_{EQ}，调整 R_w 使 V_{EQ} 为 2 V，这时 $I_{CQ} \approx I_{EQ} = V_{EQ}/R_e = 2\ mA$。

2. 动态调试及参数测量

振荡电路静态工作点的调整完成后，连接图 7.4 中 1—1′ 间的连线。

(1) 用示波器测量振荡器的输出端，观察负载电阻 R_L 上电压 u_o 的波形。若无振荡输出，在元件准确安装、电路连线正确时，更换电容 C_2 改变反馈系数、或更换 R_e 改变集电极电流 I_{CQ} 等，直至电路振荡。

（2）电路起振后，测量晶体管的集、射极之间的电压值 U_{CE0}。若 $U_{CE0} < V_{CEsat}$，说明振荡器是通过晶体管进入饱和区来实现稳幅的，这时应下调电路的静态工作点（即适当减小 I_{CQ} 或 V_{EQ} 的值）。

（3）适当调整 LC 回路的微调电容 C_w，使振荡频率为 f_0。

（4）适当调整 R_w 使频率为 f_0 的输出电压 u_o 的幅度最大且呈现不失真的正弦波。测量此时的输出电压波形的峰-峰值 U_{om}。若不满足要求，可适当减小 C_t 或将静态工作点上移（即适当增大 I_{CQ} 或 V_{EQ} 的值）。

7.4 集电极调幅

集电极调幅电路通常只能产生普通调幅信号（AM 信号），其最大优点是整机效率高，应兼顾输出功率、效率和调制线性等技术要求。AM 信号的包络与输入基带信号 $u_\Omega(t)$ 成正比，频谱是由载频分量和上、下两个边带组成。并且，上边带的频谱与原调制信号的频谱结构相同，下边带是上边带的镜像，带宽为基带信号带宽的两倍。采用 AM 调制方式进行信息传输的好处是解调电路简单，用包络检波的方法很容易恢复原始调制信号。

7.4.1 技术要求

要求：载波信号 u_c 的频率 $f_0 = 15$ MHz、幅度 $U_{im} = 6$ V；调制信号 u_Ω 的频率 $F = 300 \sim 3000$ Hz、幅度 $U_{\Omega m} = 3$ V；负载电阻 $R_L = 75$ Ω；调幅度 m_a 大于 0.5；输出功率 > 500 mW。

7.4.2 电路设计

集电极调幅电路是利用调制信号 u_Ω 来改变丙类高频谐振功率放大器的集电极直流电源电压，即等效集电极直流电源电压 $V'_{CC} = V_{CC} + u_\Omega$，其原理电路如图 7.5 所示。图中，为改善调制特性的线性，采用基极自给偏压电路；为提高电路的稳定性并微调电路的功率增益，引入一个小阻值的射极电阻 R_e；为降低 LC 回路的品质因数、改善输出波形，在 LC 回路中并联电阻 R。

设调制信号是 $u_\Omega = u_{\Omega m} \cos(2\pi Ft) = 3\cos(2\pi Ft)$ V，则集电极直流电源电压应为 $V_{CC} = U_{\Omega m} / m_a = 6$ V，说明此值应为丙类高频功率放大器集电极调制特性线性区的中心值，调幅信号的

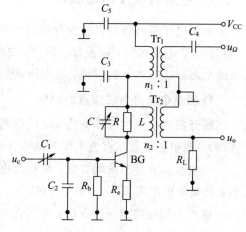

图 7.5 集电极调幅电路

最大值约为 $2V_{CC}$，故要求晶体管耐压值应大于 $4V_{CC}$，即 $V_{CE0} > 24$ V，故选择 3DA8050 作为放大管，该管的极限参数为 $V_{CE0} = 24$ V，$V_{CB0} = 40$ V，$V_{EB0} = 6$ V，$I_C = 1.5$ A，$P_C = 1$ W，且 $h_{FE} = 85 \sim 300$，$f_T \geqslant 100$ MHz，$V_{CEsat} = 0.5$ V 等。取 $\beta = 100$。$V_{CE} = 1$ V，$I_C =$

100 mA。

由设计要求可知，输出调幅信号的中心频率 $f_0 = 15$ MHz，频带宽度 BW $= 600$ MHz，所以图 7.5 电路中由电容 C 和高频变压器 Tr_2 原边线圈组成的选频网络应谐振于 f_0，若选择这个线圈的自感系数 $L = 1.2$ μH，则 $C = 1/[(2\pi f_0)^2 L] \approx 93.9$ pF，故用 120 pF 的可调电容实现。

对集电极调幅电路而言，若在调幅波峰值时电路工作在临界状态，则在整个调幅过程中电路将始终工作于过压状态。故电路设计可按 $V_{CC} = 12$ V、电路工作于临界状态、对载波放大进行设计。若取集电极电流的导通角为 $\theta_C = 70°$ 和输出功率 $P_o = 750$ mW，查表得，$\cos70° = 0.342$，$\alpha_0(70°) = 0.253$，$\alpha_1(70°) = 0.436$，且估算 LC 回路的等效电阻为 $R_p = (V_{CC} - V_{CES})^2/(2P_o) \approx 88.2$ Ω。考虑到 $R_p = R_o /\!/ R /\!/ (n_2^2 R_L)$，则 LC 回路的并联电阻用 $R = 100$ Ω 的电位器实现，通过微调 R 和 Tr_2 的变比 n_2 使电路匹配。

在对载波放大时，集电极电流基波分量的幅值约为 $I_{clm} = \sqrt{\dfrac{2P_o}{R_p}} \approx 130.4$ mA，集电极电流的直流分量约为 $I_{C0} = I_{clm}\alpha_0(70°)/\alpha_1(70°) \approx 75.7$ mA，基极的直流偏置电位约为 $V_B = -U_{im}\cos\theta_C + 0.6 \approx -1.6$ V。由 $V_B \approx -I_{c0}\dfrac{R_b}{\beta}$ 解得 $R_b \approx V_B\dfrac{\beta}{I_{C0}} \approx 2.0$ kΩ，取 $R_b = 2.2$ kΩ。

这时，集电极损耗为 $P_C = V_{CC}I_{C0} - P_o \approx 158.7$ mW < 1 W，集电极效率为 $\eta_C = \dfrac{P_o}{V_{CC}I_{C0}} \approx 82.5\%$。

通常取 $R_e = 10$ Ω。

由于 $2\Delta f_{0.7} = \dfrac{f_0}{Q_L} = \dfrac{2p\pi f_0^2 L}{R_p}$，带入上述数据知其满足要求。

取辅助元件的参数值为 $C_1 = 1000$ pF，$C_3 = 0.068$ μF，$C_4 = 10$ μF，$C_5 = 0.1$ μF。而旁路电容 C_2 不宜过大，以防止 V_B 跟不上调制信号的变化，此处取 $C_2 = 8.2$ pF。

7.4.3　电路调试及指标调整

1. 丙类功放电路调谐

令调制信号 $u_\Omega = 0$，$V_{CC} = 12$ V，电路实现的是对高频载波 u_c 的功率放大。调节电容 C 或高频变压器 Tr_2 使输出端 u_o 的幅度 U_{om} 达到最大，调节电阻 R 使负载上的载波功率满足要求。

2. 测量静态调制特性

在上一步功放电路调谐的基础上，依然取 $u_\Omega = 0$。调节集电极电源电压 $V_{CC} = 2 \sim 16$ V，记录每次变动 V_{CC} 值后输出端 u_o 的幅度 U_{om} 的值，绘制如图 7.6(a) 所示的形式的静态调制特性曲线 $U_{om} - V_{CC}$。在此曲线上找到临界点 V_{cr}，则调幅器的最佳静态工作电压约为 $0.5V_{cr}$，并且线性调制输入信号的范围是 $U_{\Omega m} < 0.5V_{cr}$。

3. 调幅器的调整

将集电极电源调整到 $0.5V_{cr}$ 附近的恰当值，低频变压器 B_{r1} 的变比 n_1 设为最小值，加入单音调制信号 u_Ω，用示波器观察输出波形，测量如图 7.6(b) 所示的输出调幅波的波峰 A

与波谷 B 值，计算调幅度 $m_a=(A-B)/(A+B)$。逐渐增大 n_1 的值使 m_a 满足设计要求。测量负载的平均功率，若不满足要求，可适当调节电阻 R_e。

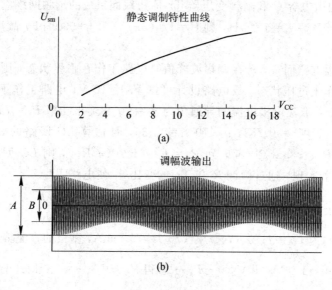

(a)

(b)

图 7.6　调试曲线

7.5　二极管大信号包络检波器

7.5.1　技术要求

对大信号包络检波电路的基本要求是载波频率 $f_0=465$ kHz；调制信号 u_Ω 的频率 $F=300\sim3000$ Hz，输入电阻 $R_{id}>2.2$ kΩ，调幅度 $m_a=0.3\sim0.4$，负载电阻 $R_L=3$ kΩ，输入电压幅度大于 500 mV。

7.5.2　电路设计

二极管大信号包络检波器电路简单、易于实现，是解调 AM 信号最常用的方法，其原理电路如图 7.7 所示。

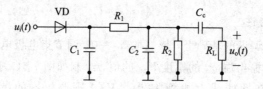

图 7.7　包络检波电路

由于检波器的输入电阻 $R_{id}\approx0.5R$，故检波器的直流电阻 $R=R_1+R_2>4.4$ kΩ。为避免负峰切割失真，应满足 $m_{amax}\leqslant R_\Omega/R$，即 $R_\Omega\geqslant m_{amax}R=1.76$ kΩ。一般 $R_1=(0.1\sim0.2)R_2$。综合考虑，取 $R_1=510$ Ω，$R_2=4$ kΩ，这时 $R_\Omega=(R_1+R_2)//R_L\approx2.22$ kΩ。为方便电路的

调节，R_2 用 1.8 kΩ 的固定值电阻和 2.2 kΩ 电位器的串联组合实现。

对检波二极管的基本要求是导通电阻远小于 R，结电容小、最高工作频率高且远大于电路的工作频率。故选用锗材料 2AP9 型的管子作为检波二极管。

从提高检波系数、减小输出波纹考虑，RC 应尽可能大；C 对载频信号应近似短路，工程实际中取 $RC \geqslant (5 \sim 10)/2\pi f_0$；为避免惰性失真，应满足 $RC \leqslant \dfrac{\sqrt{1-m_a^2}}{m_a(2\pi F_{max})}$、$RC = (R_1+R_2)C_1 + R_2C_2 \approx (R_1+R_2)(C_1+C_2)$。分析并计算得 $7.59 \times 10^{-11} \ll C \ll 2.69 \times 10^{-8}$。取 $C_1 = 0.01\ \mu F$，为方便电路的调节，C_2 用 0.01 μF 的电容和一个 0.05 μF 可调电容的并联组合实现。这时电容 C_1 对调制信号呈现的阻抗 $\dfrac{1}{2\pi F_{min}C_1} \gg R$。

耦合电容 C_c 的取值应使低频调制信号能有效地耦合到负载电阻 R_L 上，需满足 $\dfrac{1}{2\pi F_{min}C_c} \ll R_L$。故取 $C_c = 10\ \mu F$。

7.5.3　电路调试及指标调整

综合上述计算结果，得实验电路如图 7.8 所示。电路的调试流程如下：

(1) 将电路在 A 点处断开即断开负载，将电位器 R_w 和可调电容 C_t 置最大处，在输入端加入中心频率为 f_0 的 AM 信号 u_i，并设置信号 u_i 的调幅度 $m_a = 0.4$，用示波器观察电路图 7.8 中 A 点的对地电压波形。若波形出现惰性失真，可适当减小 R_w 或 C_t 的值直到失真消失；

(2) 接入负载，在输入端加入 AM 信号 u_i，仍设置 u_i 的调幅度 $m_a = 0.4$，用示波器观察 A 点的电压波形。若波形出现负峰切割失真，可适当减小 R_w 直到失真消失；

(3) 在输入端加入信号 u_i，令信号 u_i 的调幅度 $m_a = 0.3 \sim 0.4$，用示波器观察负载上的电压波形。

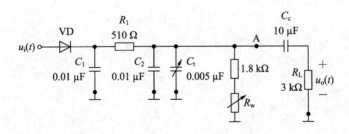

图 7.8　包络检波器的实验电路

本 章 小 结

本章以单调谐高频小信号放大器、西勒型正弦波振荡器、集电极调幅器和二极管大信号包络检波器为例，针对几项主要技术指标，简要介绍了基本单元电路的一般设计流程及调试思路。特别要注意的是，高频电子电路的工作频率较高，所做的理论分析是在忽略一些实际问题下的归纳和抽象，因此，高频电子电路的实用必须通过多次的元件参数调整、试验、测试、查错、甚至电路结构修改等。

思　考　题

7.1　如何判断小信号谐振放大电路是否出现自激现象？应该怎样消除？

7.2　讨论集电极电流 I_{CQ} 对小信号谐振放大电路动态范围的影响。

7.3　共射单调谐放大器的电压增益与哪些因素有关？

7.4　为什么振荡器起振后直流工作点电流不同于起振前的静态工作点电流？对于一个实际的振荡器，如何判断它是否起振呢？

7.5　为什么静态电流 I_{EQ} 增大，振幅增加，而 I_{EQ} 过大反而会使振荡器输出幅度下降？

7.6　反馈系数对振荡器的输出幅度有何影响？

7.7　振荡器的振荡频率对输出幅度有何影响？为什么？

7.8　在集电极调幅电路中，怎样使晶体管在调制过程中工作于过压状态？

7.9　在集电极调幅电路的静态调制特性曲线上确定工作点的值时，该值取得较大或较小将对调幅波产生什么影响？

7.10　将包络检波电路中的二极管反接后，能否检波？输出波形如何？

第8章 应 用 示 例

随着电子科技的发展，新器件、新应用层出不穷，电子设备不断更新换代。但高频电子电路及高频电子技术仍然是无线通信系统、各种电子测量仪器等设备的基础和重要组成部分。本章简要介绍几个与高频电子电路的基础知识相关的应用。

8.1 小功率调幅发射与接收

无线电接收与发射设备是高频电子电路的综合应用，是现代通信系统、广播与电视系统、报警系统、遥控遥测系统、雷达系统、电子对抗系统、无线电制导系统等必不可少的核心设备。按调制方式，无线电收发系统可分为调幅收发系统、调频收发系统、调相收发系统以及它们的组合调制系统。调幅信号占用频带较窄，其收发系统的电路简单、设备成本低且维护方便，应用甚广。

8.1.1 小功率调幅发射机

最基本的调幅发射系统框图如图 8.1 所示。其中，低频部分由变换器(例如实现声电变换的话筒)、前置放大器(具有输入阻抗高、噪声小的灵敏线性低频放大器)、低频放大器组成，实现将待传递信息转换成电信号并放大，以满足调制器的要求；高频部分由主振荡器、缓冲器、高频小信号放大器，振幅调制器和功率放大器组成。

在高频部分中，主振荡器就是高频振荡器，用于产生所需要的载波信号，一般可采用 LC 振荡器，在要求高频率稳定性时可用晶体振荡器；缓冲器是一个低增益、高输入阻抗的线性高频放大器，其作用是将主振荡器与其后一级隔离，减小后一级对主振荡器频率稳定度及振荡波形的影响，通常采用射极跟随器或集成运放电路实现；如果振幅调制电路是低电平调幅电路，则不需要高频放大器，但调幅电路输出的调幅信号必须由功率放大器放大，以满足发射系统所需要的输出功率；如果振幅调制电路是高电平调幅电路，则需要使用一至二级的高频放大器将载波信号放大到足以驱动高电平调幅电路，但高电平调幅电路输出的调幅信号基本能满足发射系统所需要的输出功率，可不用功率放大器。

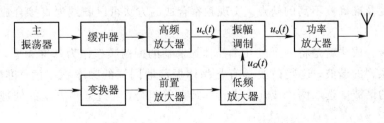

图 8.1 调幅发射系统框图

8.1.2　调幅接收机

超外差式普通调幅信号的接收系统框图如图 8.2 所示。图中，输入回路是接收系统选择信号的第一关，其主要任务是从天线所感应到的电磁波信号中初步选取所需要频带的信号，以尽量少的损耗传递到下一级，并抑制接收频率以外的一切干扰信号；高频小信号谐振放大器对输入回路接收到的微弱信号进行放大，同时进一步对接收信号进行滤波处理；本地振荡即正弦波振荡器，用于产生频率为 f_L 的等幅振荡信号 u_L；混频器将输入信号的载频 f_0 与本地振荡频率 f_L 进行频率变换，使输出信号保持输入信号的调制规律不变、但使载频变为固定的中频 $f_I = f_0 \pm f_L$，为保证 f_I 值固定，输入回路的中心频率 f_0 与本地振荡频率 f_L 是统一调谐的；中频放大器将混频器输出的以 f_I 为载频的调幅信号进行放大，以满足检波器对输入信号幅度的要求；检波器实现调幅信号的解调，是接收系统的核心；低频放大器包括电压放大和功率放大，其主要任务是将检波器解调出的低频信号放大到足以驱动输出转换器（例如实现电声转换的扬声器）。

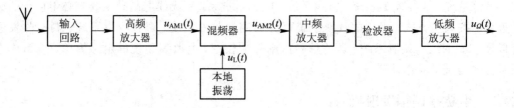

图 8.2　超外差式调幅接收系统框图

在超外差接收系统中，在固定中频上进行解调，使后续电路统一，降低了接收机的成本；且中频放大器的中心频率是固定不变的，接收机的主要放大倍数由中频放大器承担，所以，整机增益在接收频率范围内的高端和低端处差别就会很小，稳定性提高。对于调谐来说，只需对混频器的选频回路和本地振荡器进行同步调谐，这是容易实现的。但混频器的非线性，将产生大量的组合频率干扰，这是超外差接收机的缺陷。

8.2　频率合成器

作为振荡信号源，晶体振荡器的频率稳定度和准确度高但只宜用于固定频率，LC 振荡器改变频率方便但频率稳定度和准确度不高。频率合成就是要综合晶体振荡器的频率稳定度高、准确度高和 LC 振荡器改变频率方便的优点，克服晶体的点频工作和 LC 振荡器的频率稳定度及准确度不高的缺点。实现频率合成的方法可以归纳为直接合成法和间接合成法。

频率直接合成法就是将一个或几个晶体振荡器的振荡频率作为基准频率，由这些基准频率产生一系列的谐波，这些谐波具有与晶体振荡器同样的频率稳定度、准确度，然后，从这一系列的谐波中选取两个或几个进行和或差等组合，经过适当方式的处理后获取所需要的频率。

例如，图 8.3 为最简单的非相干式直接模拟频率合成法的原理框图。图中，基准频率 f_1 与 f_2 是两个晶体振荡器的振荡频率，并且可根据需要选用不同的晶体。其中，f_1 可以是

5.000 MHz至 5.009 MHz 十个频率中的任意一个，f_2 可以是 6.00 MHz 至 6.09 MHz 十个频率中的任意一个。将晶振产生的频率为 f_1 与 f_2 的正弦信号直接送入混频器中进行频率相加，经过带通滤波器就可取出所需的频率为 $f_1 + f_2$ 的正弦波。例如，$f_1 = 5.000$ MHz、$f_2 = 6.01$ MHz 时，系统输出的是频率为 11.01 MHz 的正弦波。本例可以获得正弦波的频率范围从 11.000 MHz 至 11.099 MHz、频率步距为 0.001 MHz 的 100 个频率点。

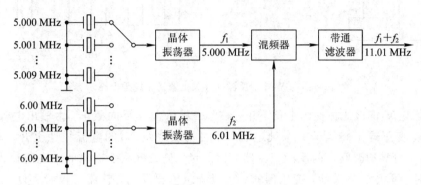

图 8.3 频率直接合成法原理

要想获得更多的频率点与更宽的频率范围，可根据类似的方法多用几个晶体振荡器与混频器来组成。在这种非相干式直接频率合成方法中，基准频率 f_1 与 f_2 是由两个相互独立的晶体振荡器产生，但所需用的石英晶体较多，可能产生某些落在频带之内的互调分量，形成杂散输出。因此，必须适当选择频率，以避免发生这种情况。

一般来说，模拟频率合成都是通过对基准频率人为地进行加、减、乘或除等运算得到所需频率的。随着大规模集成电路的发展及计算机技术的普及，开创了直接数字频率合成法（简称 DDS）。它从相位的概念出发进行频率合成，不仅可以给出不同频率、不同初始相位的正弦波形，还可以给出各种任意波形。借助 DDS 技术，可方便实现对自然界中如雷电、地震及机器运转时的振动等无规律现象的模拟，为这类无规律现象的研究提供帮助。

8.3 调制技术在抑制 PWM 型开关电源电磁干扰中的应用

电源是一切电子设备的心脏，没有电源，电子设备就不可能工作。许多电子设备在工作时需要使用能提供优质电能的直流电源，这类电源实际是将公用电网或电池的一次电能转换为符合电子设备要求的二次电能的变换设备，通常分为线性电源和开关电源两种。随着微电子技术的不断发展，电子设备的小型化、轻便化，使得具有良好控制效率与可靠性的开关电源在各个领域中的应用越来越广泛。其中，PWM 型开关电源是用高频方波脉冲信号（PWM 信号）控制大功率晶体管导通与关断，晶体管工作于开关状态，功率损耗大大减小，使得电源的效率大为提高；开关频率高而使得滤波电容、电感的体积小；控制开关管的导通与关断时间比例即控制脉冲宽度可方便地改变输出电压值。PWM 型反激式开关电源的原理电路如图 8.4(a)所示。

图 8.4(a)中，晶体管的控制信号 V_b 是如图 8.4(b)所示的方波脉冲。显然，方波脉冲的周期为 T_s，脉冲宽度为 T_{on}，占空比为 $D = T_{on}/T_s$。在一个开关周期内，当 V_b 为高电平 V_p 时，开关管 Q 导通，变压器初级绕组 N_1 上正下负，根据变压器同名端电压极性相同的原

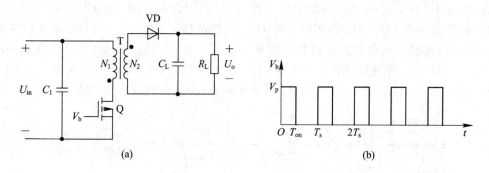

图 8.4　PWM 型反激式开关电源简化原理电路

理，次级绕组 N_2 的电压极性为上负下正，整流二极管 VD_2 反向截止，由输出电容 C_L 给负载 R_L 供电，变压器 T 相当于一个纯电感，流过初级绕组 N_1 的电流线性上升，达到峰值 I_{peak}，即开关管导通时间段内反激变压器存储能量、负载电流由输出滤波电容提供；当 V_b 为低电平时，开关管 Q 关断，变压器初、次级绕组电压反向，整流二极管 VD_2 正向导通，初级绕组储存的能量传送到次级绕组，给负载 R_L 提供电流，同时为输出电容 C_L 充电，即开关管关断后，反激变压器将存储的能量传送到负载与输出滤波电容，不仅为负载提供能量，还可补充输出电容单独提供负载时消耗的能量，为下一次开关管导通做准备。由于方波脉冲的频率很高，因而在负载 R_L 可以获得脉动很小的直流电压 U_o，且 $U_o = D \times (N_2/N_1) \times U_{in}$。正常工作时，PWM 型开关电源的控制方波脉冲频率 $f_s(=1/T_s)$ 是固定的，利用输出电压负反馈来调整方波脉冲的宽度就可调节 PWM 信号的占空比，以保证输出电压的稳定。

　　由于开关电源中的半导体器件是工作于高频、开关状态，快速开关过程必会产生很高的电压变化率 du/dt 和电流变化率 di/dt，这些电压、电流的尖峰都会在电路中产生较大的电磁干扰，并会沿着传播路径传导到其他电子器件中，从而影响电子设备正常工作，降低设备的可靠性。

　　最有效的抑制电磁干扰的方法是在噪声源处减小或抑制电磁干扰的产生。考虑到高频开关过程引发的电磁干扰比例于方波脉冲，其频谱主要集中在 f_s 及其谐波处。由调制技术可知，频率调制具有可实现信号频谱展宽但保持平均功率不变的特点，因此，对方波脉冲进行频率调制后生成占空比不变的调频方波脉冲，用调频 PWM 信号作为开关电源中的开关控制信号 V_b。例如，用频率为 $F(\ll f_s)$ 的周期信号 $u_\Omega(t) = \cos(2\pi F t)$ 对方波脉冲进行频率调制，调制前后的方波脉冲波形及其频谱如图 8.5 所示。由图 8.5 可看出，调制后的方波脉冲占空比不变，但频谱在 f_s 及其谐波附近拓宽、谐波峰值减小，且谐波阶次越高，边带越宽，甚至在谐波阶次较高的拓宽谱中看不到开关谐波尖峰的存在，有效降低了各次开关谐波电磁噪声。

　　图 8.6 是频率调制 PWM 型反激式开关电源原理图，图中采用商用 UC3845 芯片简化电路设计，其输出的 PWM 信号可直接驱动功率不大的开关管。通常情况下（$u_\Omega(t) = 0$），$U_c = U_r$ 为恒定值，使得输出 PWM 信号的频率为标称频率 f_s；二极管桥及电阻 R_{12}、电容 C_{12} 将公共电网的交流电压转化为相对平稳的高压直流电，这个直流电通过电阻 R_8、R_7、R_6 给电容 C_3 充电至 UC3845 芯片软启动；之后，电感线圈 N_3 通过耦合得到能量，通过二

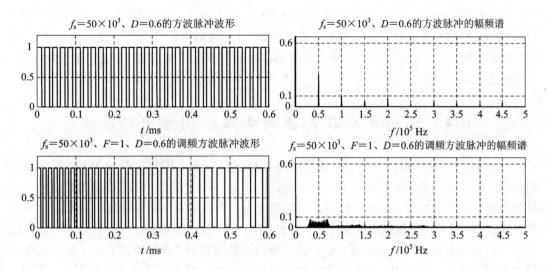

图 8.5 频率调制前后方波脉冲的波形及其频谱

极管 VD_3 给电容 C_3 续能，同时，将输出电压送到 UC3845 芯片作为反馈电压 U_{FB} 信号；电阻 R_5、R_{11} 和电容 C_5 将采样变压器初级绕组 N_1 的电感电流送入 UC3845 芯片的 ISENSE 端，这个电流检测信号与 U_{FB} 在芯片内部经逻辑模块的处理后，在 OUTPUT 端将输出一个频率固定但占空比的变化反比于输出电压变化的 PWM 驱动信号，控制开关管的导通与关断。图中，二极管 VD_1、电阻 R_1、电容 C_1 构成钳位电路，用以消耗变压器初级绕组漏感的能量同时钳位开关管的漏极电压，防止开关管关断时漏极电压过大而击穿。

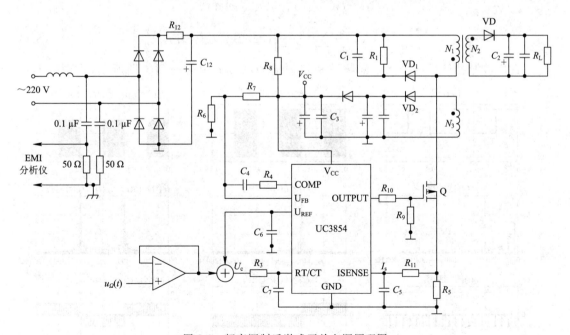

图 8.6 频率调制反激式开关电源原理图

若调制信号 $u_\Omega(t)$ 与确定标称开关频率 f_s 的电压 U_r 相加生成 U_c，U_c 通过电阻 R_3 送到 UC3845 的 RT/CT 端用作芯片内部锯齿波频率的控制信号，于是，在 UC3845 芯片的

OUTPUT 端将输出一个占空比的变化反比于输出电压变化、频率随 $u_\Omega(t)$ 变化的 PWM 驱动信号，控制开关管的导通与关断。采用 EMC 分析仪测量信号的功率谱和传导 EMI 噪声，结果表明，频率调制后，开关频率及其谐波处的功率谱明显拓宽且谐波峰值大幅减小，有效降低 EMI 噪声。

8.4　调制技术在复杂网络阻抗测量中的应用

　　自从 1976 年 Middlebrook 第一次提出系统稳定性与输入阻抗之间的关系，基于阻抗的稳定性判据开始获得广泛的应用。但在实际应用时，对包含电力电子设备的复杂网络系统很难建立起准确的数学模型，所以，测量就成为了获取复杂网络系统阻抗特性的主要手段。例如，使用网络分析仪等装置，向阻抗网络注入一系列正弦测试电流信号，测量阻抗网络对这个电流信号的响应电压，就可计算出网络的阻抗值。此种测试方式一次注入信号只能测量一个频率点的阻抗值，要想获得阻抗网络在某一频率范围内的阻抗特性，需要多次注入信号、测量响应、计算，因而耗时较长。

　　为了提高阻抗测量速度，文献[24]给出了一种用幅度调制技术生成一个宽频带测试信号，从而实现一次注入测试信号可同时获得阻抗网络多个频率点的阻抗值的方法，具体如下。

1. 基于幅度调制技术的测试信号

　　设 $i_\Omega(t)$ 是频率为 F、占空比为 0.5、幅度为 1 的方波脉冲信号，其数学表达式为

$$i_\Omega(t) = \begin{cases} 1, & nT \leqslant t \leqslant (n+0.5)T \\ 0, & (n+0.5)T \leqslant t \leqslant (n+1)T \end{cases}$$

$$= 0.5 + \frac{2}{\pi} \sum_{k=0}^{\infty} \frac{1}{2k+1} \cos\left[2\pi(2k+1)Ft - \frac{\pi}{2}\right] \tag{8.1}$$

　　此方波脉冲信号的波形、幅频谱和相频谱如图 8.7 中第一列子图所示，图中，$F =$

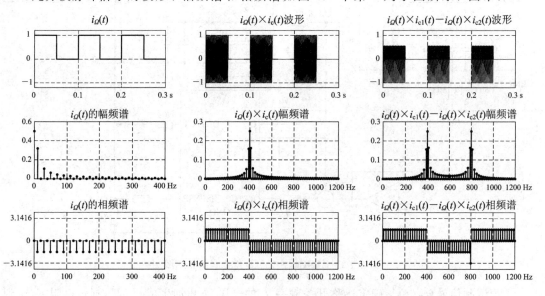

图 8.7　方波脉冲信号 $i_\Omega(t)$ 及其幅度调制信号的幅频谱和相频谱

10 Hz。若用频率为 f_c 的正弦信号 $i_c(t) = I_{cm}\cos(2\pi f_c t)$ 作载波进行双边带幅度调制,则调制后的信号可以表达为

$$
\begin{aligned}
i_1(t) = & i_\Omega(t) i_c(t) \\
= & 0.5 I_{cm}\cos(2\pi f_c t) + \frac{I_{cm}}{\pi}\sum_{k=0}^{\infty}\left\{\frac{1}{2k+1}\cos\left[2\pi(f_c+(2k+1)F)t-\frac{\pi}{2}\right]+\right. \\
& \left. \cos\left[2\pi(f_c-(2k+1)F)t+\frac{\pi}{2}\right]\right\}
\end{aligned} \tag{8.2}
$$

调制后的方波脉冲信号 $i_1(t)$ 的波形、幅频谱和相频谱如图 8.7 第二列子图所示,图中,$F=10$ Hz,$f_c=400$ Hz,$I_{cm}=1$。若用两个幅度相等,相位相反,频率分别为 f_{c1}、f_{c2} 的两个正弦信号作载波,分别进行双边带幅度调制,再将调制后的信号相加,这时获得的双载波幅度调制信号可以表达为

$$
\begin{aligned}
i(t) = & i_\Omega(t) i_{c1}(t) + i_\Omega(t) i_{c2}(t) \\
= & 0.5 I_{cm}\cos(2\pi f_{c1}t) + \frac{I_{cm}}{\pi}\sum_{k_1=0}^{\infty}\left\{\frac{1}{2k_1+1}\cos\left[2\pi(f_{c1}+(2k_1+1)F)t-\frac{\pi}{2}\right]+\right. \\
& \left. \cos\left[2\pi(f_{c1}-(2k_1+1)F)t+\frac{\pi}{2}\right]\right\} - 0.5 I_{cm}\cos(2\pi f_{c2}t) - \frac{I_{cm}}{\pi}\sum_{k_2=0}^{\infty}\left\{\frac{1}{2k_2+1}\cdot\right. \\
& \left. \cos\left[2\pi(f_{c2}+(2k_2+1)F)t-\frac{\pi}{2}\right] + \cos\left[2\pi(f_{c2}-(2k_2+1)F)t+\frac{\pi}{2}\right]\right\}
\end{aligned} \tag{8.3}
$$

若正弦载波信号的频率差是方波频率的整数倍,即

$$
f_{c2} - f_{c1} = 2mF \tag{8.4}
$$

这时,在 $f_{c1}<f<f_{c2}$ 的频率范围内,$i_\Omega(t)i_{c1}(t)$ 上边带的各频率成分与 $i_\Omega(t)i_{c2}(t)$ 下边带的各频率成分相位相同,对应幅度相加。调制方波脉冲信号 $i(t)$ 的波形、幅频谱和相频谱如图 8.7 第三列子图所示。图中,$F=10$ Hz,$f_{c1}=400$ Hz,$f_{c2}=800$ Hz,$I_{cm}=1$。

由图 8.7 可以看出,在 $f_{c1}<f<f_{c2}$ 的频率范围内,满足式(8.4)条件时,双载波幅度调制信号 $i(t)$ 包含有 $f_{c1}+F,f_{c1}+3F,\cdots,f_{c1}+(2m-1)F$ 等共 m 个频率成分,这些频率成分的相位均为 $-\pi/2$,且幅值得到增强。

2. 基于幅度调制技术的复杂网络阻抗快速测量

采用图 8.8(a)的方式生成满足式(8.4)关系的双载波幅度调制测试电流信号 $i_s(t)$;将 $i_s(t)$ 注入待测网络,如图 8.8(b)所示,测得待测网络的响应电压 $u_o(t)$;按图 8.8(c)所示的方式就可计算出待测网络在 $f_{c1}<f<f_{c2}$ 的频率范围内 m 个频率点的阻抗值。

采用此方法进行阻抗快速测量时需注意以下几点:

(1) 阻抗测量结果的频谱分辨率为 $2F$。

(2) 在 $f_{c1}<f<f_{c2}$ 的频率范围内,$i_s(t)$ 的最小幅频值为

$$
I_{min} = \frac{4}{\pi}\frac{F}{f_{c2}-f_{c1}} \tag{8.5}
$$

考虑到式(8.4),则

$$
I_{min} = \frac{2}{m\pi} \tag{8.6}
$$

说明当 m 的取值过大时,可能导致 I_{min} 过小而被噪声淹没。故应在满足测量信噪比的

条件下选择合适的 m 值。

（3）若阻抗测量的频率范围较宽时，可以多次按图 8.8 的方式操作即可。

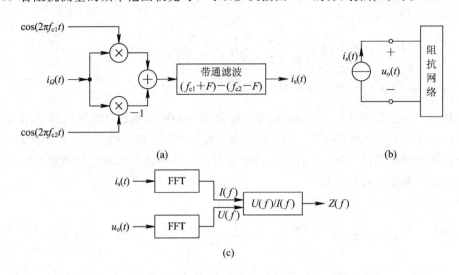

图 8.8　基于幅度调制技术的复杂网络阻抗快速测量原理

8.5　高频电子电路在电容式传感器中的应用

传感器是测试系统中的第一个环节，用于从被测对象获取有用信息，并将其转换为适于测量的变量或信号。其中，电容式传感器把被测物理量（如压力、流量等）转换为电容参数 C，为了便于信号传输和测量，还需要将电容参数进一步转换为电压、电流、频率等电量参数。为此，经常采用高频电子电路中的调制型电路将电容参数转换为电量参数。

8.5.1　电容式传感器调制型测量电路之调频电路

在调频电路中，电容式传感器作为电容元件被接在振荡器的振荡电路中。当传感器电容 C_x 发生改变时，其振荡频率 f 也发生相应变化，实现由电容到频率的转换。由于振荡器的频率受电容式传感器的电容调制，这样就实现了 $C\text{-}f$ 的转换，故称之为调频电路。但伴随频率的改变，振荡器输出幅值也往往要改变，为克服后者，在振荡器之后再加入限幅环节。虽然可将此频率作为测量系统的输出量，用以判断被测量的大小，但这时系统是非线性的，而且不易校正。因此在系统之后可再加入鉴频器，用此鉴频器可调整的非线性特性去补偿其他部分的非线性，使整个系统获得线性特性，这时整个系统的输出将为电压或者电流等模拟量，如图 8.9 所示。

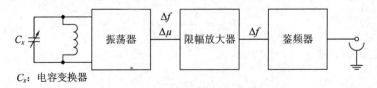

图 8.9　电容式传感器的调频电路

图 8.9 中，调频振荡器的频率可由下式决定，即

$$f = \frac{1}{2\pi\sqrt{LC_x}} \tag{8.7}$$

式中：L 为振荡回路的电感；C_x 为电容式传感器总电容。

假如电容式传感器尚未工作，则 $C_x = C_0$，即为传感器的初始电容值，此时振荡器的频率为一常数 f_0，即

$$f_0 = \frac{1}{2\pi\sqrt{LC_0}} \tag{8.8}$$

f_0 常选在 1 MHz 以上。

当传感器工作时，$C_x = C_0 \pm \Delta C$，ΔC 为电容变化量，则谐振频率相应的改变量为 Δf，即

$$f_0 \mp \Delta f = \frac{1}{2\pi\sqrt{L(C_0 + \Delta C)}} \tag{8.9}$$

振荡器输出的高频电压将是一个受被测信号调制的调频波，其频率由式(8.8)所决定。在调频电路中，Δf_{max} 值实际上是决定整个测试系统灵敏度的。

8.5.2 电容式传感器调制型测量电路之调幅电路

配有这种电路的系统，在其电路输出端取得的是具有调幅波的电压信号，其幅值近似地正比于被测信号。实现调幅的方法也较多，这里只介绍常用的两种——交流激励法和交流电桥法。

1. 交流激励法

用此方法测量电容变化量的基本原理如图 8.10(a)所示，一般采用松耦合。次端的等效电路如图 8.10(b)所示。

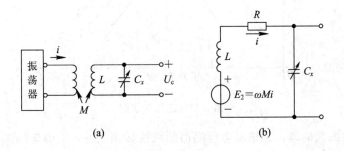

(a)　　　　　　　　(b)

图 8.10　交流激励法基本原理图

在图 8.10(b)中 E_2 为二次侧感应电动势，其值为

$$E_2 = -j\omega M I \tag{8.10}$$

式中：M 为耦合电路的互感系数；ω 为振荡源的频率。

图 8.10 中，L 为变压器二次绕组的电感值；R 为变压器二次绕组的直流电阻值；C_x 为电容式传感器的电容值。于是有如下方程

$$L\frac{\mathrm{d}I}{\mathrm{d}t} + RI + \frac{1}{C_x}\int I\,\mathrm{d}t = E_2 \tag{8.11}$$

即

$$LC_x \frac{\mathrm{d}^2 u_c}{\mathrm{d}t^2} + RC_x \frac{\mathrm{d}u_c}{\mathrm{d}t} + u_c = E_2$$

从上式可得电容式传感器上的电压 u_c，而幅值的模 U_c 为

$$U_c = \frac{E_2}{\sqrt{(1 - LC_x \omega^2)^2 + R^2 C_x^2 \omega^2}} \tag{8.12}$$

若传感器的初始电容值为 C_0，电感电容回路的初始谐振频率为 $\omega_0 = 2\pi/f_0 = 1/\sqrt{LC_0}$，且取 $Q = \omega_0 L/R$，则

$$K = \frac{1}{Q} \cdot \frac{1}{\sqrt{(1 - \frac{\omega^2}{\omega_0^2}) + \frac{1}{Q} \cdot \frac{\omega^2}{\omega_0^2}}} \tag{8.13}$$

将 ω_0、Q 及 K 值代入式(8.13)中，则有

$$U_c = K \cdot Q \cdot E_2 \tag{8.14}$$

现将图 8.11 中的曲线 1 作为此回路的谐振曲线。若激励源的频率为 f，则可确定其工作在 A 点上。当传感器工作时，引起电容值改变，从而将使谐振曲线左、右移动，工作点也在同一频率 f 的纵坐标直线上下移动(如 B、C 点)，可见最终在电容式传感器上的电压降将发生变化。因此，电路输出的电信号是与激励源同频率、幅值随被测量的大小而改变的调幅波。

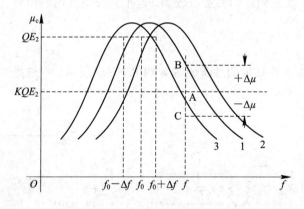

图 8.11　谐振曲线图

为调整从被测量的输入到输出电压幅值的线性转换关系，正确选择工作点 A 很重要。为调整方便，常在传感器电容 C_x 上并联一个可微调的小电容。

2. 交流电桥法

将电容式传感器接入交流电桥作为电桥的一个臂或两个相邻臂，另两臂可以是电阻、电容或电感，也可以是变压器的两个二次绕组，如图 8.12 所示。图中，C_x 是单极电容式传感器的电容，C 是与它匹配的固定电容，其值与传感器初始电容值相等。C_{x1}、C_{x2} 为差分式传感器的两个电容。U 为电桥电源电压，U_o 为电桥的输出电压，E 为变压器二次侧感应电动势。测量前 $C_{x1} = C_{x2}$ 或 $C_x = C_0$，电桥平衡，输出电压 $U_o = 0$。测量时被测量变化使传感器电容值随之改变，电桥失衡，其不平衡输出电压幅值与被测量变化有关，因此通过电

桥电路将电容值变化转变成电量变化。

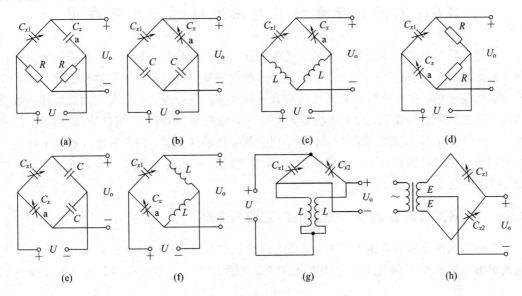

图 8.12 电容式传感器构成交流电桥的一些形式

从电桥灵敏度考虑,图 8.12(a)~(f)中,以图 8.12(f)形式为最高,图 8.12(d)次之。在设计和选择电桥形式时,除了考虑其灵敏度外,还应考虑输出电压是否稳定(即受外界干扰影响大小)、输出电压与电源电压间的相移大小、电源与元件所允许的功率以及结构上是否容易实现等。在实际电桥电路中,还附加有零点平衡调节、灵敏度调节等环节。

图 8.12(g)所示的电桥(紧耦合电感臂电桥)具有较高的灵敏度和稳定性,且寄生电容影响极小,大大简化了电桥的隐蔽和接地,非常适合于高频工作,目前已开始广泛应用。

图 8.12(h)所示的电桥(变压感式电桥),使用元件最少,桥路内阻最小,因此目前较多采用。该电桥两臂是电源变压器二次绕组。设感应电动势为 E,另外两臂为传感器的两个电容,容抗分别为 $Z_1 = \dfrac{1}{\mathrm{j}\omega C_{x1}}$ 和 $Z_2 = \dfrac{1}{\mathrm{j}\omega C_{x2}}$,假设电桥所接的放大器的输入阻抗即本电桥的负载为 R_L,则电桥输出为

$$\dot{U}_\circ = \frac{\mathrm{j}\omega(C_{x1}-C_{x2})}{1+\mathrm{j}\omega R_\mathrm{L}(C_{x1}+C_{x2})}\dot{E}R_\mathrm{L} \tag{8.15}$$

当 $R_\mathrm{L} \to \infty$ 时,则

$$\dot{U}_\circ = \frac{C_{x1}-C_{x2}}{C_{x1}+C_{x2}}\dot{E} \tag{8.16}$$

由式(8.16)可见,差分式电容传感器接入变压器式电桥中,当放大器输入阻抗极大时,对任何类型的电容式传感器(包括变极距型等),电桥的输出电压与输入量均成线性关系。

应该指出:由于电桥输出电压与电源电压成比例,因此要求电源电压波动极小,需采用稳幅、稳频等措施;传感器必须工作在平衡位置附近,否则电桥非线性将增大;接有电容式传感器的交流电桥输出阻抗很高(一般达几兆欧至几十兆欧),输出电压幅值又小,所以必须后接高输入阻抗放大器将信号放大后才能测量。

8.6　高频电子电路在电感式传感器中的应用

　　电感式传感器是利用线圈自感或互感的变化来实现测量的一种装置，可以用来测量位移、振动、压力、流量、重量、力矩、应变等多种物理量。电感式传感器的核心部分是可变电感或可变互感，在将被测量转换为线圈自感或互感的变化时，一般要利用磁场作为媒介或利用铁磁体的某些现象。这类传感器首先将被测物理量（如压力、流量等）转换为自感系数 L、互感系数 M 或者交流阻抗 Z，为了便于信号传输和测量，经常采用高频电子电路中的调制型电路将自感系数 L、互感系数 M 或者交流阻抗 Z 等参数进一步转换为电压、电流、频率等电量参数。

8.6.1　电感式传感器调制型测量电路之调频电路

　　在自感式传感器的调频电路中，调频电路的基本原理是传感器电感 L 变化将引起调频电路输出电压频率 f 的变化。一般是把传感器电感 L 和一个固定电容 C 接入一个振荡回路中，如图 8.13(a) 所示，其振荡频率 $f=\dfrac{1}{2\pi\sqrt{LC}}$。当 L 变化时，振荡频率 f 随之变化，根据 f 的大小即可测出被测量值。

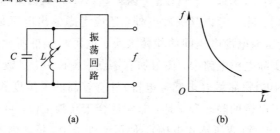

图 8.13　调频电路

　　当 L 有了微小变化 ΔL 后，频率变化 Δf 为

$$\Delta f=\frac{1}{4\pi}(LC)^{-3/2}C\cdot\Delta L=-\frac{f}{2}\cdot\frac{\Delta L}{L} \tag{8.17}$$

　　图 8.13(b) 给出了 f 与 L 之间的特性关系，它具有严重的非线性关系，要求后续电路作适当处理。调频电路只有在 f 较大的情况下才能达到较高的精度。例如，若测量频率的精度为 1 Hz，那么当 $f=1$ MHz 时，相对误差为 10^{-6}。

8.6.2　电感式传感器调制型测量电路之调相电路

　　在自感式传感器的调相电路中，调相电路的基本原理是传感器电感 L 变化会引起输出电压相位 φ 的变化。图 8.14(a) 所示是一个相位桥，一臂为传感器 L，另一臂为固定电阻 R。设计时使电感线圈具有高品质因数。忽略电感线圈的损耗电阻，则它的压降 U_L 与固定电阻上压降相互垂直，如图 8.14(b) 所示。当电感 L 变化时，输出电压 $u_{\circ}$ 的幅值不变，相位 φ 随之变化。

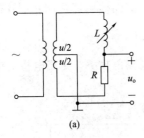
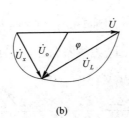
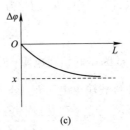

图 8.14　调相电路

调相电路输出电压 $\dot{U}_\circ$ 为

$$\dot{U}_\circ = \frac{\dot{U}}{2} \cdot \frac{R - \mathrm{j}\omega L}{R + \mathrm{j}\omega L} \tag{8.18}$$

输出电压相位 φ 与 L 的关系为

$$\varphi = -2\tan^{-1}\left(\frac{\omega L}{R}\right) \tag{8.19}$$

式中：ω 为电源角频率。

在这种情况下，当 L 有微小变化 ΔL 后，输出电压相位变化 $\Delta\varphi$ 为

$$\Delta\varphi = -\frac{2\omega L / R}{1 + (\omega L / R)^2} \cdot \frac{\Delta L}{L} \tag{8.20}$$

图 8.14(c)给出了 $\Delta\varphi$ 与 L 的特性关系。

8.6.3　电感式传感器调制型测量电路之调幅电路

自感式实现了将被测量的变化转换为电感量的变化，为了测出电感量 L 的变化，同时也为了送入下级电路进行放大和处理，可以将电感 L 的变化转化为电压(或电流)的幅值、频率和相位的变化，分别称为调幅、调频、调相电路。在自感式传感器中，调幅电路用得较多。

1. 电感式传感器调幅测量电路之交流电桥

电感式传感器调幅测量电路的一种主要形式是交流电桥。实际应用中，交流电桥常常和差分式电感传感器配合使用，传感器的两个电感线圈作为电桥的两个工作臂，电桥的平衡臂可以是纯电阻，也可以是变压器的两个二次线圈，如图 8.15(a)所示。

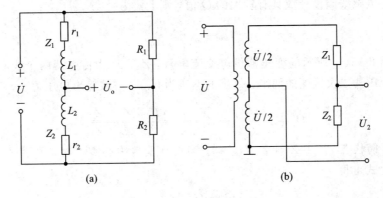

图 8.15　交流电桥的两种实用形式

在图 8.15(a)中，R_1、R_2 为平衡电阻，Z_1、Z_2 为工作臂，即传感器的阻抗，其值可写成

$$Z_1 = r_1 + j\omega L_1, \quad Z_2 = r_2 + j\omega L_2 \tag{8.21}$$

其中：r_1、r_2 为串联损耗电阻，L_1、L_2 为线圈电感，ω 为电源角频率。交流电桥的空载输出电压 $\dot{U}_\circ$ 和负载输出电压 $\dot{U}_L$ 公式为

$$\dot{U}_\circ = \left[\frac{\Delta Z_1/Z_1 + \Delta Z_4/Z_4}{(1+Z_2/Z_1)(1+Z_3/Z_4)} - \frac{\Delta Z_2/Z_2 + \Delta Z_3/Z_3}{(1+Z_1/Z_2)(1+Z_4/Z_3)} \right] \dot{U} \tag{8.22}$$

$$\dot{U}_L = \left[\frac{\Delta Z_1/Z_1 + \Delta Z_4/Z_4}{Z_L(1+Z_2/Z_1)(1+Z_3/Z_4) + Z_2/Z_4} \right] \dot{U} \tag{8.23}$$

一般情况下，取 $R_1 = R_2 = R$。当使电桥处于初始平衡状态时，$Z_1 = Z_2 = Z$。工作时传感器的衔铁由初始平衡零点产生位移，则

$$Z_1 = Z + \Delta Z, \quad Z_2 = Z - \Delta Z \tag{8.24}$$

将式(8.24)代入交流电桥的空载输出电压公式(8.22)和负载输出电压公式(8.23)可得：

$$\dot{U}_\circ = \frac{\Delta Z}{2Z} \dot{U} \tag{8.25}$$

$$\dot{U}_L = \frac{R_L}{2R_L + R + Z} \cdot \frac{\Delta Z}{Z} \dot{U} \tag{8.26}$$

式中：R_L 为负载电阻。传感器线圈的阻抗变化 ΔZ 为损耗电阻变化 Δr 及感抗变化 $\omega \cdot \Delta L$ 两部分，即

$$\frac{|\Delta Z|}{Z} = \frac{r \cdot \Delta r + \omega^2 L \cdot \Delta L}{\sqrt{r^2 + (\omega L)^2}} \tag{8.27}$$

代入式(8.25)得到

$$U_\circ = \frac{U}{2} \left[\frac{r^2}{r^2 + (\omega L)^2} \cdot \frac{\Delta r}{r} + \frac{(\omega L)^2}{r^2 + (\omega L)^2} \cdot \frac{\Delta L}{L} \right]$$

$$= \frac{U}{2(1+Q^{-2})} \left[\frac{\Delta L}{L} + \frac{1}{Q^2} \cdot \frac{\Delta r}{r} \right] \tag{8.28}$$

式中：$Q = \omega L / r$ 为电感线圈的品质因数。若 $\Delta r / r$ 可忽略，式(8.28)为

$$U_\circ = \frac{U}{2(1+Q^{-2})} \cdot \frac{\Delta L}{L} \tag{8.29}$$

若能够将电感线圈设计成具有较大的 Q 值，则上式为

$$U_\circ = \frac{U}{2} \cdot \frac{\Delta L}{L} \tag{8.30}$$

对于如图 8.15(b)所示的变压器供电交流电桥，Z_1、Z_2 为传感器两个线圈的阻抗，另两臂为电源变压器二次线圈的两半，每半的电压为 $U/2$。空载输出电压为

$$\dot{U}_\circ = \frac{\dot{U}}{Z_1 + Z_2} \cdot Z_1 - \frac{\dot{U}}{2} = \frac{\dot{U}}{2} \cdot \frac{Z_1 - Z_2}{Z_1 + Z_2} \tag{8.31}$$

在初始平衡状态，$Z_1 = Z_2 = Z$，$U_\circ = 0$。当衔铁偏离中心零点时，$Z_1 = Z + \Delta Z$，$Z_2 = Z - \Delta Z$ 代入上式可得

$$\dot{U}_\circ = \frac{\dot{U}}{2} \cdot \frac{\Delta Z}{Z} \tag{8.32}$$

可见，这种桥路的空载输出电压表达式与电阻平衡臂电桥完全一样。但是这种桥路与前者相比，使用元件少，输出阻抗小，因此获得广泛应用。

2. 电感式传感器调幅测量电路之变压器耦合输出调幅电路

图 8.16(a)所示为另一种变压器耦合输出型的 LC 串联谐振式调幅电路。这里，传感器 L 与固定电容 C、变压器 T 串联在一起，接入外接电源 u 后，变压器的二次侧将有电压 u。输出，输出电压的频率与电源频率相同，幅值随 L 变化。图 8.16(b)所示为输出电压 u 与电感 L 的关系曲线，其中 L_0 为谐振点的电感值。实际应用时，可以使用特性曲线一侧接近线性的一段。这种电路的灵敏度很高，但线性差，适用于线性度要求不高的场合。

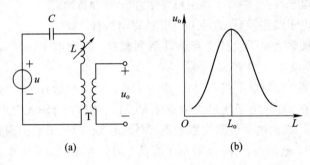

(a)　　　　　　　　　　(b)

图 8.16　变压器耦合输出的 LC 串联谐振式调幅电路

本 章 小 结

本章简要介绍了以高频电子电路为基础的调幅发射与接收系统、以晶体振荡器为基础实现高频率稳定度且多种频率输出的频率合成器、基于频率调制技术的 PWM 型开关电源电磁干扰抑制方法、基于幅度调制技术的复杂网络阻抗测量方法、用待测信号控制电容式传感器或电感式传感器的测量电路等高频电子电路与技术的应用。

参 考 文 献

[1]　高吉祥. 高频电子线路[M]. 4 版. 北京：电子工业出版社，2018.

[2]　张肃文. 高频电子线路[M]. 4 版. 北京：高等教育出版社，2004.

[3]　杨霓清. 高频电子线路[M]. 北京：机械工业出版社，2008.

[4]　廖惜春. 高频电子线路[M]. 北京：人民邮电出版社，2017.

[5]　邹传云. 高频电子线路[M]. 北京：清华大学出版社，2012.

[6]　曾兴雯. 高频电子线路[M]. 北京：高等教育出版社，2005.

[7]　高吉祥. 全国大学生电子设计竞赛培训系列教材：高频电子线路设计[M]. 北京：电子工业出版社，2007.

[8]　李福勤，杨建平. 高频电子线路[M]. 北京：北京大学出版社，2008.

[9]　杨光义，金伟正. 高频电子线路实验指导书[M]. 北京：清华大学出版社，2017.

[10]　朱昌平，高远. 高频电子线路实践教程[M]. 北京：机械工业出版社，2010.

[11]　安颖，崔东艳，赵丽莉，等. 高频电子线路 [M]. 北京：清华大学出版社，2016.

[12]　熊俊俏，杜勇，戴丽萍. 高频电子线路[M]. 北京：人民邮电出版社，2013.

[13]　阳昌汉，谢红，宫芳. 高频电子线路[M]. 北京：高等教育出版社，2010.

[14]　阳昌汉，谢红，赵娜，等. 高频电子线路学习指导[M]. 北京：高等教育出版社，2006.

[15]　薛小铃. 电子系统设计与实战[M]. 北京：高等教育出版社，2015.

[16]　张义芳，冯建华. 高频电子线路 [M]. 哈尔滨：哈尔滨工业大学出版社，1998.

[17]　陈杰，黄鸿. 传感器与检测技术[M]. 北京：高等教育出版社，2010.

[18]　刘彩霞，黄鸿. 高频电子线路[M]. 北京：科学出版社，2013.

[19]　严国萍. 高频电子线路学习指导与题解[M]. 武昌：华中科技大学出版社，2003.

[20]　张义芳，冯健华. 高频电子线路[M]. 哈尔滨：哈尔滨工业大学出版社，2005.

[21]　王卫东. 高频电子线路[M]. 北京：电子工业出版社，2015.

[22]　丘荣，丘水生. 随即频率调制降低电磁干扰的调制信号比较研究[J]. 仪表技术与传感器，2012，5：96～98.

[23]　李志忠，刘方铭. 周期频率调制降低开关电源传导 EMI 的比较研究[J]. 低压电器，2008，17：37～40.

[24]　岳小龙，卓放. 基于叠加法和正弦幅度调制的阻抗测量注入扰动电流信号形式[J]. 电源学报，2014，3：8～13，32.